絵で見てわかる OS/ストレージ/ネットワーク【新装版】

小田圭二＝著・監修
木村達也／西田光志
鳥嶋一孝／田中彰人＝著

はじめに —— 新装版刊行にあたって

　本書は、OS／ストレージ／ネットワークという重要なITインフラ技術の本質について、絵（図）を多用して解説した書籍です。次のような幅広い読者の方々に読んでいただける内容となっています。

- データベース管理者経験1〜5年目の若手エンジニア
- アプリケーション開発経験1〜5年目の若手エンジニア
- OS／ストレージ／ネットワーク管理を初めて行なうエンジニア
- アプリケーションやデータベースがOS／ストレージ／ネットワークをどのように使っているのかを振り返りたい、アプリケーションやデータベース担当のベテランエンジニア

　近年、OS／ストレージ／ネットワークはめざましい発展を続け、専門家でない方からは「よくわからない、ついていけない」という声をよく耳にします。技術の専門化が進むのは仕方がないことですが、専門家でなくとも、ITの現場ではOS／ストレージ／ネットワークの基礎知識は必要不可欠です。

　現場でパフォーマンスチューニングやトラブルシューティングが必要になる場面に遭遇したときに、「ブラックボックスだからわからない」というわけにはいきません。筆者の経験上、アプリケーションやデータベースなどのパフォーマンスのトラブルは、OS／ストレージ／ネットワークの要素も複雑に絡まって発生することが多いです。このようなときに求められるのが応用的なスキルです。

　では、どうすれば応用的なスキルを身につけることができるのでしょうか？

　その答えは、対象の技術領域におけるアーキテクチャや原理／原則を理解することです。そして本書は、まさにこの点——OS／ストレージ／ネットワークを"使う"側、主にデータベースから見た、特定の製品に依存しないアーキテクチャと原理／原則について書かれています。

　アーキテクチャや原理／原則は、頭にイメージを思い浮かべられるようになって初めて理解したと言えます。本書では、専門家でない方でもわかりやすいように、"絵で見てわかる"シリーズの特徴である、多くの絵やサンプルコマンドの出力結果を用いて、アーキテクチャや動作、考え方や見方のコツを説明しています。そのため、データベースなどの"使う"側から見たOS／ストレージ／ネットワークのアーキテクチャ

や原理／原則を頭の中でイメージできるようになります。そして、イメージができるようになると、現場での応用に違いが出てくるはずです。

　本書をきっかけにして、「へえ、OSやストレージやネットワークはこうなっているのか」とアーキテクチャや原理／原則を理解し、OSやストレージやネットワークの領域を自分の強みにしてください。

　そしてもう1つ、ITはブラックボックスではなく、もっと楽しいものだと知ってもらいたいという思いもあります。利用する側から見ると、ブラックボックスは楽な反面、どうしても避けたいと考えてしまうかもしれません。しかし、そうではなく、「わかる」楽しさ、「考える」楽しさをぜひ知ってください。また、ベテランエンジニアの皆さんも、「わかる」楽しさ、「考える」楽しさを思い出してください。

　本書を読むことで、その「わかる」楽しさ、「考える」楽しさを感じていただけたならば、また、本書で学んでいただいたことがエンジニアの皆さまの現場を幸せにするお役に立てたならば、筆者にとってこれ以上の喜びはありません。

　さあ、それでは、はじめましょう。

著者一同

CONTENTS

はじめに──新装版刊行にあたって……ii

第1部　OS──プロセス／メモリの制御から パフォーマンス情報の見方まで

【第1章】　DBサーバーにおけるOSの役割　1

1.1　OSとDBMSの関係──第1部で学ぶこと……2

1.2　アプリケーションやDBMSの状態を読み取ってみよう……5

1.2.1　OSの稼働状況のデータから知るアプリケーションやDBMSの状態……5

クイズ1……6

クイズ2……7

クイズ3……8

クイズ4……10

クイズ5……11

クイズ6……12

クイズ7……14

クイズ8……15

1.3　OSで処理が実行される仕組みと制御方法……17

1.3.1　プロセスとスレッドは実行の単位……17

1.3.2　3プロセスが生成されてから処理が実行されるまで……23

プロセスの状態とCPU使用率の関係……23

CPU速度が2倍になるとアプリケーションやDBMSの処理速度も2倍？……25

CPU使用率の内訳……25

コンテキストスイッチは舞台の切り替えに相当する……26

1.3.3　CPU使用率は何%までならOK？……28

DBMSの場合、CPUの待ち行列はどう現われるのか？……30

バッチ処理でDBMSがCPUを効果的に使い切るには？……31

バッチ処理でCPU使用率が100%になっても問題ない？……32

1.4　CPU技術の進化とアプリケーションやDBMSとの関係を探る……34

1.4.1　仮想化技術とそのメリット／デメリット……34

1.4.2　OSが行なうスケジューリングって何？……36

1.4.3　優先度はコントロールすべき？……38

1.4.4　CPU使用率が高い場合にアプリケーションやDB側で何ができる？……41

1.4.5　アプリケーションやDBサーバーの性能はマルチコア化で向上するか？……45

OLTP系では効果があるの？……46

1.5　今後CPUはどうなるのか？……48

1.6　まとめ……50

【第2章】　システムの動きがよくわかる超メモリ入門　51

2.1　メモリの仕組み……52

2.1.1　スタックは「過去を積んでいく」……54

2.1.2　プロセス間でデータを共有するための共有メモリ……56

2.1.3　共有メモリの注意点……56

2.2　DBMSのメモリの構造（一般論）……59

2.3　32ビットと64ビットでは扱えるサイズが変わる……61

2.4　仮想メモリと物理メモリの関係……62

2.5　スワップとページングは要注意……65

2.5.1　「恐怖の悪循環」が発生することもある……66

2.5.2　キャッシュの本来の目的を考えよう……66

2.5.3　ページング情報の見方……69

2.5.4　スワップ領域を増やしてもかまわない？……70

2.6　I/O性能にとって重要なファイルキャッシュとは？……71

2.6.1　書き込みとファイルキャッシュ……72

2.6.2　いくつも存在するキャッシュの意味を整理しよう……75

2.7　ページの割り当ての仕組みとラージページ……79

2.8　メモリ情報の見方は難しい、でも基本はこう考える……83

2.8.1　OSレベルのメモリ情報の見方……84

2.8.2　サーバーにおける設定のコツ……84

2.8.3　DBサーバーのメモリの設定はどうするか？……85

　　　　共有メモリの設定……85

　　　　スワップ領域のサイズ……86

　　　　プロセス単位でのメモリの設定（シェル制限)……87

2.8.4　DBMS側の設定はどうするか？……87

2.9　まとめ……90

【第3章】より深く理解するための上級者向けOS内部講座　91

3.1　システムコールはOSとの窓口……92

3.1.1　システムコールを確認する方法……93

3.2　OSはI/Oをどう処理するのか？……95

3.2.1　同期I/Oと非同期I/O……95

3.3　スタックでプロセスやスレッドの処理内容を推測……97

3.4　「セマフォ」とは？……99

3.4.1　セマフォの確認と設定方法……100

3.5　OSにもロックがある……101

3.5.1　アプリケーションやDBMSに悪影響を与えることもあるOSのロック……104

3.6　時間の変更は慎重に……107

3.7　OSの統計情報が記録されるタイミング……108

3.8　プロセスファイルシステムを知る……109

3.8.1　procの中を見てみよう……109

3.9　プロセスに通知や命令を行なう「シグナル」……113

3.10　クラスタソフトとOSの密接な関係……115

3.11　ハードウェアからOSへの通知を行なう「割り込み」……116

3.12　DBサーバーの定常監視で取得すべきOS情報とは?……118

3.13　OSの性能情報を確認するときによく使うコマンド……120

3.14　まとめ……121

OS内部を勉強するのにお勧めの参考資料……122

第2部　ストレージ──DBMSから見たストレージ 技術の基礎と活用

【第4章】 アーキテクチャから学ぶストレージの 基本と使い方　123

4.1　ディスクのアーキテクチャ……124

4.1.1　SSD……127

4.2　ストレージのインターフェイス……130

4.2.1　PCでは最大のシェアを持つATA……130

4.2.2　サーバー全般に適したSCSI……130

4.2.3　iSCSI……131

4.2.4　disconnectとreconnect……132

4.2.5　大規模ストレージに対応するFC……134

4.2.6　FCoE……135

4.2.7　HBA……136

4.3　SANとNASはどこがどう違うのか？……138

4.3.1　SANとNASの物理構成の違い……139

vii

4.3.2　SANとNASのファイルシステムの位置……139

4.3.3　SANとNASの上位プロトコル……139

4.4　複数のディスクを組み合わせて信頼性を高めるRAID……141

4.4.1　RAID 0……141

4.4.2　RAID 1……143

4.4.3　RAID 5……144

4.4.4　RAID 6……145

4.4.5　RAID 1＋0……145

4.4.6　RAIDの性能……146

4.5　物理的な複雑さを隠蔽するストレージの仮想化……147

4.5.1　シンプロビジョニング……148

4.6　ストレージにはどんな障害があるのか？……149

4.7　同期I/Oと非同期I/O……151

4.8　書き込みI/Oと同期書き込み（書き込みの保証）……152

4.9　ライトキャッシュが効果的なアプリケーションとは？……154

4.10　ファイルシステム……155

4.10.1　ファイルシステムの仕組み……155

4.10.2　ファイルシステムの保全性……157

4.10.3　mount……159

4.10.4　VFS……160

4.10.5　VHD……160

4.10.6　ボリュームマネージャー……161

4.10.7　rawボリューム……163

4.11　アプリケーションやRDBMSから見たファイルキャッシュ……164

4.12　RDBMSのI/O周りのアーキテクチャ……167

4.12.1　チェックポイント……167

4.12.2　グループコミット……168

4.12.3　RDBMSにおけるI/Oの実装……168

4.13　仮想化基盤やクラウドにおけるストレージ構成……170

4.13.1　仮想化基盤のストレージ……170

4.13.2　クラウドでのストレージ……171

4.13.3　分散するストレージを1つの巨大なかたまりにしたオブジェクトストレージ……172

4.14　これからのストレージはどうなっていくのか？……174

4.15　そのほかの注目すべき機能……176

4.15.1　セクション先読み……176

4.15.2　コマンドキューイング……176

4.16　ストレージとOSの関係図……178

4.17　まとめ……182

【第5章】　ディスクを考慮した設計とパフォーマンス分析　183

5.1　キャッシュの存在……184

5.2　スループット（I/O数）重視で考える……184

5.3　ディスクのI/Oネックを避ける設計……186

5.3.1　変更済みデータの書き込み……187

5.3.2　キャッシュの効果がない場合……187

5.4　表とインデックスの物理ディスクは分けるべきか？……189

5.5　ディスクの設計方針……190

5.6　DBシステムの耐障害性について……192

5.6.1　バックアップの仕組みの設計……193

5.7　ディスクを含めたシステムのパフォーマンスについて……196

5.7.1　サービスタイムとレスポンスタイムと使用率……196

5.7.2　ストレージの仮想化とサービスタイムや使用率の考え方……198

5.7.3　ページングによるI/O待ち……200

5.7.4　1つのI/Oだけが遅い場合は？……201

5.7.5　同時I/O数が多いときの見た目の挙動には要注意……202

5.8　ストレージを利用する側でしか実施できない性能分析の方法……203

5.9　まとめ……204

第3部　ネットワーク──利用する側が知って
　　　　　　　　　　　　　おくべき通信の知識

【第6章】　ネットワーク基礎の基礎──通信の仕組みと
　　　　　　　　　　　　　　　　　　　待ち行列　205

6.1　ネットワークの理解に必要な基礎知識……206

6.2　パケットの受け渡し……207

　6.2.1　ボールという考え方……207

　6.2.2　受け取ったことを通知する……208

　6.2.3　ハブでケーブルをつなぐ……209

6.3　ネットワークの処理は階層構造……210

　6.3.1　階層構造のメリット……210

　6.3.2　TCP/IPの階層構造……210

　　　　パケットの作られ方……211

　　　　階層構造の実装……212

6.4　通信相手にパケットを届けるには？……213

　6.4.1　IPアドレス……213

　6.4.2　ホスト名と名前解決……213

　6.4.3　hostsファイル……214

　6.4.4　MACアドレス……214

　6.4.5　遠くのコンピュータとの通信……215

6.5　TCPレイヤーの役割…………217

　6.5.1　コネクション……217

　6.5.2　ハンドシェーク……218

6.5.3　TCPのコネクションとDBMSの通信路の関係……220

6.5.4　タイムアウトと再送（リトライ）……220

6.6　通信の開始からソケットを作るまで……221

6.7　待ち行列……223

6.7.1　事務窓口に例えて考える待ち行列……223

6.7.2　なぜ待ち時間は右肩上がりのグラフになるのか？……223

6.7.3　WebシステムでDBMSのボトルネックが起きたらどうなるか？……224

6.7.4　エンジニアはどうすべきか？……225

6.8　ネットワークの仮想化……226

6.8.1　ネットワークを分割するVLAN……226

6.8.2　NICを束ねるチーミング……228

6.8.3　物理構成からネットワークを解放するSDN……228

6.8.4　仮想化技術との付き合い方……229

6.9　まとめ……230

【第7章】　システムの性能にも影響する
　　　　　ネットワーク通信の仕組みと理論　　231

7.1　WebシステムにおけるアプリケーションとDBMSとネットワーク……232

7.1.1　アプリケーションとDBMSの通信……232

7.1.2　アプリケーションからネットワークはどう見えるのか？……233

7.1.3　ネットワークを意識するとき……235

　　　　DBを透過的に使う場合……235

7.2　問題が起きたときの対処の仕組み……238

7.2.1　リトライ……238

7.2.2　再送タイムアウト……239

7.2.3　受信待ちタイムアウト……239

7.2.4　リトライやタイムアウトのチューニング……241

7.2.5 RSTパケット……241

7.2.6 VIPアドレス……242

7.3 帯域の制御……244

7.3.1 はじめチョロチョロ……244

7.3.2 ウィンドウサイズの変更……245

7.3.3 シーケンス番号……247

7.4 負荷分散……248

7.5 DBMSで効果があるACKのチューニング……250

7.6 接続処理とセキュリティ……251

7.6.1 接続処理……251

7.6.2 接続時のパスワード……252

7.6.3 通信の暗号化……253

7.6.4 ファイアウォール……253

7.7 まとめ……257

【第8章】 現場で生かせる性能問題解決と トラブルシューティングの王道　259

8.1 「接続できない」というトラブル……260

8.1.1 問題を切り分ける方法……260

8.2 性能問題の発生パターン……263

8.2.1 ボトルネックによる待ち行列……263

8.2.2 通信回数が多いだけというトラブル…………264

8.2.3 相手の応答を待たざるをえない処理…………269

8.2.4 純粋なネットワークのトラブル……271

8.3 トラブルを分析するには？……273

8.3.1 パケットキャプチャ……273

8.3.2 OSの統計情報……277

8.3.3 ネットワーク待ちはOSからどのように見えるか？……278

8.4 WANの性能……280

8.4.1 ディザスタリカバリとDBMS……280

8.5 ネットワーク障害のテストの仕方……283

8.6 まとめ……285

ネットワークを勉強するのにお勧めの参考資料……286

APPENDIX OracleデータベースはOS／ストレージ／ ネットワークをこう使っている 287

A.1 OS関連のポイント……288

A.1.1 プロセスかスレッドか……288

A.1.2 優先度の調整……288

A.1.3 カーソルの注意点……289

A.1.4 リソースの使用制限……289

A.1.5 プロセスのメモリサイズと共有メモリ……289

A.1.6 Oracleのキャッシュ……289

A.1.7 キャッシュサイズのチューニング……290

A.1.8 ラージページの使用……290

自動メモリ管理機能との併用不可……290

ラージページが獲得するOracleのメモリ領域……291

Linux HugePages使用時の考慮点……291

A.1.9 同期I/Oと非同期I/Oに関するデフォルト設定……291

A.1.10 セマフォ……291

A.2 ストレージ関連のポイント……292

A.2.1 ダイレクトI/O……292

A.2.2　I/Oによって遅れているSQLの調査············292

A.2.3　I/Oトラブルの分析······292

A.2.4　SSDを利用したI/Oネックの回避······294

A.3　ネットワーク関連のポイント······296

A.3.1　クライアントからのメッセージ待ち······296

A.3.2　DBMSのプロトコル階層······296

A.3.3　コネクションの待機ポート············297

A.3.4　接続のためだけのプロセスやスレッド······297

A.3.5　TCPのキープアライブ······298

A.3.6　Nagleアルゴリズム······298

A.3.7　接続のトラブルシューティング······298

A.3.8　大量の行の処理······302

A.3.9　Oracleのパケット分析機能······302

索引　303

プロフィール（著者・監修）　311

Column

プロセス数やスレッド数の上限とは？……21

コネクションプーリングとOS上のメリット……27

CPUの横取りができないとどうなるか？……38

リアルタイムクラスとは？……41

CPUの省電力を実現させるためのLinuxカーネルの機能……48

Linuxにおけるメモリ不足を防ぐための最終手段……63

Linuxのメモリ割り当てフロー……64

コア（ダンプ）とは何なのか？……68

なぜファイルキャッシュとスワップ領域のページングという正反対の機能があるの？……76

メモリリークって何？……78

便利に使える!? かもしれないSTOPシグナル……114

OSに性能トラブルや性能限界はあるのか？……117

SSDの種類……129

転送量のみがバスの性能指標か？……134

DBMSはどんなNASサーバー（NFS）でも使えるわけではない……140

保全性を高めたジャーナリングファイルシステム……158

ファイルシステムによって遅くなることがある？……165

拠点間を安全に通信するために……256

RFCを読もう……258

帯域幅とアプリケーションの通信性能はイコールではない？……266

ショートパケットの考え方は重要……267

ftpとDBMSのプロトコルの転送効率……269

オートネゴシエーションのトラブル……272

トラブル時にパケットキャプチャをするときの注意点……276

ネットワークエンジニアに情報提供で協力する……279

DBMSで非同期って大丈夫？……282

クラウドにおけるネットワーク……282

集中か分散か……283

Oracleではどんなエラーが出るか、どこを調べる？……299

Tips

★★★上級者向け リソースの調整には注意……39

★★中級者向け 意外な方法によるバッチ処理のチューニング……43

★★★上級者向け 仮想環境におけるCPUのオーバーコミット…………49

★★★上級者向け アプリケーションやDBMSはメモリを返した。
でもOSにはメモリが返っていないことがある？……77

★★★上級者向け スレッドセーフとは？……103

★★中級者向け ハイパースレッドとCPU使用率の関係……105

★★★上級者向け DB屋だからわかる！　OSが原因のトラブル例……117

★★★上級者向け 実際の接続の実装はどうなのか？……236

第1章

第1部　OS——プロセス／メモリの制御から
　　　　パフォーマンス情報の見方まで

DBサーバーにおけるOSの役割

システムのパフォーマンスを維持し、日々の安定した運用を実現することは、エンジニアにとって重要な仕事の1つです。しかし、システムには、データベースやハードウェアやネットワーク、OS（Operating System：オペレーティングシステム）、各種のミドルウェア、業務アプリケーションといったさまざまな要素があります。第1部では、その中でも特にOSに焦点を当てています。

DBMS（DataBase Management System：データベース管理システム）を利用者側の代表として登場させ、DBMSから見たOS、コンピュータリソースの活用法や各種の制御／監視の方法について解説し、システム全体を安定稼働させるための知識やノウハウを紹介します。

1.1 OSとDBMSの関係―― 第1部で学ぶこと

どのようなシステムにおいても裏方として動作し、その上で動くアプリケーションやDBMSの要求を黙々と処理し、多数のアプリケーションやDBMSの調停を行なうのがOSです。つまり、OSは土台です。

OSがぐらつけば、その上で動くアプリケーションやDBMSも影響を受けます。逆に、アプリケーションやDBMSにトラブルが起きれば、OSもその影響を受けることがあります。しかしながら、アプリケーションやDBMSから見たOSのアーキテクチャや考え方が注目されたことは、これまであまりありませんでした。また、OSから見たDBMS製品の動きなどが詳しく説明されることもありませんでした。

この第1部を読むと、たとえば次のような質問に答えられるようになるはずです。

- サーバーのCPU使用率が100％であっても、アプリケーションやDBMSが遅くないときもある。その理由は？
- CPUの速度が2倍になると、アプリケーションやDBMSの処理速度も2倍になる？
- どこをどう見れば、サーバーのメモリが不足していると言える？
- サーバーとして使われているOSの情報は、どうやって見ればよい？
- OSの情報から、アプリケーションやDBMSの動きがどこまでわかる？

なお、筆者はすべてのDBMS製品とOSの組み合わせを検証／経験しているわけではありませんが、基本的な考え方はOSやDBMS製品に関係なく同じなので、あくまで一

般論として理解してください。

さて、図1.1を見てください。この図は、OS側にある状況が起きた結果、DBMSの処理速度が急速に低下したことを示しています。このように、DBサーバー上のデータベースとOSは切っても切れない関係にあります。

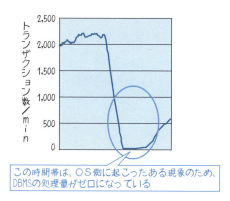

図1.1 トランザクション数の推移

図1.2は、OSとDBMSの関係図です。今の段階ですべてを理解する必要はありません。とりあえず、「ふーん」と思ってながめてもらえれば大丈夫です。この図は、OSとDBMSの関係でいう世界の海路図（全体図）と捉えてください[※1]。

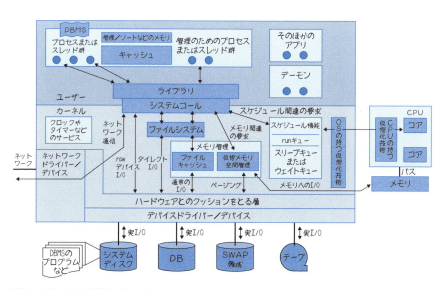

図1.2 OSとDBMSの関係図（イメージ）

※1 この関係図は、アーキテクチャを正確に表わすことよりも、わかりやすさを優先させています。

第1部では、アプリケーションやDBシステムとの関係から見たOSについて、次の3つの章に分けて解説します。

- 第1章——OSが処理を実行する方法について見ていきます。具体的には、OSが実行を制御する方法や、CPUの技術とアプリケーションやDBMSの性能の関係について解説します。
- 第2章——メモリのアーキテクチャについて取り上げます。メモリに関する情報の見方や、DBMSのメモリのチューニング方法を示します。
- 第3章——処理の実行とメモリ以外のOSの機能について取り上げます。システムコールやロック、プロセスファイルシステム、定常的に取得するOS情報について解説するほか、お勧めの資料なども紹介します。

おおまかに言うと、この第1章と次の第2章では、OSの重要な機能の2つである「処理の実行」と「メモリ」について解説します。第3章は、DBMSにとって重要な内容であり、やや高度な内容も含まれています。

筆者は、「DBMSもOS上で動くアプリケーションにすぎない」と常々言っています。この第1部では、それを可能な範囲で説明し、脱初心者までの道案内をしたいと思います。

第1部
OS

1

1.2 アプリケーションやDBMSの状態を読み取ってみよう

　まずはOS最大の機能である、処理の実行について説明しましょう。OSでどのようにデータが処理されるかを説明できる人は多いと思いますが、それをアプリケーションやDBMSと絡めて説明できる人はどれだけいるでしょうか？

　DBMSのプロセス（スレッド）の状態やCPUの使用率からは、アプリケーションやDBMSの真の処理性能が見えてきます。ここでは、OSがどのように処理を実行するのか、そして処理の実行をどのように制御するのかを理解し、そこからアプリケーションやDBMSのプロセスの状態を把握するにはどうすればよいのかといった点まで踏み込んでいきます。また、CPUの性能が処理能力にどう関わっているかなども解説します。

1.2.1 OSの稼働状況のデータから知るアプリケーションやDBMSの状態

　現場で「データベースが遅いぞ。チューニングしろ！」と言われたり、CPU使用率が高かったりという理由で、すぐにSQLをチューニングする人がいます。逆に、CPU使用率が高くないことから、データベースが遅い理由はDBMSではないと考える人もいるでしょう。

　このような現場で確認に多く使われているのは、CPUの使用率といったOSの稼働状況に関するデータです。そのデータからアプリケーションやDBMSの状態を読み取れるかを試す、8つのクイズに挑戦してみましょう。クイズのすぐ後に解答を用意しているので、答えがわからなくても大丈夫です。「なぜ、そのような解答になるのか？」といった疑問に対する答えは、この第1部の中で徐々に明らかにしていきます。

D
B
サ
ー
バ
ー
に
お
け
る
O
S
の
役
割

5

Quiz1

図1.3と図1.4のデータを読み、システムの利用者から見て処理が遅くなっているかどうか、またどのような状況が発生しているかを考えてください。環境は、1CPUのLinuxとWindowsマシン（ハイパースレッド機能※2なし）です。

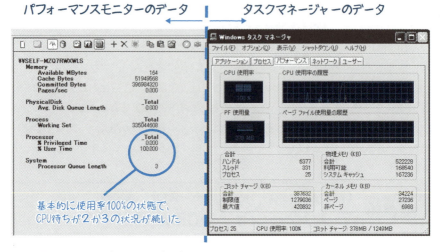

図1.3 遅くなっているか？（Windowsのデータ）

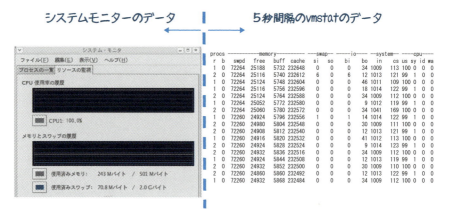

図1.4 遅くなっているか？（Linuxのデータ）

※2 ハイパースレッド機能とは、Intelの多重処理技術のことで、1つのCPUで2つの命令を可能な限り同時に実行します。OSからは、2つのCPUが存在し、同時に処理が行なわれているように見えます。

解答

　1つの処理だけが遅くなっている可能性がありますが、利用者全体として見れば遅くなっていません[※3]。その理由は、CPU待ち（Linuxのrun queue、WindowsのProcessor Queue Length）が比較的少ないからです。

　CPU使用率が100％であるにもかかわらず、CPU待ちがずっと低い状態が続いている場合は、あるプロセスがひたすら処理されている可能性が高いです。複数の処理がCPU待ちしている場合は、run queueに数字として出てきますが、その数字が低い場合は、単独のプロセスが処理されていると考えられます。

　また、1CPUのマシンなので、1つか2つのバッチ処理がひたすら実行されている可能性も高く、このようなデータは、アプリケーションであれば1つか2つの処理が連続して動いていると考えられます。DBMSの場合であれば、重いSQL（処理に時間がかかるSQL）を少数実行する場合によく見られます。

Quiz 2

図1.5と図1.6のデータを読み、システムの利用者から見て処理が遅くなっているかどうか、またどのような状況が発生しているかを考えてください。環境は、1CPUのLinuxとWindowsマシン（ハイパースレッド機能なし）です。

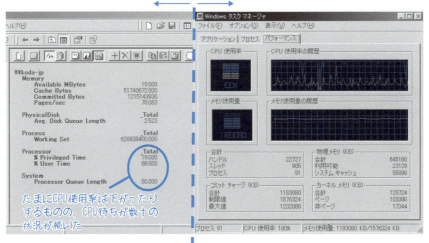

図1.5　遅くなっているか？（Windowsのデータ）

※3　ただし、以前は短時間で済んでいた処理が長時間化した場合には、処理が遅くなっていると言えるでしょう。また、後述するリソースマネージャー（リソースモニター）などで調整している場合も、遅くなっている可能性があります。

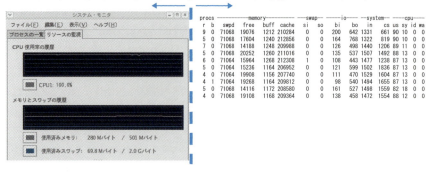

図1.6　遅くなっているか？（Linuxのデータ）

解答

　　この場合はCPU待ちが多発しているので、処理は遅くなっているはずです。CPU使用率のうち、USERが高いのは、OSから見たユーザーアプリケーション（DBMSなど）のCPU消費が多いためでしょう。これを解消するには、CPUを消費しているプロセスを特定して対処します。

　　DBMSがCPUを消費しているなら、チューニングを考えます。アプリケーションも同一サーバー上にある場合は、それが原因かもしれません。まれにデーモンや監視プログラムが原因であることもあります。待っているプロセス（スレッド）が多数あるので、OLTP[※4]のように多数のプロセスが存在する処理形態である可能性が高くなります。

Quiz 3

図1.7と図1.8のデータを読み、システムの利用者から見て処理が遅くなっているかどうか、またどのような状況が発生しているかを考えてください。環境は、1CPUのLinuxとWindowsマシン（ハイパースレッド機能なし）です。

※4　OLTP（On-Line Transaction Processing）とは、複数のユーザーから多数のリクエストを受けるシステムの形態で、チケットの予約システムなどが該当します。複数のユーザーから処理を受け付けるため、同時処理ができるように設計します。

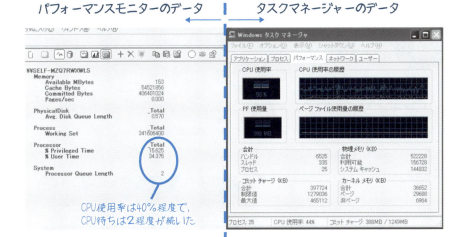

図1.7　遅くなっているか？（Windowsのデータ）

図1.8　遅くなっているか？（Linuxのデータ）

解答

　　ある程度データが処理されているので、処理は遅くなっていないはずです。CPU待ちもありません。OSの観点からは問題のないデータですが、「アプリケーションやDBMSも大丈夫」とは言いきれません。その理由は、アプリケーションやDBMS内部で待ちが発生している可能性があるからです。データのロック待ちなど、DBMS内部の待ちはOSの情報からは見えないので、DBMS内部の状況を調べる必要があります。さらに、ネットワーク待ちという可能性もあります。

Quiz 4

図1.9と図1.10のデータを読み、システムの利用者から見て処理が遅くなっているかどうか、またどのような状況が発生しているかを考えてください。環境は、1CPUのLinuxとWindowsマシン（ハイパースレッド機能なし）です。

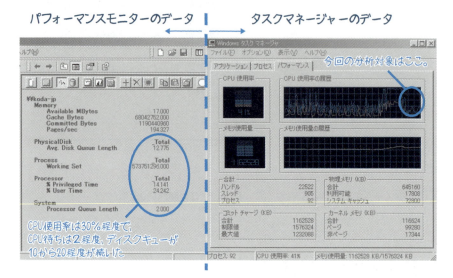

図1.9　遅くなっているか？（Windowsのデータ）

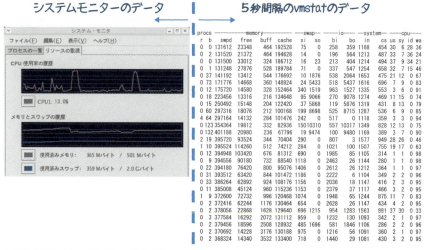

図1.10　遅くなっているか？（Linuxのデータ）

第1部 OS

1

解答

　b列（プロセスの待ち）が大きいため、処理は遅くなっていると考えられます。wait I/Oが大きいので、ディスクI/Oで待っているのでしょう（Windowsの場合は、図1.9のAvg.Disk Queue Lengthからわかります）。このようなI/Oが多発する場合は、ページング[※5]の可能性もあります。実際、ページングの実行が激しいので、この場合はページングによるI/Oだと考えられます。

　なお、この章の冒頭の図1.1（p.3）は、図1.9と図1.10の状況です。ページングによりDBMSの処理が待たされています。

Quiz5

クイズ 5

　図1.11と図1.12のデータを読み、システムの利用者から見て処理が遅くなっているかどうか、またどのような状況が発生しているかを考えてください。環境は、1CPUのLinuxとWindowsマシン（ハイパースレッド機能なし）です。

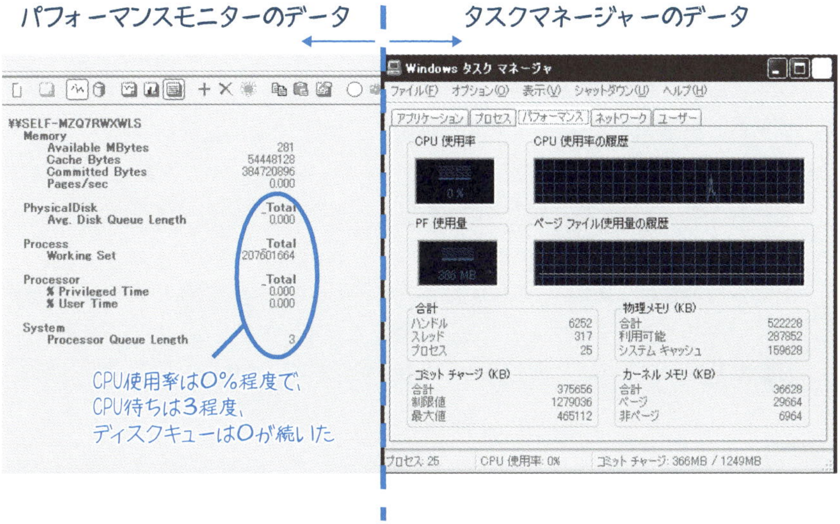

パフォーマンスモニターのデータ　　　　　タスクマネージャーのデータ

CPU使用率は0%程度で、
CPU待ちは3程度、
ディスクキューは0が続いた

図1.11　遅くなっているか？（Windowsのデータ）

※5　ページングとは、メモリとディスクの間で行なうI/Oのことです。メモリにデータが入り切らない場合に、あふれたデータをディスクに退避させたりします。その退避させる作業などが該当します。

DBサーバーにおけるOSの役割

11

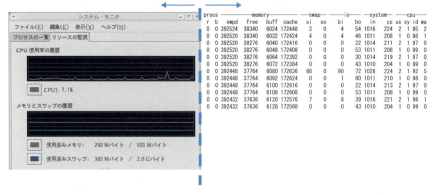

図1.12　遅くなっているか？（Linuxのデータ）

解答

　明らかなOS上の待ちはありません。しかし、このような状況でも、アプリケーションやDBMS内では待ちがあるかもしれません。そのため、システムの利用者から見て処理が遅いかどうかまではわかりません。また、今まで順調に処理されていたのに、あるときからCPUの使用率が0％になるのは、利用者からサーバーまでのどこかで処理が詰まっていて、サーバーに処理が届いていないことも考えられます。そのため、利用者側から見ると遅くなっているという可能性があります。

　この可能性は、DBMSならDBMS側の情報を見て、SQL文がDBサーバーまで届いていることをチェックすることで確認できます。アプリケーションであれば、届いたリクエストがきちんと返せているか確認するとよいでしょう。

Quiz6

　図1.13と図1.14のデータを読み、システムの利用者から見て処理が遅くなっているかどうか、またどのような状況が発生しているかを考えてください。環境は、デュアルコア[※6]のWindowsと、1CPUでハイパースレッドが有効なLinuxマシンです。

※6　デュアルコアとは、1枚のチップの中に2つのCPU回路を入れたCPUのことです。外見は1枚ですが、実際にはCPU2つ分の働きをします。

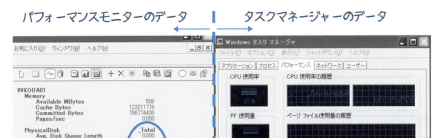

図1.13 遅くなっているか？（Windowsのデータ）

図1.14 遅くなっているか？（Linuxのデータ）

解答

　1つの処理だけが遅くなっている可能性がありますが、利用者全体として見れば遅くなっていません。このように、CPU使用率がきっちりした数値で止まっている場合、いくつかの処理が猛烈にCPUを使用している可能性が高いと考えられます。

　たとえば、デュアルコアのマシンで重いバッチ処理が行なわれていると、このようなグラフになります（2つのコアのうち1つが常に使用中＝50％の使用率）。

バッチ処理のように、もともと長時間かかる処理なら特に問題はないでしょう。ただし、以前は短時間だった処理が長時間化している可能性があります。さらに、性能やリソースが何らかの限界に達すると、このような状態（CPU使用率が50％以上に上がらないなど）になります。その可能性も考慮してください。

クイズ 7 図1.15のデータを読み、システムの利用者から見て処理が遅くなっているかどうか、またどのような状況が発生しているかを考えてください。環境は、1CPUのWindowsマシン（ハイパースレッド機能なし）です。

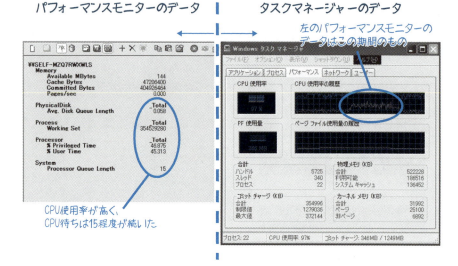

図1.15　遅くなっているか？（Windowsのデータ）

解答

　　CPU待ち（Processor Queue Length）が高いので、処理は遅くなっているでしょう。カーネル側（Privileged Time）が通常よりも高いため、カーネルに多くのコストがかかっている状況です。User Timeに対してPrivileged Timeが高すぎるので、第3章で説明するスピンロックなど、OS内部で何らかの問題が起きている可能性があります。

Quiz8

図1.16のデータを読み、システムの利用者から見て処理が遅くなっているかどうか、またどのような状況が発生しているかを考えてください。環境は、1CPUのLinuxマシン（ハイパースレッド機能なし）です。

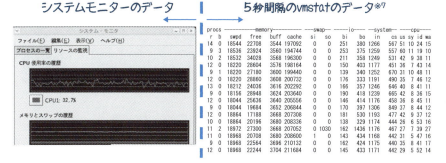

図1.16　遅くなっているか？（Linuxのデータ）

解答

　一見しただけではわからないデータです。run queueが高い（待ちが出ている）のであれば、CPU使用率も高い（CPUが使用されている）はずなのに、待ちが出ていてもCPUがそれほど使用されていないからです。これは負荷のかかり方に波があると考えられます。たとえば、アプリケーションからのリクエストが集中している可能性があります（まず、0.1秒間に100個の処理が押し寄せ、続く0.9秒は処理が0個といった状況）。また、何かにブロックされていた処理の多くが、急に再開された可能性もあります（図1.17）。

　利用者から見て、処理が大幅に遅くなっている可能性は低いと考えられます。CPU待ちの時間もありますが、せいぜいコンマ数秒程度です。ただし、前段階のサーバー、たとえばDBならAP（アプリケーション）サーバー、アプリケーションならWebサーバーなどにボトルネックがあり、サーバーに負荷が十分かけられていない場合は、利用者から見て処理が遅くなっているかもしれません。

※7　このデータは、実際のデータそのものではなく加工したものです。

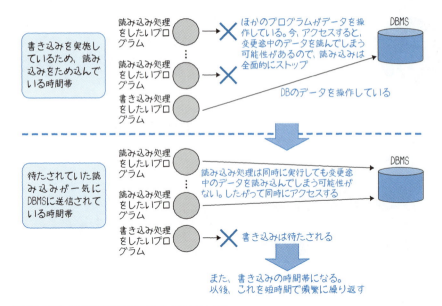

図1.17　ブロックと処理再開を繰り返すアーキテクチャの例

　いかがでしたか？　「わからない」が多かった方も心配いりません。ここからは、答えを理解できるように説明します。まずは、OSのアーキテクチャからじっくりと見ていきましょう。

1.3 OSで処理が実行される仕組みと制御方法

1.3.1 プロセスとスレッドは実行の単位

　アプリケーションやDBMSは、例えて言うと、舞台で上演される「劇」です。それに対して、OSは「劇場」だと言えるでしょう。OS自身は役者ではなく、あくまでアプリケーションやDBMSを実行するために存在しています。では、アプリケーションやDBMSはOS上でどのように存在しているのでしょうか？

　それは、プロセスやスレッドという形で存在しています（図1.18、リスト1.1／リスト1.2）。

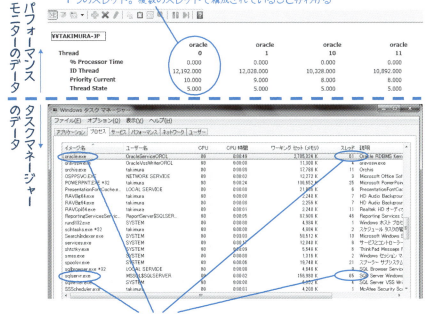

図1.18　DBMSはOS上でどう存在しているか？（Windows）

※8　デフォルトでは、スレッド数は表示されません。スレッド数を表示するためには、「表示」メニューから「列の選択」を選択して、「スレッドの数」にチェックを入れる必要があります。

```
# ps -elf | grep oracle
F S UID        PID  PPID  C PRI  NI ADDR SZ WCHAN  STIME TTY          TIME CMD
0 S oracle    1256     1  0  80   0 - 53755 ep_pol 08:34 ?        00:00:00 /u01/app/oracle/
product/12.2/db_1/bin/tnslsnr LISTENER -inherit
0 S oracle    2297     1  0  80   0 - 314033 SYSC_s 08:34 ?        00:00:00 ora_pmon_orcl12c
0 S oracle    2305     1  0  80   0 - 314034 SYSC_s 08:34 ?        00:00:00 ora_clmn_orcl12c
0 S oracle    2313     1  0  80   0 - 313970 SYSC_s 08:34 ?        00:00:00 ora_psp0_orcl12c
0 S oracle    2318     1  1  58   - - 313968 hrtime 08:34 ?        00:00:02 ora_vktm_orcl12c
0 S oracle    2330     1  0  80   0 - 314100 SYSC_s 08:34 ?        00:00:00 ora_gen0_orcl12c
0 S oracle    2338     1  0  80   0 - 313969 SYSC_s 08:34 ?        00:00:00 ora_mman_orcl12c
0 S oracle    2360     1  0  80   0 - 369159 SYSC_s 08:34 ?        00:00:00 ora_gen1_orcl12c
0 S oracle    2375     1  0  80   0 - 313968 SYSC_s 08:34 ?        00:00:00 ora_diag_orcl12c
0 S oracle    2384     1  0  80   0 - 369158 SYSC_s 08:34 ?        00:00:00 ora_ofsd_orcl12c
0 S oracle    2411     1  0  80   0 - 314691 SYSC_s 08:35 ?        00:00:00 ora_dbrm_orcl12c
0 S oracle    2420     1  0  80   - - 313968 hrtime 08:35 ?        00:00:00 ora_vkrm_orcl12c
0 S oracle    2429     1  0  80   0 - 313969 SYSC_s 08:35 ?        00:00:00 ora_svcb_orcl12c
0 S oracle    2437     1  0  80   0 - 313968 SYSC_s 08:35 ?        00:00:00 ora_pman_orcl12c
0 S oracle    2446     1  0  80   0 - 314754 SYSC_s 08:35 ?        00:00:00 ora_dia0_orcl12c
0 S oracle    2452     1  0  80   0 - 315841 SYSC_s 08:35 ?        00:00:00 ora_dbw0_orcl12c
0 S oracle    2464     1  0  80   0 - 314099 SYSC_s 08:35 ?        00:00:00 ora_lgwr_orcl12c
0 S oracle    2470     1  0  80   0 - 314165 SYSC_s 08:35 ?        00:00:00 ora_ckpt_orcl12c
0 S oracle    2477     1  0  80   0 - 314005 SYSC_s 08:35 ?        00:00:00 ora_smon_orcl12c
0 S oracle    2491     1  0  80   0 - 313969 SYSC_s 08:35 ?        00:00:00 ora_smco_orcl12c
0 S oracle    2496     1  0  80   0 - 314448 SYSC_s 08:35 ?        00:00:00 ora_reco_orcl12c
0 S oracle    2498     1  0  80   0 - 313968 SYSC_s 08:35 ?        00:00:00 ora_w000_orcl12c
0 S oracle    2500     1  0  80   0 - 315676 ep_pol 08:35 ?        00:00:00 ora_lreg_orcl12c
0 S oracle    2502     1  0  80   0 - 313968 SYSC_s 08:35 ?        00:00:00 ora_w001_orcl12c
0 S oracle    2504     1  0  80   0 - 313968 SYSC_s 08:35 ?        00:00:00 ora_pxmn_orcl12c
0 S oracle    2509     1  5  80   0 - 321198 SYSC_s 08:35 ?        00:00:06 ora_mmon_orcl12c
0 S oracle    2515     1  0  80   0 - 313969 SYSC_s 08:35 ?        00:00:00 ora_mmnl_orcl12c
0 S oracle    2517     1  0  80   0 - 314669 ep_pol 08:35 ?        00:00:00 ora_d000_orcl12c
0 S oracle    2519     1  0  80   0 - 314492 ep_pol 08:35 ?        00:00:00 ora_s000_orcl12c
```

psコマンドでOracleのプロセスを表示させたところ。多くのプロセスが存在している。これら全体で、DBMSを構成している

リスト1.1　DBMSはOS上でどう存在しているか？（Linuxのプロセス）

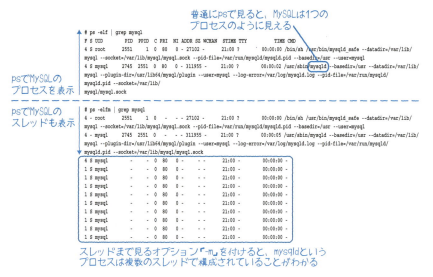

リスト1.2　DBMSはOS上でどう存在しているか？（Linuxのマルチスレッド）

　プロセスとは、プログラム（実行バイナリ）がOS上に実体を持ち、実行できる状態になったもののことです。プログラムはファイルですが、プロセスはプログラムがメモリにロードされて実行できる状況になったものを指します。

スレッドは、プロセスの中での実行単位であり、よく図1.19のように説明されます。よくわからないという方は、プロセスを舞台と考え、スレッドを役者と考えるとよいでしょう。たとえば、DBMSという劇を上演するためには、舞台であるプロセスも必要ですし、役者であるスレッドも必要です。

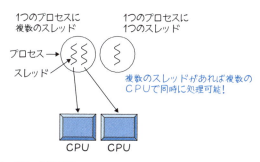

図1.19　プロセスとスレッドの一般的な図

プロセスには必ずスレッドがあるという考え方がしっくり来ない方もいるかもしれませんが、本書では、プロセスは必ずスレッドを持つと仮定して説明します。通常、複数のアプリケーションは複数のプロセスとなります（図1.20）。

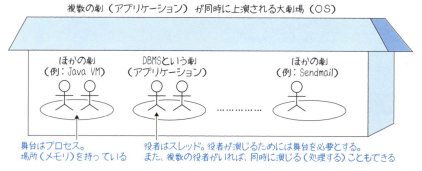

図1.20　プロセスは舞台、スレッドは役者に相当する

1つのプロセス（舞台）の中に、スレッド（役者）はいくつ（何人）でも入れます。1つ（1人）のときもあれば、2つ（2人）のときもあります。2つなら、1つのプロセスの中で複数の処理を同時に処理できることになります。

このことから、並列処理をイメージできるでしょう。たいていのDBMSは並列処理が可能なので、プロセスかスレッドのどちらかを複数にすることで同時に複数の処理ができるようになっています。1つのプロセスに1つのスレッド（役者）だとしても、

複数のプロセスがあれば、複数のスレッドが同時に処理できます。これが、図1.18や
リスト1.1／リスト1.2に、DBMSの複数のスレッドやプロセスがある理由です。全体
図で示すと、図1.21のようになります。

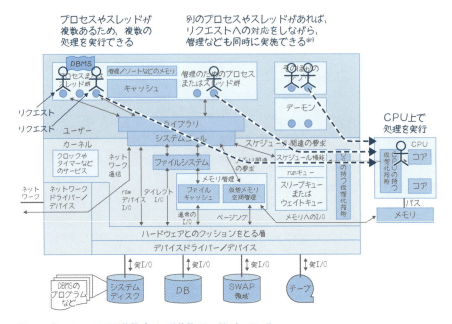

図1.21　たいていのDBMSは複数プロセスや複数スレッドになっている

　OSで実行できる形式のアプリケーションの場合、マルチスレッドを意識して記述
していなければ、たいていはシングルスレッドのはずです。Javaでは、マルチスレッ
ドを比較的容易に記述できますが、その場合は、Java VMがOS上でもマルチスレッ
ドで動かしてくれるはずです。

※9　管理などのためのプロセス／スレッドを持たないDBMSもあります。その場合は、同様の作業を、リクエスト
を処理するプロセス／スレッドが行ないます。

Column

プロセス数やスレッド数の上限とは？

　最近のOSであれば、大規模システムでない限り、プロセスやスレッドの数に関するOS側の上限（設定可能な最大値）は問題にはならないでしょう。それよりも、消費されるメモリ量やDBMSの性能が問題視される傾向にあります。プロセスやスレッドの数が増えると、それに応じてメモリを割り当てる必要があるため、メモリの消費量が増えるからです。

　また、DBMSのプロセス数（もしくはスレッド数）が増えると、内部競合やコストが増加するため、レスポンスタイム（DBMSへ処理を依頼してから最初の結果が返ってくるまでの時間）は図1.Aのような曲線を描くとされています。

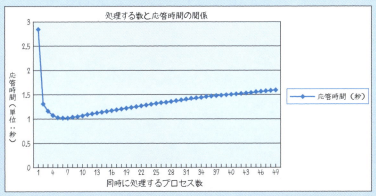

ジム・グレイ、アンドレアス・ロイター『トランザクション処理（上）概念と技法』（日経BP社、2001年、p.423）

> 管理などのためのプロセスやスレッドを持たないDBMSもある。その場合は同様の作業を、リクエストを処理するプロセス／スレッドが行なう

図1.A　同時処理の数と応答時間の関係

　このような曲線を描く理由としては、プロセスがある処理をする際に、ほかのプロセスすべての情報をチェックしたり、管理情報へのアクセスで競合が起きたりするなど、処理のオーバーヘッドが増えることが挙げられます。これを全体図で示したのが図1.Bです。

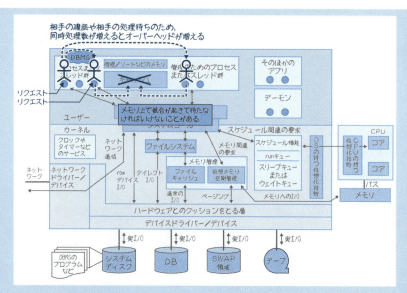

図1.B　同時実行数が増えるとオーバーヘッドが増える

　市販の大規模向けRDBMSが優れているのは、この曲線の上がり方がきわめてゆるいことです。このような特徴は、「スケーラブル（拡張性が高い）」と表現されます。なお、スケーラブルといっても、多すぎるとトラブルになることもありますし、データベースの設計やアプリケーションの設計が悪いと、データベースへのアクセスでボトルネックが発生し、プロセスやスレッドの数を増やしても性能が上がらなくなることがあるので注意が必要です。

1.3.2 プロセスが生成されてから処理が実行されるまで

プロセスは、「生成」されてから処理が行なわれるまでに「実行可能」「実行」「スリープ」などの状態に変化します（図1.22）[※10]。順に説明すると、まず「生成」は、プロセスの誕生に相当します。次に「実行可能」な状態になります。実行可能な状態とは、準備が整ったということです。CPUが使用できるようになれば「実行」状態となり、処理（計算やSQLの処理など）が行なわれます。

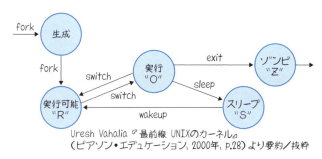

図1.22　プロセスの状態遷移

どんなプロセスでもずっと処理し続けることはありません。途中で読み込みをしたり、書き込みをしたり、自分から処理を止めたりするため「待ち」ができるからです。なお、読み込みといっても、必ずしもファイルからの読み込みとは限りません。システムの利用者やネットワークからの入力などもあります。そして、そのような待ちの際は「スリープ」状態に入ります。UNIXやWindowsのプロセスの一覧には多数のプロセスが表示されていますが、ほとんどがこのようなスリープ状態です。

CPUの使用率がなかなか100％にならないのは、プロセスの多くがスリープ状態にあるからです。スリープ状態のプロセスは、たいていは要求していた入出力が与えられる[※11]と目を覚まします。目が覚めたプロセスは「実行可能」な状態になり、CPUが利用できるようになると「実行」状態になります。

プロセスの状態とCPU使用率の関係

プロセスの状態とCPUの使用率、run queue、I/O待ちのプロセス／スレッド数との関係はどうなるのでしょうか？

1つのプロセス（スレッド）の状態が実行中（O）の場合は、1つのCPU（コア）がCPU使用中となります。実行可能な状態（R）の場合は、CPUの使用率に現われず、

※10　ここではプロセスについて紹介していますが、内部のスレッドもほぼ同様の動きをすると考えてください。
※11　定められたスリープ時間が経過した、実行条件が満たされたなど、いくつかの例外もあります。

run queueに出てきます（WindowsではProcessor Queue Lengthに出てきます）。I/O待ちは2つに分かれます。通常のディスクI/Oであれば、wait I/OとしてCPU使用率に現われる場合があります。これとあわせて、vmstatなどではb列（ブロックされているプロセス／スレッド数）に出てきます。ネットワークのI/Oは、基本的にwait I/Oには含まれません。プロセスがすべてスリープ状態であれば、CPUはアイドル（idle）として表示されます。

以上をまとめたものが図1.23です。

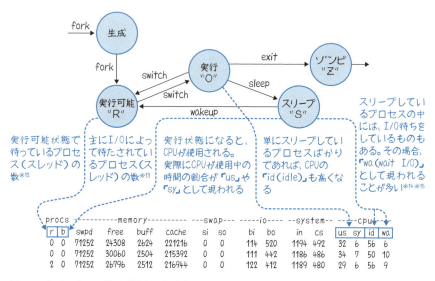

図1.23　プロセス（スレッド）の状態とOS統計データとの関係

CPU使用率などのデータとプロセス（スレッド）の状態の関係が理解できれば、使用率などのデータからDBMSの状態を分析できるようになります。

以上の全体図が図1.24です。

※12　一部のOSでは、実行中のプロセスやスレッドもここに含まれます。
※13　スレッド数かプロセス数かは、マニュアルを見てください。
※14　多くのOSでは、CPUがアイドル（id）であり、かつそのCPUから発行されたI/Oがある場合、「wa（wait I/O）」となります。
※15　一部のOSでは、NFSのI/O待ちもwait I/Oとして表示されます。

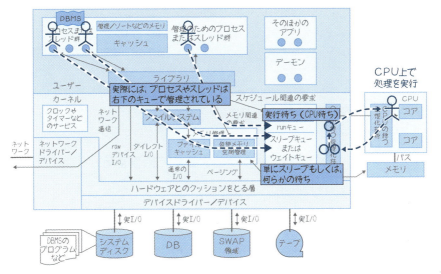

図1.24　プロセスやスレッドはOS内部のキューで状態が管理される

CPU速度が2倍になるとアプリケーションやDBMSの処理速度も2倍？

　ここでは本書の冒頭で提示した「CPUの速度が2倍になると、アプリケーションやDBMSの処理速度も2倍になる？」という疑問に答えてみます。基本的な答えは「2倍にはならない」です。それはどうしてなのでしょうか？

　その理由は、前述のようにスリープ（S）や実行可能（R）な状態のプロセス（スレッド）があるからです。たとえば、I/O中にプロセスがスリープになることがありますが、I/Oの速度は変わらないので、CPUの速度が2倍になってもDBMSの処理速度は2倍にはなりません。

　よく「システムが遅いのならリソースの増強だ。スペックを上げれば（CPUを高速化すれば）よいじゃないか」と、CPUを強化して高速化に失敗することがありますが、これはきちんとボトルネックの分析をしないと痛い目を見るという典型的な例です。ただし、一部のアプリケーションで計算や処理を繰り返すものについては、ほぼ2倍になるでしょう。

CPU使用率の内訳

　CPUの使用率についてまとめておきます。CPUの使用率には、3つの状態（SYS、USER、IDLE）があります。SYS（sy）は、カーネルが使用した時間の割合を示しています。Windowsでは、「Privileged Time」と表示されます（カーネルと理解してか

まいません）。USER（us）は、ユーザーが使用した時間の割合を示しています。おおよそOSから見たユーザーアプリケーション（DBMSなど）が使用した時間の割合と考えるとよいでしょう。

ただし、ユーザーアプリケーションがOSを呼び出す際にカーネル内部で発生する処理はSYSに入ります。最後がIDLE（id）です。これは、CPU上で処理されているものがないことを指します。ただし、コマンドの一部には、アイドル中でもディスクへのI/Oがある場合に、wait I/Oとして「I/O中」を表わすものがあります。

コンテキストスイッチは舞台の切り替えに相当する

プロセスの状態（CPUレジスタに格納されている値など）をコンテキストと呼びます。先ほどの例えでいうと、舞台です。先ほど、プロセスが舞台と説明しましたが、同様にコンテキストも舞台に相当します。実行のための環境のことです。通常、OSという劇場の上では、複数の劇が上演されています。たとえば、DBMSという演目や、アプリケーションという演目です。実は、この劇場では実際の舞台の数は少ないのですが、どうやって複数の劇を上演しているのでしょうか？

それは、使用していない舞台はどこかに収納する、つまり舞台を切り替える（コンテキストスイッチ）ことで、複数の劇を上演しているのです。前述したように、多くのプロセス（スレッド：役者）はスリープしています。プロセスがスリープしていれば、切り替えても何の問題もありません。ただし、切り替える際には今までの舞台を保管しておく必要があります。舞台がセットされると、役者が眠りから覚めて演技します。このとき、ピーターパンの舞台でハムレットを演じることはできないので、舞台の切り替えが必要になるわけです（図1.25）。

図1.25　コンテキストスイッチが必要な理由

しかし、必ずしもスレッドがスリープしているとは限りません。その場合でも、OSはコンテキストスイッチをして実行中（O）のプロセスを追い出すことがあります。

すると、追い出されたプロセスは実行可能状態（R）になります。

Column
コネクションプーリングとOS上のメリット

　コネクションプーリングというデータベース関連の技術があります。データベースのコネクションをプーリングし（いくつかキープしておいて）、必要なときに、必要なアプリケーションが使用するという効率的な技術です（図1.C）。コネクションプーリングが優れている主な理由は、OSにとってコストのかかる「プロセスやスレッドの生成処理」を行なう必要がなくなるからです（図1.D）。

　コネクションプーリングは皆で共用するため、接続数が少なくて済みます。そのため、接続数が多いことによる性能劣化が起きにくい、メモリの消費量が少なくて済む、といったメリットもあります。

　なお、DBMSによってはコネクションの生成時に、プロセスやスレッドを生成しないものもあります。また、コネクションプーリングがあっても、それ以外にDBMS内の初期化処理などがあるので、OSにとってのコストはゼロにはなりません。

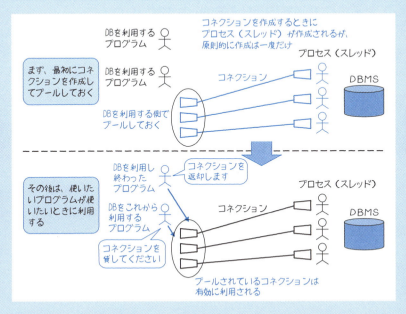

図1.C　コネクションプーリングとは？

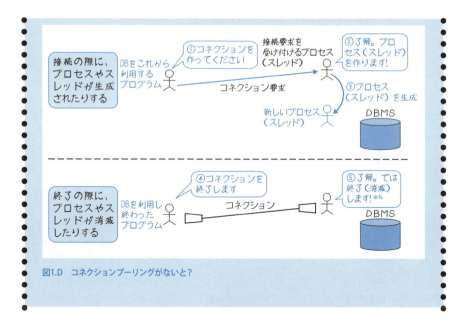

図1.D　コネクションプーリングがないと？

1.3.3 CPU使用率は何%までならOK？

　重要なシステムでは、CPU使用率の「しきい値（閾値）」を設定しています。なぜ、CPU使用率のしきい値を設けるのでしょうか？　皆さんは「CPUの使用率は何%まで大丈夫？」と上司（または顧客）から聞かれたら、どう答えますか？

　しきい値を設ける理由は、何か問題が起こる前に具体的な対策を講じるためです。たとえば、CPUのパワーが不足しそうになったら、CPUを増設したりCPUの消費量を抑えたりといった手を打つことができます。このため、現場では20〜40％程度の余裕を見ることが多いようです。

　もう1つの理由は「遅くなる」という現象に対処するためです。「CPU使用率が高くなると、処理が遅くなるのでしょう？　そのような説明を読んだことがある」という方もいるでしょう。そして、その説明にあったのは図1.26のようなグラフではないでしょうか？　しかし、ここにも落とし穴があります。まずは、なぜこのようなグラフになるのか説明します。説明といっても数式ではなく、待ち行列の仕組みの説明（イメージ）です。

※16　DBMSによっては、プロセスやスレッドをキープしておくものもあります。その場合の負荷は、比較的小さくなります。

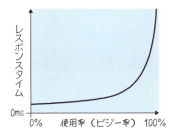

図1.26 待ち行列のグラフ

　このグラフの待ち行列は、「リクエストの到着が等間隔ではない」ことから生じます。実際の仕事でもそうですが、負荷が均一になるようにリクエストが来ることはありません。では、一時的にリクエストが多く来るとどうなるのでしょうか？
　当然、待たされます。そして、リクエストが少ない期間に、たまったリクエストを片付けるわけです。
　しかし、忙しい人の場合、リクエストが少ない期間も短いものです。すると、リクエストがたまる可能性が高くなります。80％や90％といった使用率で待ち行列ができるのは、行列が発生している時間と発生していない時間の両方を含めて、待ち行列の数の平均を算出しているからです（常に行列があるわけではないのがミソ）。そして、待ち行列の計算式が示す「待ちの長さ」とは、その行列の平均値を指しています（図1.27）。

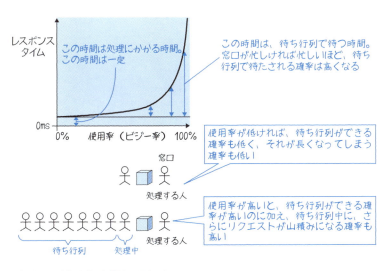

図1.27 待ち行列の計算式が示す「待ちの長さ」とは？

使用率というのは処理中を表わし、待ちの計算は指数分布で求めているだけです。要は、理想的な動きをした場合の結果を示しているのです。

DBMSの場合、CPUの待ち行列はどう現われるのか？

では、現実はどうでしょうか？　大規模な注文処理システムであれば、おおむねp.8のクイズ3で示した図1.7の画面のような動きとなります。ただし、アプリケーションやDBMSではバッチ処理がくせ者です。1CPUのマシンで、バッチ処理を多重化せずに実行したとします。しかも、それが集計処理など非常に時間のかかるSQLだとします。これがI/Oのほとんどない処理だとすると、その間はCPUを占有していることも珍しくありません（図1.28）。このような場合、CPU使用率が高いのに待ちが少ないという状態が起きます（p.6のクイズ1の状況です）。

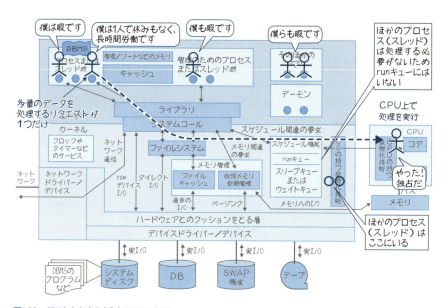

図1.28　CPUを占有するようなDBMSの処理

では、バッチ処理においてCPUの使用率が100％になるのは悪いことなのでしょうか？

これは方針によります。まず、

- 速く処理するには、リソースを使い切っているので望ましい状態だし、遅くなっていないので気にしない

という方針もありますし、それとは逆に、

> バッチ処理の時間中にオンライン処理が入った場合に、オンライン処理が遅くなる可能性（後述するスケジューリングにより、ほとんど発生しませんが）を考えて、CPU使用率は100%にするべきではない

という方針も考えられます。いずれにせよ、CPUの購入やマシンの上位機種へのリプレースにつながることも多いので、どのような方針にするかは顧客や上司といった関係者と検討しましょう。

バッチ処理でDBMSがCPUを効果的に使い切るには？

次に、CPUが1つのマシンで、バッチ処理を多重化せずに実行したとします。集計処理か何かの非常に時間のかかるSQLで、今度はI/Oが発生する処理だとします（図1.29）。

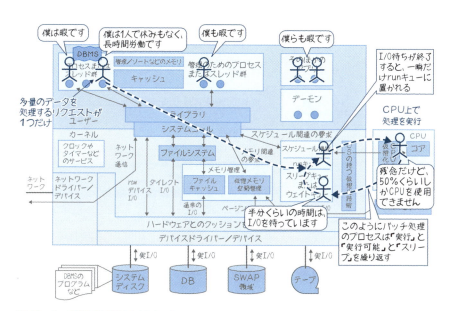

図1.29　バッチ処理でもCPUを占有しないケース

半分くらいの時間がI/O待ちだとすると、CPU使用率は50％です。現場では、バッチ処理においてリソース（CPUパワーなど）をすべて使い切って、1分でも早く処理を終えてほしいものです。このような場合、CPUを使い切るにはどうすればよいので

しょうか？

1つは、I/O待ちがなくなるようにチューニングすることです。DBMSが持つキャッシュのサイズを大きくすれば、2度目以降のデータへのアクセスは速くなることもあります[※17]。

もう1つは多重処理ができるようにバッチを組むことです。ただし、これは簡単ではありません。並列に処理するには、アプリケーションやSQLを変更したり、データの投入方法などを工夫したりする必要があるからです。このようにアプリケーション開発が大変なため、多重処理をきちんと考えている現場は少ないでしょう。

バッチ処理でCPU使用率が100%になっても問題ない？

バッチ処理では、CPUの使用率が100%を超えて待ちが発生しても問題ないという考え方もできます。なぜなら、バッチ処理では処理全体が終わる時間が問題であり、個々のSQL文の実行が終わる時間（レスポンス時間）は問題にならないはずだからです。処理をいっせいに投入して待ち行列ができるパターンと、CPU使用率が100%にならないように工夫して投入したパターンの比較（イメージ）を図1.30に示しておきます。

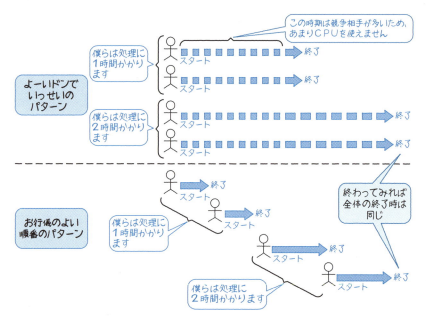

図1.30 「よーいドンでいっせい」と「お行儀のよい順番」はどちらが速い？

※17 ただし、バッチでたまにしかアクセスしないデータなどは、このようなチューニングができないことも多くあります。

SQLのレスポンスタイムは異なるものの、いっせいに投入しようがしまいが、全体で使用するCPU時間は変わりません[18]。ただし、注意事項があります。

現場でDBMSのパフォーマンス情報を見たときに、遅延（待機）が発生しているように見えることがあるのです。CPU待ちのために遅延が発生しているので、この待機を解消するにはCPUの過負荷を解消するしかありません。しかし、待機が処理を遅くしているわけではないので、チューニングの必要もありません。DBエンジニアの皆さんは、「もっとバッチ処理を速くしたいから、この待機をチューニングしてくれ」と言われることもあるでしょうが、どうしようもないので覚えておくとよいでしょう。

ここまで、しきい値は主にOLTPとバッチ処理の2つのパターンから考えるべきであることと、安全率をどれくらいに見ておくべきか（OLTPの場合、CPU使用率の余裕は20～40％程度を見ることが多い）ということについて説明しました。CPU待ち（run queue、Processor Queue Length）が高くなければ、CPU使用率が高くても実害はほとんどないことが理解いただけたでしょう。

---

[18] 第3章で説明するスピンロックなどにより、CPU時間が多少増えたりしますが、あまり気にしなくてよいでしょう。

1.4 CPU技術の進化とアプリケーションやDBMSとの関係を探る

1.4.1 仮想化技術とそのメリット／デメリット

　CPUなどのハードウェアを仮想化できることは、メインフレームの強みとされてきました。しかし、現在は小〜中型のマシンでも仮想化技術が当たり前に取り入れられています。中〜大型のUNIXサーバーでは、これまでも物理的に区画（マシン内部を区切って複数のマシンのように見せること）を作ることができました。UNIXサーバーにおける物理的な区画の例を図1.31に示します。

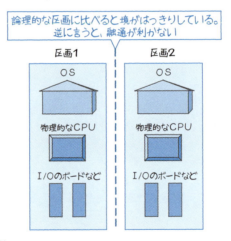

図1.31　物理的な区画の例

　これに加えて、最近では、1つのハードウェアで複数のOSを仮想マシン（ゲストOS）として稼働させるハイパーバイザー型（Xen、KVM、Hyper-Vなど）や、1つのOS上にコンテナと呼ばれる単位で複数の仮想的なユーザー空間を提供するコンテナ型（Solaris Zones、Linux Containersなど）と呼ばれる仮想化技術が普及しています。また、ここでは詳細は触れませんが、クラウドと呼ばれるサービスはこれらの仮想化技術により実現されています。

　ハイパーバイザー型は、ハードウェア仮想化技術と定義されることもあり、カーネ

ルを含めたOS全体を実行できる仮想マシンの作成や実行がハイパーバイザーと呼ばれるソフトウェアによって行なわれ、ハードウェアレベルで仮想化を実現します。

コンテナ型は、OS仮想化技術と定義されることもあり、コンテナの作成や実行がOSのリソース管理機能を利用して行なわれ、OSレベルで仮想化を実現します。

ハイパーバイザー型とコンテナ型の仮想化技術における簡単なアーキテクチャのイメージを図1.32に示します[19]。

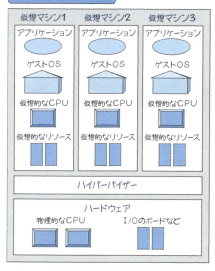

図1.32　ハイパーバイザー型とコンテナ型の仮想化技術のイメージ

ここで、ハイパーバイザー型のメリットとデメリットについて整理しておきます。

- **メリット**　Linux、Windowsといった異なる複数のOSを仮想マシンとして稼働させることができる
- **デメリット**　仮想マシンにゲストOSを含むため、マシンイメージのサイズが数十GBと大きかったり、ハードウェアを仮想化して動かす際のオーバーヘッド（余分な処理や負荷）が発生したりする

※19　このイメージ図は、正確にアーキテクチャを表わすことよりも、理解しやすさを優先させています。

次に、コンテナ型のメリットとデメリットについても整理しておきましょう。

メリット ハードウェアを仮想化する必要がないので、オーバーヘッドが少ない
デメリット ホストOSと異なるOSを動かすことができない

　最後に、仮想化技術の採用や選定についての検討事項と注意点について説明します。仮想化技術は、ハードウェアを融通して使用できるから無駄が少ないというメリットが強調されており、また、現在は多くの現場で利用されていますが、システムの重要性、性能担保、運用のことも考えて採用の可否や利用する仮想化技術を見極める必要があります。

　実は、一部の仮想化技術は、ソフトウェアレイヤーの技術だけでなく、Intel社提供のIntel-VT（Virtualization Technology）やAMD社提供のAMD-V（Virtualization）といった、CPUの技術の進化によって実現されているものもあります。それに伴って、仮想化技術を選定する際には、CPUの仮想化技術の有無についても確認するようにしてください。

　仮想化技術を採用する場合、ハイパーバイザー型では、仮想CPUに対する物理CPUの割り当てを適切に設定しないと性能が劣化してしまうことがあるので注意してください。

　コンテナ型も、ハイパーバイザー型と同様に物理CPUを割り当てたり、各コンテナが使用するCPUリソースの比率を設定することができますが、こちらも設定が適切でないと性能劣化を引き起こしてしまうことがあるため、十分な検討とテストを行なうようにしてください。

　仮想化技術についてもっと学びたいと思った方は、第1部の最後に紹介する参考文献などを読んでみてください。

1.4.2 OSが行なうスケジューリングって何？

　コンピュータ関連の教科書などで習う、「OSのスケジューリング」とは何でしょうか？

　これは大ざっぱに言うと、実行の順序やCPUの横取り（プリエンプション）などを指します。

　OSは、多数のユーザーからのリクエストや処理に対応しなければなりません。一度に多数のリクエストが来た場合は、順番待ちをさせて順次実行します。また、長時間実行しているバッチ処理よりも、システムの利用者がレスポンスを待つような処理

を優先させるべきです。それ以外にも、ほかの処理をブロックしているような処理は優先させましょう。このように、処理の順序付けをするのが「実行順序の制御」です。

　それに対してCPUの横取りは、例えると、『ドラえもん』に出てくる「ジャイアン」を排除するのが役目です。CPU（ジャイアンならマイク）を占有して離さないプロセスからCPUを取り上げて、ほかのプロセスに渡してあげます。ただし、誰もCPUを使いたいと思っていないなら取り上げる必要はありません。たとえば、ほかの処理が存在しない時間帯のバッチ処理なら、好きなだけCPUを占有してかまいません。この状況は、観客が誰もいないジャイアンリサイタルといったところでしょう。

　今まで説明してきたことと、スケジューリングの関係は次のようになります。プロセス（スレッド）には優先度があり、次に処理すべきプロセスが複数ある場合には、最も優先度が高いプロセスがCPUを使えるようになります。あるプロセスの実行中に、より優先度が高いプロセスが入ってきた場合、CPUを横取りして渡してあげます。CPUを占有するプロセスは、優先度が徐々に下がります（図1.33）。

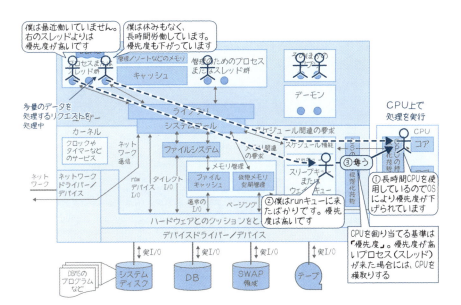

図1.33　優先度と横取りの動作

> **Column**
>
> ## CPUの横取りができないとどうなるか？
>
> 　昔のPCでは、OSはCPUの横取りができなかったため、プログラムが暴走したらOSごと終了させるしかありませんでした。最近のPCしか知らない人はわからないと思いますが、とても不便でした。このようなことがDBMSサーバーで起きると大変です。そのため、CPUの横取り（プリエンプション）機能は、DBMSサーバーに必須と言えます。
>
> 　バージョンなどにも依存しますが、実は一部のOSでシステムコール中はCPUを横取りできないものがあります。このような事態が起きると、アプリケーションやDBMS側でできることはありません。OS担当を呼んだり、システムコールが呼んでいるハードウェアを確認したりするべきです。

1.4.3　優先度はコントロールすべき？

　実行順序は、主に優先度（プライオリティ）で表わされます。psコマンドでプロセスを見ると、優先度を確認できます（リスト1.3）。横取りの仕組みからわかるように、CPUが100％になっていない限り、優先度が下がってもあまり問題は起きません[20]。

リスト1.3　優先度はどう見えるか（Linuxの場合）

[20] 例外として、リソースを介した優先度の逆転現象が起きることがあります。詳細は割愛しますが、興味のある方は、第1部の終わりで紹介するお勧めの書籍などを読んでください。

なお、バランスを崩す可能性（一部の処理だけ先に進む、ボトルネックを生むなど）があるので、優先度の調整（niceやreniceなど）は基本的にするべきではないでしょう。

DBMSのプロセスの優先度を変更することで、重大な問題を引き起こしてしまう可能性もあります。DBMSのプロセスの優先度変更を検討する場合、変更前にマニュアルや担当ベンダのサポートに該当プロセスの優先度を変更することができるかどうか必ず確認してください。また、優先度を変更したことによる影響を考慮した十分な検証も必ず行なってください。

Tips リソースの調整には注意

UNIXやPCではあまり一般的ではありませんが、CPU使用率を下げるためにリソースマネージャーと呼ばれる機能（ルールに基づいてCPUなどのリソースをコントロールする機能）を使用する場合があります（メインフレームでは同等の機能が比較的普及しています）。リソースマネージャーは主に、OSの機能、DBMSの機能、前述した論理的な区画間の調整の3通りに分かれます。しかし、リソースマネージャーはどんな場合にも効果的なのでしょうか？　DBMSの処理パターンでいくつか考えてみましょう。

まず、OLTP系の処理だけが実行されている場合です。OLTP系Aの処理を優先させ、OLTP系Bの処理は後でもよいとします。CPU使用率が100%になってCPUリソースの取り合いになると、アプリケーションがうまく書かれていない限り大惨事になるはずです。OLTP系Aの処理がスイスイ流れることについては問題ありません。しかし、待たされるOLTP系Bはどうでしょうか？

処理がOS（もしくはDBMS）まで到着した時点で待たされてしまいます。そして、次々にリクエストが到着し、どんどん数が増えていきます。リソースマネージャーでCPUは制御できても、CPU以外のリソース（たとえば、ソケットやメモリ）はどんどん消費されるので、そのうち何かがパンクします。パンクさせないためには、アプリケーション側で処理を中止し、エラー扱いにして、システムの利用者に「ちょっと待ってね」という画面でも表示するしかないのです（図1.E）。このように、OLTP系の処理をずっと待機させて処理を積み上げるのは大変危険です[21]。

※21　リソースマネージャーによる制御の結果でなくても、OLTP系で処理が積み上がってしまえば、危険であることに変わりはありません。

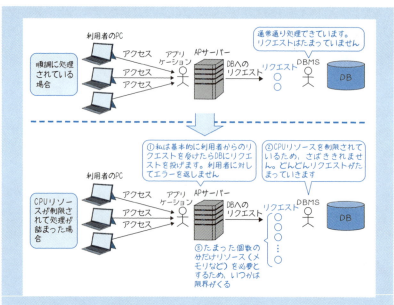

図1.E　処理をため込むのは危険

　次に、バッチ処理とOLTP系処理が混在するケースで、OLTP系を優先させたい場合はどうでしょうか？

　リソースマネージャーがなくてもバッチ処理の優先度は下がっていくので、自動的にOLTP系が優先されるはずです。もともとのOSの機能のみでも、それほど遅延することは考えにくいと言えます。

　では、バッチ処理間の優先度の調整はどうでしょう？

　これは、リソースマネージャーを使用すると効果があると筆者は思います。ただし、「ある時間までにすべてのバッチ処理が終わっていることが大事」な場合には特に効果はないでしょう。一部のバッチ処理のみ早く終わらせたいなら効果はあるはずです。リソースマネージャーを使用するときは、その結果として生じる事象も予測するようにしましょう。

　リソースマネージャーの種類によっては、OS上でのプロセスの待ち状態が実行可能状態（R）にならないようです。その場合、待ちが少ないように見えるので注意しましょう。なお、OSでリソースマネージャーが使用できるかどうかやその条件はDBMSによって異なるので、マニュアルなどで確認してください。

Column

リアルタイムクラスとは？

実際のビジネスと同様、OSにおける処理にも「何よりも最優先だ」という処理があります。そのために用いられるのがリアルタイムクラスです。リアルタイムクラスは、主にOSで使用されるシステムクラスよりも優先度が高く、プライオリティが下がることもありません。魅力的に聞こえるかもしれませんが、通常はほとんど使いませんし、使うべきではありません。筆者が知っている限り、リアルタイムクラスを使用する必要があるのは、クラスタソフトの生死確認デーモンなどの特別なもののみです。

筆者はリアルタイムクラスをDBMS向けに使用したことがありますが、事前に念入りなテストが必要となるうえ、リスクは現場がとらなくてはなりません。また、予期せぬ動作を招くこともあります。また、DBMSによっては、ユーザーによる優先度の制御は禁止されています。リアルタイムクラスを使用する前には、十分な確認が必要でしょう。

1.4.4 CPU使用率が高い場合にアプリケーションやDB側で何ができる？

CPU使用率のUSERが高く、アプリケーションやDBMSがCPUを消費しているのであれば、チューニングの余地があります。ここでのキーワードは、「アプリケーションやDBMSがどれくらいCPUを消費するかはアルゴリズム次第」であることです。

アプリケーションの場合は、ソースコードを見て、繰り返しの数が多くなってしまう箇所を探せばいいでしょう。DBMSの場合は、ミドルウェアであるとはいえ、ロジックが効率的でなければ、アプリケーションと同様にCPUを大量に消費します。アクセスするブロック数を減らしてあげるというのが、チューニングの基本的な考え方です。つまり、逆に言えば「アクセスするブロック数が増える」→「処理の量が増える」→「CPUを消費する」という構図になります（図1.34）。

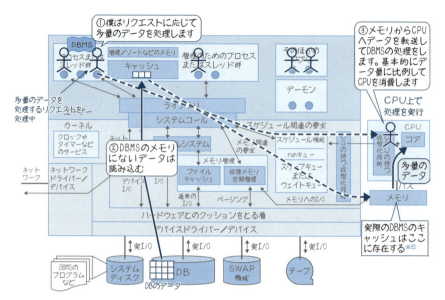

図1.34　多量のデータの場合は多量のCPUを消費する

　皆さんはDBMSでインデックス（索引）を作成することにより、CPU使用量が劇的に減ったという経験はないでしょうか？　これは、見る必要のあるデータ量（ブロック数）がインデックスのおかげで減り、少ない処理量で結果が得られたということです（図1.35）。つまり、「アクセスするブロック数が減る」→「処理の量が減る」→「CPU消費量が減る」という構図になります。

※22　まれにSWAP領域に入っていることもあります（後述）。

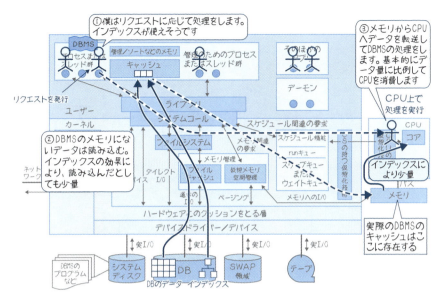

図1.35 インデックスの効果がある場合

　なお、OLTP系の処理でシビアな性能を要求するのなら、SQLはすべてインデックスで効率的にアクセスできるようにすべきですが、残念ながらDBAは多くの場合、これに口を挟めません。アプリケーション開発チームは、オンライン処理がインデックスによって効率的にアクセスできるように工夫をしてください。

　SYS（カーネル）が高い場合は、DBMSからのリクエストを減らすくらいしか対処方法はありません。ただし、カーネル側がボトルネックになっていると、カーネル内での処理が増え、SYSが高くなることがあります（p.14のクイズ7の状況です）。その場合は、OS側で対策を行なうことも検討してください。

Tips　意外な方法によるバッチ処理のチューニング

　本文ではインデックスによるCPU消費量の削減方法を紹介しましたが、もう1つ有名なチューニングテクニックがあります。それは、意外にもフルスキャンを行なうことです。このテクニックは逆効果に思われるかもしれませんが、たとえば、アプリケーションで次に示すような処理を行なう場合に有効です。

　表の中のすべてのデータを1つずつ取り出して、アプリケーションで処理するとします（図1.F）。これを図1.Gのようにアプリケーション側でコーディングす

るSEやプログラマは多いかと思いますが、図1.Hのように処理させるのです。

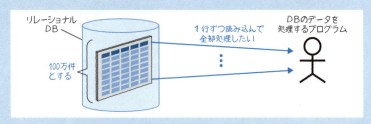

図1.F　表の中のすべてのデータを処理したい

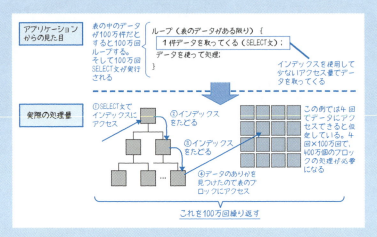

図1.G　表のすべてのデータを処理するプログラム

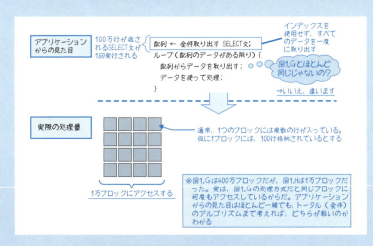

図1.H　表のすべてのデータを処理するプログラム（改良版）

第1部
OS

1

　アプリケーションからの見え方はたいして変わりませんが、アクセスするブロック数がトータルで最少になることが理解いただけたでしょう。「アプリケーションはDBMSに対して必要なときに、必要なデータをリクエストすればいい」という考えでは、絶対に思いつかないチューニングテクニックと言えるでしょう。

　このテクニックでは、ループの中で繰り返しSQLが発行される箇所を見つけることがポイントとなります。そして、それを1つのSQLでごっそり取り出す方法がないかを考えてみてください[23]。一人前の技術者は、DBMSとアプリケーションをトータルで考えて性能を引き出せるものなのです。

DBサーバーにおけるOSの役割

1.4.5 アプリケーションやDBサーバーの性能はマルチコア化で向上するか?

　CPUのクロックアップは限界に近づいていると言われます。そのため、CPUメーカー各社は、CPUの性能を向上させるための方策として、クロックアップではなくマルチコア化(多重処理)を今後の基本戦略にしています。このマルチコア化は、はたしてアプリケーションやDBMSにとって有効なのでしょうか?

　基本的に答えは「YES」です。ただし、有効であるためにはさまざまな条件がそろっている必要があるので、それを知っておくと役に立つでしょう。

　まず、アプリケーションやDBMSの性能はレスポンスタイムとスループットに分けて考えるのがコツです。最初にレスポンスについて考えてみましょう。マルチコア化とアプリケーションやDBMSのレスポンスの関係を考えると、当然ながら、CPUが不足している状態でもない限り、アプリケーションやDBMSの性能は上がりません(図1.36)。

---

[23]　この方法にも注意事項はありますが、本書の範囲を超えるため、これ以上は説明しません。詳しくは、各DBMS製品のSQLチューニングのマニュアルや書籍を参照してください。

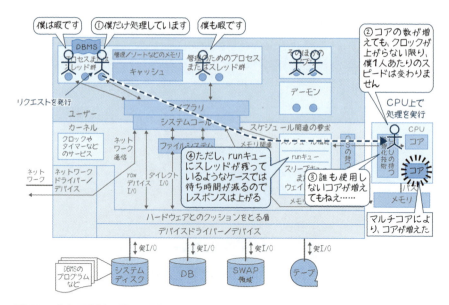

図1.36 マルチコア化とレスポンスの関係

では、スループットはどうでしょうか？

マルチコアが効果を発揮するのは、主にこちらです。OLTP系処理でCPUが不足しているのなら、マルチコアを採用することでCPU待ちの行列が解消されて快適になるでしょう。

また、バッチ処理ではどうでしょうか？

残念ながらCPU待ちの時間が長い場合を除き、マルチコアによる処理の高速化は望めません。たとえば、1CPUのマシンで、あるバッチ処理がCPUを100％消費している状況だとしましょう。「CPU使用率が100％だから、デュアルコアにすれば速くなるに違いない」と思い、CPUを交換（もしくは増設）したとしても、CPU使用率は50％になるだけです。

OLTP系では効果があるの？

OLTP系では、マルチコアによってスループットは向上するでしょうか？

実はこれにも落とし穴があり、DBMSがスケーラブルになるように作られていることが前提となります。この前提は、商用のDBMS製品が優位な理由の1つです。というのも、RDBMSでロック競合が起きるとスケールアップしません（図1.37）。また、前述のようにセッション数が増えるとオーバーヘッドが増える構造を持つDBMSの場合、やはり性能が出ません（p.21のコラム「プロセス数やスレッド数の上限とは？」

で示した図1.Aおよび図1.Bを参照してください）。

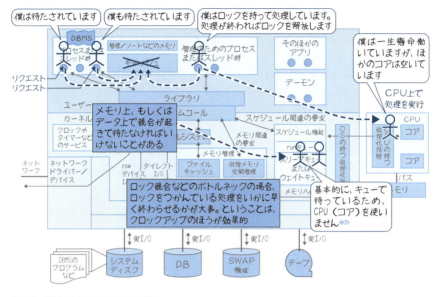

図1.37　ボトルネックとマルチコアの関係

　さらに深刻なのが、アプリケーションやデータベースの設計です。DBMSの構造がマルチコアに対応していても、業務アプリケーションチームがデータベースの設計でボトルネックを作ってしまったら意味がありません。特別な工夫を施さない限り、基本的に1つのプロセスは1つのコアしか使いません。ですので、マルチコアを活用するためには、業務アプリケーション開発者が並列処理を実装するかコンパイラ側の機能で内部的に並列化させる必要があります。

　また、ほとんどのDBMSも意識して実装しない限り、基本的には1つのコアしか使わないので、スループット向上のためにマルチコア環境を最大限に活用したい場合は、処理の並列化を行ないます。

※24　ロックの待ち方として、CPUを消費しながら待つスピンロックという方法もあります。ただし、これは長時間待つようなロックには使用されません。

1.5 今後CPUはどうなるのか？

　最近では、皆さんがお使いのPCでもマルチコアが当たり前になってきています。CPUベンダの開発計画が変わらない限り、今後もさらにマルチコア化が進むと筆者は考えています。さらなるマルチコア化が進んだとしても、前述の通り、劇的なクロックアップは当分見込めないと予測されているので、DBMSにとって、一般的にはバッチ処理やロック競合に対する直列的な処理の性能向上は見込めないということが言えます。

　一方、Web系やOLTP系システムなどの並列処理が可能なシステムでは、マルチコア化によりスループット性能が上がると見込まれています（繰り返しになりますが、DBMSやアプリケーションが同時処理で性能が出るように設計されていればの話です）。また、ハイパースレッディングテクノロジーによるマルチスレッドの活用も活発化するでしょう（ハイパースレッディングについては第3章で詳しく説明します）。

　ですので、これからますます、マルチコアとマルチスレッドを有効に活用（たとえば並列処理などで）する設計スキルがDBエンジニアや業務アプリケーション開発者に求められると筆者は考えています。

Column

CPUの省電力を実現させるためのLinuxカーネルの機能

　最近のLinuxカーネルは、CPUの電力消費を抑えるためにさまざまな機能を備えています。ここでは、代表的な機能をいくつか紹介します。

　まずは、システムの負荷状況に応じてCPUの動作モードを省電力モードに切り替える機能です。具体的には、実行されているタスクがないアイドル状態になると、CPUコアへのクロック供給が停止され、消費電力を低下させたりします。

　次に、システムの負荷状況に応じてCPUのクロック数を調整する機能です。具体的には、通常はシステムの負荷状況に応じてクロック数を調整するポリシーが採用されています。それ以外のものとして、常に最大クロック数に調整するポリシーや、その逆の常に最低クロック数に調整するポリシーなどがあります。

　興味のある方は、第1部の最後で紹介する参考文献などを読んでみてください。

上級者向けTips 仮想環境におけるCPUのオーバーコミット

ハイパーバイザー型やコンテナ型などの仮想化技術を利用している現場で「オーバーコミット」という言葉を耳にしたことはあるでしょうか？ 英語に訳すと「傾倒／献身しすぎる」という意味ですが、仮想化技術という文脈でのオーバーコミットは、**物理サーバーのハードウェアリソースの限界を超えて仮想マシンやコンテナに対してリソースを割り当てること**です。

ここからは、ハイパーバイザー型の仮想化環境でのCPUのオーバーコミットの例を説明します。物理CPU（ソケット）が1つで2コア、ハイパースレッディングが有効な物理サーバーがあるとします。つまり、論理的に4つのCPUコアを搭載しているとOSは認識します。この物理サーバーをハイパーバイザー型の仮想化技術を利用してハードウェアレベルで仮想化した場合、仮想マシンはこの論理的なCPU（論理CPU）を、自分のCPUを意味する「仮想CPU」として割り当てます。仮想CPUを1つずつ割り当てる仮想マシンが5つあるとして、その仮想マシンが扱う仮想CPUの合計数が、この物理サーバーの論理CPU数である4を超える場合は、仮想CPUのオーバーコミットの状態にあると言えます（図1.I）。

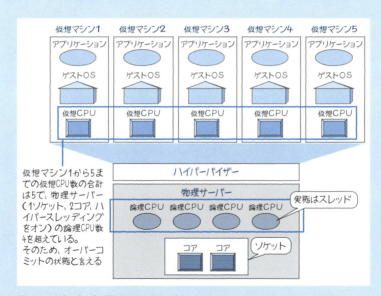

図1.I　ハイパーバイザー型でのCPUのオーバーコミット

仮想CPUのオーバーコミットにより、各仮想マシンは割り当てられた仮想CPUの上限まで物理的なCPUリソースを使用することができます。しかし、仮

想マシンが扱う仮想CPUの合計数が論理CPUの数を大幅に越えたり、各仮想マシンの負荷のピークが重なってしまい、物理的なCPUリソースの取り合いが多発した場合は、仮想CPUが物理的なCPUリソースを十分に確保できず、期待された性能を満たせないときがあります。このような特徴から、オーバーコミットは物理サーバーのハードウェアリソースを効率的に使うことや、システムの柔軟性を重視した機能と言えます。

1.6 まとめ

　この第1章では、DBMSだけでなく、OSの動きやアプリケーションからのリクエストの種類を考えないと処理性能はわからないこと、そして、そのためにはプロセス（スレッド）の状態や動作をどう考えればよいのかについて説明しました。また、昨今普及している仮想化技術の仕組みについても説明しました。

　現場でDBMSの分析／チューニングを行なう際は、OSまで含めた動作を思い描いてください。一度では無理でも、繰り返せば必ずよりよいモデルが思い描けるようになり、さらに応用の利くスキルが得られるはずです。

第 2 章

第1部　OS──プロセス／メモリの制御から
　　　　パフォーマンス情報の見方まで

システムの動きがよくわかる
超メモリ入門

コンピュータのメモリをいかに効率的に使うかということは、われわれITエンジニアの永遠の課題とも言えるでしょう。特にDBエンジニアにとっては、DBシステムの性能向上という点で、メモリに関する知識は非常に重要なものと言えます。この章では、ハードウェアとしてのメモリ、そしてOSおよびDBMSから見たメモリについて、そのアーキテクチャを含めた仕組みや動作全体を見ていきます。もちろん、パフォーマンスチューニングをはじめとする日々の運用管理業務に生かせるような内容で説明していきます。

2.1 メモリの仕組み

　まず、リスト2.1を見てください。複数のDBMSのプロセスが存在し、やたらに大量のメモリを使用しているように見えませんか？

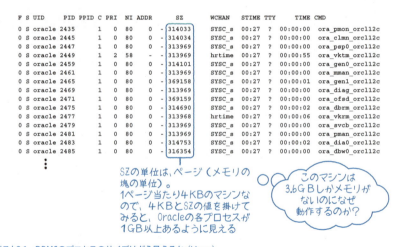

リスト2.1　DBMSのプロセスのサイズはどう見えるか（Linux）

　これは、多くの人がとまどうメモリ情報のマジックで、実際は見た目ほどメモリを消費しているわけではありません。この謎を解くためには、メモリの仕組みがどうなっているのかを知る必要があります。また、メモリの必要量や不足状況などを把握するためにも、メモリの仕組みを理解しておくことが重要です。そのため、ここではまず、メモリの仕組みを説明します。全体図でいうと、図2.1で示す部分を説明します。

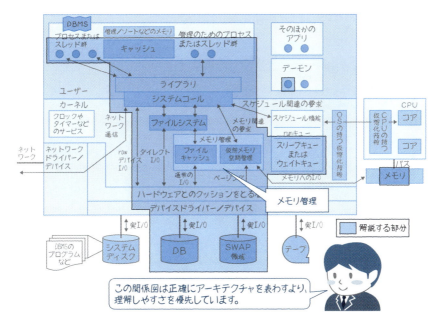

図2.1　この章で主に解説する部分（イメージ）

　プログラムを実行するには、変数や配列が必要です。そのような情報もプロセスの中に置かれます。第1章では、プロセスは演技をするための「舞台」だと説明しました。変数や配列は、舞台に置かれている箱やテーブルといったイメージです。当然、これらは実際にはメモリ上に置かれています。

　DBMSのプログラム自身もプロセスの中に置かれます。その場所は、「テキスト」と呼ばれます。そして、舞台における小道具に相当するものが「ライブラリ」です。ライブラリとは、汎用性のある関数やデータの集まりのことです。たとえば、計算やソケットといったよく使う関数のライブラリや、スレッドライブラリ（スレッドプログラミングで使用するライブラリ）といったものがあります。

　こういったものがプロセスのメモリに置かれます。図2.2を見てください。テキストやライブラリや変数のための領域が確認できます。メモリには、住所に相当する「アドレス」があります。メモリ上の情報には、このアドレスを使ってアクセスします。C言語のポインタに格納されるのはアドレスでしたね。Javaやどのようなプログラミング言語であっても、結局はアドレスを求めてからメモリにアクセスしています。

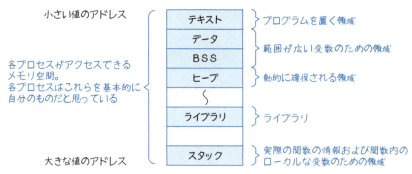

図2.2 プロセス中のメモリの中身

　これらとは別に、サイズ変動が大きい領域があります。それがスタックとヒープ、mmap()※1で確保された領域です。

2.1.1 スタックは「過去を積んでいく」

　スタックは、過去の状態（関数や変数など）を保存しておく場所です。関数が関数を呼ぶようなプログラミングをしますが、そのとき呼ばれた関数の情報がスタックにどんどん保存されて（積まれて）いきます（図2.3）。いわば、舞台の「場面」に相当するのがスタックです。

　劇において、お城の場面があり、次に舞踏会の場面になり、バルコニーの場面になり、そこからまた舞踏会の場面に戻るとしましょう。舞踏会の場面からバルコニーの場面になる際に、舞踏会の場面は片付けないでとっておくのです。バルコニーの場面が終わると、とっておいた舞踏会の場面に戻れる（そして続きから再開できる）というわけです。

※1　ファイルやデバイスをメモリにマッピング（対応付け）する関数です。

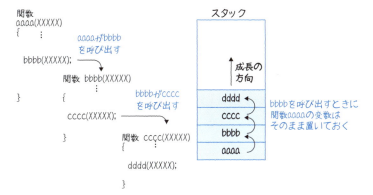

図2.3　スタックのイメージは「積む」

　ヒープは「何かを入れるための領域」ですが、そのときどきで必要になるサイズが異なり、また必要な数も異なる場合によく使われます。たとえば、Cプログラムで「XXバイトのメモリをください」と要求する場合、malloc()という関数を使ったりしますが、このmalloc()はヒープのサイズを大きくして、必要なメモリを確保します[※2]。使い終わったら、プログラムの中でfree()という関数を呼び出して、確保していたメモリを解放してあげるのが一般的です。

　図2.4は、プログラムの中身とプロセス中のメモリの中身の関係を示しています。グローバルな変数の情報はデータやBSSに、関数の情報はスタックに関係していることなどがこの図から読み取れると思います。ここでは、「プロセス（スレッド）を実行するために必要な情報は、こんな感じでメモリに置かれているのね」くらいに理解しておくとよいでしょう。

※2　malloc()を使用してヒープを大きくし、動的に要求されるメモリを管理する方法は昔からあります。それに対して、最近はmmap()という関数を用いて比較的大きなメモリを確保する方法もあります。

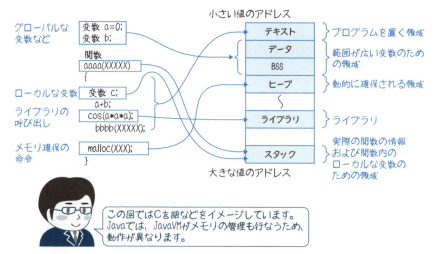

図2.4　プロセス中のメモリの中身（一般論）

2.1.2 プロセス間でデータを共有するための共有メモリ

　さて、ここまではDBMS以外のプログラムでも同様ですが、一部のDBMSでは、それ以外に「共有メモリ」という大きなメモリ領域がとられることがあります。DBMSでは、多くのアプリケーションが共通のデータにアクセスできなければなりません[※3]。DBMSが複数のプロセスで構成されている場合、それぞれ舞台が違うわけですから、データを受け渡しするのは大変です。普通に考えれば、プロセス間で受け渡す必要がありますが、そんなことをしていては本来の処理以外のコストが高くなってしまいます。ではどうすればよいのでしょうか？

　スレッドは、同じ舞台の中で複数が動けます。ということは、同じデータ（メモリ）にアクセスできます。プロセスの場合も舞台の一部を共通化してしまえば、いちいち受け渡しする必要はありません。この領域を「共有メモリ」と言います。DBMS以外では使用することが少ないOSの機能です[※4]。

2.1.3 共有メモリの注意点

　ここで心配になるのが、データの取り合いです。共有メモリに限らずマルチスレッドにおいても発生しますが、ほかのプロセス（スレッド）が同一データに微妙なタイミングで書き込みをしたらどうなるでしょう？

※3　たとえば、顧客データをイメージしてください。どの利用者からも同じデータが見えなければなりません。だからといって、同じデータを重複して持つと無駄が多くなります。
※4　同時に処理するということがほかのアプリケーションでは少ない＝マルチプロセスになっているアプリケーションは少ない、ということです。また、最近ではあまり使われない技術でもあります。

意図しない値での上書きが発生してしまいます。そのため、ロックが必要となります。ロックの実装（これもOSが関係します）については、第3章で紹介します。マルチスレッドプログラミングで最も複雑なのは、この「ほかの処理を考慮して書く」という点です。

さて、話をもとに戻し、共有メモリはどのように見えるのかというと、リスト2.2のようになります。共有しているわけですから、実際にはメモリ使用量は重複していないはずです。しかし、Linuxのpsコマンドで確認してみると、OSによっては重複しているように見えるのです。

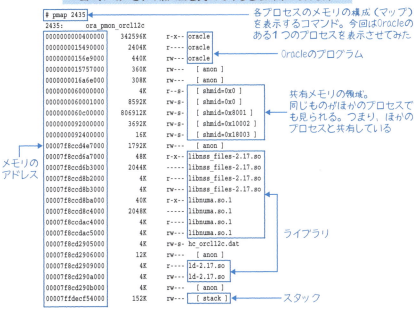

リスト2.2　共有メモリの見え方（Linux）

DBMSのメモリ消費量が大きく見える最大の理由は、この共有メモリです。冒頭のリスト1.1で大きく見える例を紹介しましたが、大部分はこの共有メモリが何重にも重複して表示されていたのです。リスト2.3は、共有メモリの情報を見るコマンドと、共有メモリのサイズを変更したときの、psコマンドから見たプロセスのサイズ変動を説明しています。なお、共有メモリを使用していないDBMS（たとえば、多くのスレッドから構成されているDBMS）の場合、DBMS用のキャッシュはヒープ領域、もしくはmmap()によるメモリ領域にとられるはずです。

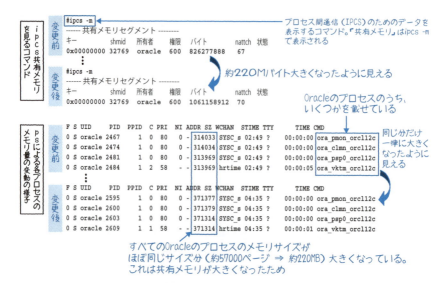

リスト2.3 共有メモリのサイズを変えてみると？（Linux）

また、この中で共有メモリ以外にも重複していて取り除けるものがあります。それは、共有ライブラリの大部分です。共有ライブラリという名前の通り、大部分は共有できます。プログラム（実行バイナリ）も同様に、同じものを複数持っていても仕方がないので、共有できる部分は共有ライブラリで共有します。これはアプリケーションでもDBMSでも同様です。この共有ライブラリでの共有が、大きなサイズに見えていた理由です。

これまで説明したことを念頭にプロセスのメモリを分析すれば、実際に使用しているメモリサイズがおおよそわかります。後で実際にデータを見てみます。

2.2 DBMSのメモリの構造(一般論)

さて、DBMSではメモリをどのように使用するのでしょうか?

まず、DBMSはキャッシュ領域を大きく持つのが特徴です。大きなシステムでは、数十GB、数百GBといったサイズのメモリをキャッシュとして使用します。これは可能な限りI/Oを削減するためです(図2.5)。多くのDBMSにおいて、このキャッシュサイズはチューニング可能なパラメータになっています。マルチプロセスのDBMSであれば共有メモリに置かれているでしょうし、マルチスレッドのDBMSであればヒープの領域(mmap()などによるメモリ領域)に置かれているでしょう。

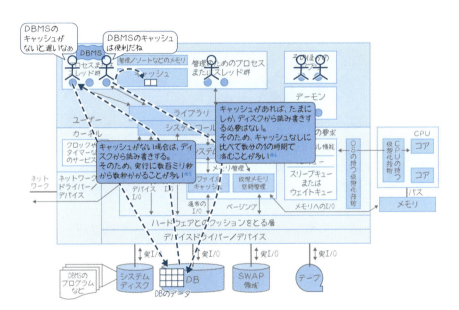

図2.5 多くのDBMSはI/O削減のためのキャッシュを持つ

次に、プロセスやスレッドが使用する部分について説明します。プロセスやスレッドの数が増えれば、その数に応じてメモリの合計量が変わります。また、DBMSは大規模なソート作業などでメモリを大量に必要とすることがあります。これらはDBMSのパラメータの設定にもよります。パラメータによって上限を決めることができるDBMSもあるからです。

もちろん、処理(SQLの実行など)に応じて動的にメモリを確保することもあります(SQLの格納などの用途で、多くの場合は少量)。

※5 1リクエストを実行するのに10個以上のブロックの処理が必要で、1I/Oに10ミリ秒かかると仮定しています。また、OSやストレージのキャッシュは考慮していません。
※6 メモリとディスクの速度を比べると、数百から数千倍も違います。OLTP系の処理で、ある程度以上のメモリがあれば、90%くらいはヒットすることが多いため、全体としては速くなります。

以上を図にすると、図2.6のようになります。

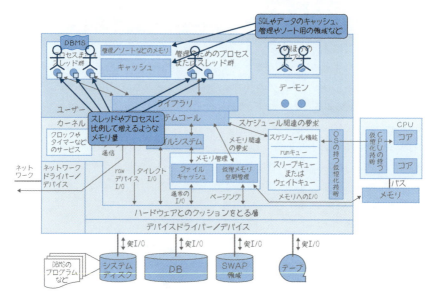

図2.6　DBMSのメモリの構成

　メモリの用途を説明しましたが、同じDBMS製品であっても、これらはシステムの形態によって必要とされる量が異なります。たとえば、OLTP系システムではインデックスを使用した高速な処理が多く、1回当たりに扱うデータ量も少ないため、大規模なソート作業は少ないはずです[※7]。ただし、プロセス（スレッド）数は多くなり、少量とはいえ、SQLの処理用にメモリを消費するはずです。SQLを実行する1プロセス（スレッド）当たりのメモリ使用量が、共有メモリや共有ライブラリなどを除いて100MBと仮定すると、DBMS全体では「実行バイナリ（プログラム）＋DBMSのキャッシュ＋プロセス数（スレッド数）×100MB」といったところでしょう。

　それに対して、DSS（意思決定支援システム）やバッチなど、本数は少ないが大量の処理を必要とするアプリケーションの場合はどうでしょうか？

　おおよそ「実行バイナリ（プログラム）＋DBMSのキャッシュ＋少量のプロセス数（スレッド数）×100MB＋ソート用の領域」で表わされるはずです。サイズを正確に見積もるためのコツは、実際のデータに近いサイズのデータを用意して、本番で流れるようなSQLを流してみることです。しかも、ある程度の時間は処理を回しておく（連続運転する）べきでしょう。

※7　本来、ソートは起きないはずですが、設計が悪いと発生してしまいます。OLTP系システムでの大規模なソートは問題が多いため、その場合はチューニングするしかないでしょう。

2.3 | 32ビットと64ビットでは 扱えるサイズが変わる

OSには、64ビットOSと32ビットOSがあります。最近では64ビット版が普及していますが、まだ32ビット版を利用し続けているシステムもあるでしょう。32ビットから64ビットに変えることによって「扱えるデータのサイズが変わる」という説明をよく見かけます。実は、DBMSのメモリにおいては、これがとても大きく影響します。32ビットの場合、32ビットで表わせるメモリアドレスの上限は2^{32}（乗）であるため、42億9,496万7,296バイト（＝4GB）までしか扱えないのです。

特に32ビット版のWindowsの場合、デフォルトではカーネルが2GBを使えるように設定されているので、残りの2GBの中で何とかしなければなりません（1プロセス当たり2GBです）。そういった制約もあるため、4GBより多くのメモリを搭載している最近のシステムでは64ビット版が適していると言ってよいでしょう。

もちろん、64ビット版のOSで32ビットのDBMSを動かすことは可能です。しかし、そのDBMSで使用可能なメモリアドレスは32ビットになります。大きなメモリ空間を使用したいのであれば、DBMSも64ビット版を使用することも忘れないでください。

2.4 仮想メモリと物理メモリの関係

　仮想（バーチャル）メモリもOSの重要な機能です。物理メモリと何が違うのかというと、実際に使える物理メモリ以上のメモリをアプリケーションに提供できるのです。しかし、メモリが実際よりも多く存在するように見せているのなら、物理メモリ以上にプロセスがメモリを使用したらどうなるのか、という疑問がわくでしょう。そのときは、メモリの内容をディスクに一時的に保存します。その領域は、スワップデバイス（スワップファイル）と呼ばれます（Windowsではページファイルです）。以下、これらを総称して「スワップ領域」と呼ぶことにします。

　OSは、仮想メモリが不足しそうになると、使用頻度の低いデータをメモリからディスクに書き出してしまいます（図2.7）。そして、そのデータが再び必要になったら、スワップ領域から読み込みます。メリットは、メモリを多く使えることです。言い換えると、物理メモリ以上にメモリを使用しても、メモリ不足エラーにならないということです。デメリットは、後述するようにスワップ領域からの読み込みに時間がかかることです。

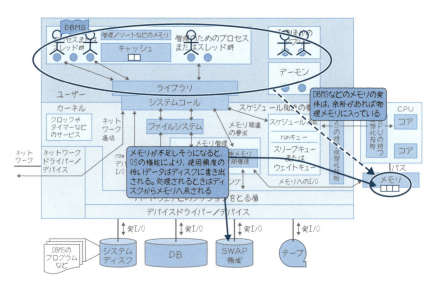

図2.7　メモリが不足しそうになったらOSはどうする？

なお、仮想メモリの仕組みはOSごとに大きく異なります。危険を承知で、スワップ領域を予約[8]せずにメモリを割り当てるOS、スワップ領域を必ず予約してメモリを割り当てるOS、その中間になるように工夫したOS、といったように仮想メモリの実装方法はいくつかあります。最初の例の場合、スワップ領域が足りなくなると、OSがプロセスをkillしたり、OSがハングしたりすることもあるため、メモリ不足には注意が必要です。

Column

Linuxにおけるメモリ不足を防ぐための最終手段

仮想メモリが不足してくると、前述の通り、スワップ領域に書き出しを行ないますが、そのスワップ領域も足りなくなる、つまり、仮想メモリを完全に使い果たしてしまうと、OSのすべての処理を急停止しかねません。このような事態を防ぐために、Linuxカーネルでは、最終手段として稼働中のプロセスを強制的に終了させて、使用中のメモリを解放させる機能が実装されています。この機能は「OOM Killer」（Out of Memory Killer）と呼ばれ、デフォルトで有効になっています。

このOOM Killerは、仮想メモリが枯渇すると、すべてのプロセスに対して、仮想メモリサイズやCPU使用時間などを加味してポイント付けを行ない、最も高いポイントだったプロセスを強制終了（シグナルSIGKILLを送信）させます。OSを稼働させ続けるという観点ではOOM Killerはありがたい機能のように思えます。しかし、どのプロセスが強制終了されるのかが予測できなかったり、プロセスを強制終了させてメモリが解放された後のOSの状況を把握することが難しいといったデメリットがあります。さらに言うと、状況によってはDBMSの特定のプロセスが強制終了の対象となり、DBMSがダウンしてしまうこともあるでしょう。

したがって、OOM Killerが発動するからといって安心せず、仮想メモリ不足の兆しが見えたら、必ず対策を検討しましょう。

※8 「スワップ領域を予約する」とは、将来のページングやスワップに備えて、最初からスワップ領域に対して空きスペースを予約（今は未使用でも「この分は使うな」と事前に確保）しておくことを言います。これにより、いざページング（スワップ）というときにスワップ領域が足りないという事態になるのを防ぐことができます。

Column
Linuxのメモリ割り当てフロー

　Linuxにおけるメモリ割り当てについて説明します。アプリケーションやDBMSから、malloc()などの関数からメモリの割り当てが要求されると、物理メモリにあるページ（メモリの単位）を割り当てようとします。

　もし、物理メモリに空きがなく、ページの割り当てができない状況のときはどうなるのでしょうか？

　さすがに「今はメモリに空きがないのであきらめてください」と冷たい対応をするわけにはいきません。その場合は、メモリの状況に応じて、スワップ領域を使用したり、使用中のページをすべて調査して未使用に戻せるものは未使用に戻したり（ページの回収）、OOM Killerを発動したりします（図2.A）。

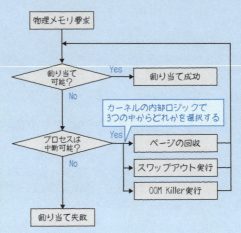

図2.A　Linuxのメモリ割り当てフロー

2.5 スワップとページングは要注意

次は、OSの解説本などでよく目にするスワップとページングです。これらは、ディスク（スワップ領域など）を利用して、メモリとデータをやりとりする仕組みです。筆者の考えは、「原則として、できるだけスワップ領域とのページングは起こすな。スワップなんて論外」です。それでは順番に見ていきましょう。

フリー（空いている）メモリが少ない場合、OSはメモリを調査して、最近使われていないメモリ（ページ）をディスク（スワップ領域など）に保存あるいは破棄します。これによってフリーメモリを増やし、メモリが必要になっても対処できるようにしています。では、フリーメモリが少ないときにメモリを要求するとどうなるのでしょうか？ ディスク（スワップ領域など）に入っているデータを使用したいプロセス（スレッド）はどうなるのでしょうか？

このようなプロセス（スレッド）はI/Oで待たされてしまいます（図2.8）。

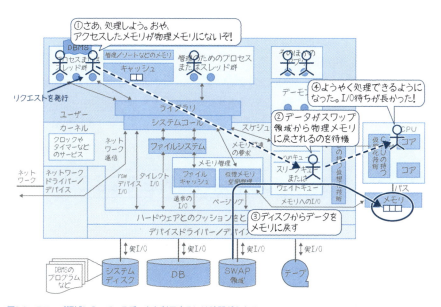

図2.8　スワップ領域に入っているデータを利用するには時間がかかる

では、いったいどのくらい待たされるのでしょうか？

SQLが1MBのメモリを必要とすると仮定して、1ページが4KBのOSの場合、スワップ領域に対して256ページのI/Oを行なわなければなりません。各ページが1回のI/Oを必要とし、1回のI/Oが10ミリ秒かかるとすると、約2.6秒かかることになります[9]。1MBのメモリの使用などはアプリケーションからすると当たり前です。

2.5.1 「恐怖の悪循環」が発生することもある

では、プロセス（スレッド）が数秒待たされると、どのような影響が出るのでしょうか？　多くの場合、システムの利用者がそれだけ待たされます。現場でページングの影響などを見てみると、大型サーバーであっても、数十秒から長ければ1分という待ちが発生していることがあります[10]。なぜこのようなことが起きるのでしょうか？

理由の1つとしては、OLTP系処理には「サーバーがスローダウンするとリクエストがたまる」という性質があることが挙げられます。サーバーにリクエストがたまると、たいていはスレッドやプロセスが増えて使用メモリ量が増えます。つまり、「メモリが足りない→ページング→スローダウン→リクエストがたまる→メモリがさらに足りなくなる」の悪循環が発生するのです（このような激しいページングを「スラッシング」と呼んだりします）。

昔と違い、現在はメモリが比較的安価ですから、サーバーではスワップ領域を増やして仮想メモリを広げることによる効果をあまり期待してはいけない、と筆者は考えます。CGIなどでプロセスが大量に発生している場合、このような現象が原因かもしれません。

2.5.2 キャッシュの本来の目的を考えよう

DBサーバーでは、スワップ領域とのページングを期待すべきでない理由はもう1つあります。通常、DBMSは大きなキャッシュを持つことによって、I/Oを削減して処理を高速化させるというアーキテクチャをとっています。

DBMSのキャッシュを大きくしたために、多量のページング（I/O）が発生するようでは意味がないと思いませんか？　しかも、そのページングが発生するディスクは、通常はDB用より性能が劣るシステム（あるいはスワップ領域）用のディスクです。ページングに意味がないというより、DBMSのアーキテクチャやバランスを考えると、ページングにあまり期待するべきではないと筆者は考えます。もちろん、保険としてスワップ領域を大きくとっておくことは賛成です。

※9　I/Oをしないと必ずしもメモリを空けられないわけではない（内容を捨ててしまえばよいケースもある）ため、これほど多くのI/Oが必要というわけではありません。ただ、スワップ領域のI/Oは遅いものです。そのため、一般に「スワップ領域とのページングは遅い」ことに間違いはありません。
※10　筆者は、このトラブルをいくつかの現場で見たことがあります。情報を記録していないとわからないため、世の中ではこのような原因であることに気づかず、迷宮入りしているケースも多いはずです。

以上を全体図で示すと、図2.9のようになります。

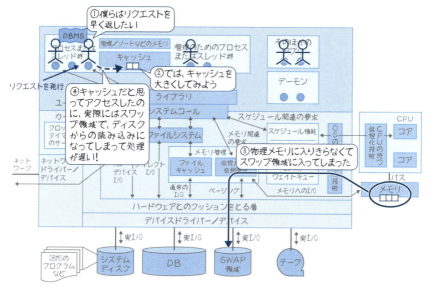

図2.9　DBMSのキャッシュが大きすぎても遅くなる

　図2.9から、DBMSのキャッシュを大きくしたことにより、物理メモリに収まりきらなくなり、スワップ領域に入ってしまったキャッシュにアクセスしたところ、スワップ領域からのディスク読み込みが発生して遅くなってしまったことが理解できるでしょう。

　筆者も同様のトラブルを現場で経験したことがあります。DBMSの性能遅延のトラブルシューティングを行なった際、調査を開始してすぐの段階では、「DBMSのキャッシュにはアクセスできているはずなのに、なぜこんなに時間がかかるのだろう？」と疑問に思ったことがありました。その後、OSレイヤーまで調査したところ、DBMSのキャッシュがスワップ領域に入ってしまっていて、スワップ領域からのディスク読み込みに時間がかかっていたことが原因だとわかりました。

　繰り返しになりますが、物理メモリの大きさをあまり考慮せず、DBMSのキャッシュを不用意に大きくすることは避けてください。

Column

コア（ダンプ）とは何なのか？

　コア（ダンプ）というファイルがスワップ領域に置かれることがあります。これは重大な問題（メモリのアクセス違反、危ないと判断して異常終了をアプリケーションが要求したとき、ハードウェア障害など）が起きたときに、メモリの内容を保存しておくものです。デバッガで読み込むと、そのときのメモリの内容や、どこを処理中だったかなどがわかるため、製品ベンダが分析をするうえでの有力な情報となります。ちょっと妙な例えですが、死体と検視のような関係です。死体（コア）を検視することによって、いくつもの情報を得ることができます。問題の本当の原因がわかることもあれば、間接的にしか原因がわからないこともあります。

　理由は簡単で、コアを作成した時点の状態しか記録されていないからです。たとえば、あるバグがメモリを間違って解放（もしくは上書き）したとします。その後、しばらくして正常な処理が解放（上書き）されたメモリを処理しようとして異常終了したとします（図2.B）。バグを直すためには、メモリを解放（上書き）した不正な処理を知りたいわけですが、それはとっくの昔のことであり、コアから知ることはできません。検視の例でいうと、多くの場合、検視だけでは犯人がわからないのと同じです。

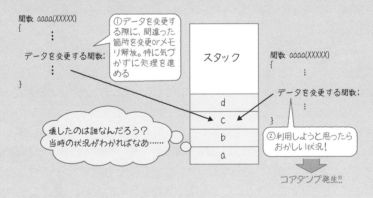

図2.B　壊した人と気づいた人が別だと？

2.5.3 ページング情報の見方

次は、ページングの見方について説明します。ページングが発生した場合、実際にどのように見えるのかをリスト2.4で紹介しています。

スワップ領域とのI/O。
これが本文でいう「可能な限り避けるべきページング」。

5秒間隔の Linux の vmstat の例

procs		memory				swap		io		system		cpu				
r	b	swpd	free	buff	cache	si	so	bi	bo	in	cs	us	sy	id	wa	st
2	0	0	350568	1780	2380536	0	0	9722	1053	2118	5865	76	21	2	1	0
0	0	0	347080	1780	2380532	0	0	0	12	1716	1511	4	0	96	0	0
0	0	0	346344	1780	2380536	0	0	6	13	1752	1618	1	2	97	0	0
0	0	0	346344	1780	2380536	0	0	0	13	1719	1495	0	1	100	0	0
2	0	0	155848	1780	2380568	0	0	6	6	1934	2858	72	14	14	0	0
1	0	0	31724	1716	2246076	0	0	0	13	1878	3379	83	17	0	0	0
3	0	16	29492	1716	1986524	0	3	0	36	1797	3452	85	15	0	0	0
1	0	3220	32528	1716	1729668	0	641	190	1120	1919	3423	79	21	0	0	0
1	0	8924	30352	1716	1473960	0	1141	0	1154	1799	3424	83	17	0	0	0
2	0	8924	34948	12	1217588	0	0	2201	14	1830	3458	83	17	0	0	0
2	0	8924	34428	8	973180	0	0	486	6	1764	3339	78	22	0	0	0
1	0	18508	29300	8	797776	0	1918	143055	1977	2459	3378	64	36	0	0	0
5	4	44948	32692	8	621532	30	5294	178081	5321	2592	3447	66	33	0	0	0

①メモリを消費する処理が開始した

②空きメモリ（free列）が減り始める

④スワップ領域へのページング発生によって、I/O待ちのプロセス数（b列）も増加

③スワップ領域へのページングが発生

リスト2.4 ページングデータの見方（Linux）

OSは、すぐに使えるフリー（空き）のメモリを持っています。この動きもvmstatのfree列で確認できます（Windowsの場合は、タスクマネージャーの物理メモリの「利用可能」という欄がこれに近い値です）。空きメモリが少なくなってくると、OSはページングをしようと頑張るので、多くのプロセス（スレッド）が待たされることになります。また、ページングによる待ちによってvmstatのb列（I/O待ち）が大きくなるOSも多く存在します（Windowsの場合、「PhysicalDiskのAvg. Disk Queue Length」が相当します）。リスト2.4を確認することで、これらのメカニズムが理解できるはずです。

次に、スワップについて簡単に説明しましょう。これは、動作はページングとほぼ同じですが、規模が大きくなります。ページングは、その名の通りページ（OSが扱うメモリのかたまりの単位）での読み書きですが、スワップはプロセス全体を読み書きします。スワップのほうがより多くのメモリを空けられるとはいえ、明らかに遅くなります。そのため、昔から「スワップは起こすな」と言われてきました。もともと、OSでまかなえるうちはページングでまかなって、状態がひどくなったらスワップを始めていました。ページングですらアプリケーションやDBMSに大きな影響を与える

ことが多いので、スワップはほとんど見かけることはありません。

2.5.4 スワップ領域を増やしてもかまわない?

ここで、現場で起きる可能性のあるトラブルを考えてみましょう。「スワップ領域の分を入れてもメモリが足りない」という状況です。そのような場合、スワップ領域を増やすのはありでしょうか、それともなしでしょうか? 皆さんはどう考えていますか?

筆者であれば、明らかに小さい場合を除いて、やはりスワップ領域を増やすのはお勧めしません。前述のスラッシングや処理が遅くなることを除いても、現在のDBサーバーにおいて、スワップを増やしてスワップ領域のI/Oを増やすことは得策とは思えないためです。一番よいのは、メモリが足りないという状況をきちんと調べることでしょう。メモリリークの可能性や、DBMSのキャッシュを不用意に大きくしていないか、DBサーバーで処理が詰まってDBの接続(コネクション)が急増していないか、アプリケーションであれば確保しているメモリが大きくなりすぎたのではないか、プロセスが増えすぎたのではないか、実はファイルキャッシュが大きいだけで実際にはメモリは不足していないのではないか(後述)、といったいくつかの可能性が考えられます。

なお、スワップはメモリを拡張する際、メモリサイズに合わせて拡張することも考えます。理由は、メモリが大きくなるとダンプのサイズが大きくなるためです。

2.6 I/O 性能にとって重要なファイルキャッシュとは？

意外と知られていないOSの重要な機能について説明します。I/Oデータをキャッシュするファイルキャッシュ機能です[11]。まず、理解していただきたいのは、DBMSなどが持つキャッシュとはまったく別物であるということです。その関係は図2.10のようになります。

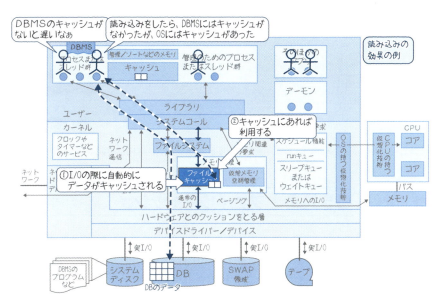

図2.10　DBMSにとってOSのファイルキャッシュはうれしいもの

たとえば、DBMSからディスクに書き込みをすると、基本的にファイルキャッシュにそのデータが載ります。DBMSがディスクから読み込みをしても、やはりファイルキャッシュに載ります[12]。また、DBMSが読み込みをした場合にファイルキャッシュにデータがあれば、物理ディスクにはアクセスしません[13]。

---

[11] OSによって、バッファキャッシュやページキャッシュなどいろいろな名前が付いており、微妙に機能が異なりますが、ここではまとめてファイルキャッシュと呼ぶことにします。
[12] DBMSとOSの組み合わせによっては、載らないこともあります。そのため「基本的に」という記述にしています。
[13] キャッシュを持たないディスク装置を使っていると、1ミリ秒や0ミリ秒といったありえない速度で物理ディスクから読み込んでいるようなデータがDBMSで計測されることがありますが、それはこのファイルキャッシュにヒットしているケースが大半です。

OSのファイルキャッシュは、OSの空きメモリがある限り、ある程度までは自動的に拡張します。そのため、多くのOSではフリー（空き）メモリが少ないように見えます（リスト2.5）[※14]。したがって、多くのOSにおいては、vmstatの結果などを見て、すぐに「メモリが足りない」と判断しないようにしてください。

リスト2.5　ファイルキャッシュの動き（メモリ消費が増えると、キャッシュサイズは小さくなる）

2.6.1　書き込みとファイルキャッシュ

　通常の書き込みI/O（「遅延書き込み」とも言います）は、ファイルキャッシュにI/O命令のデータが置かれたらすぐに終了となります。その後、OSのデーモン（常駐プログラム）がディスクに書き込んでくれます（図2.11）。

※14　例外もあるため、使用しているOSの仕様を確認してください。たとえば、最近のSolarisでは、ファイルキャッシュもフリーメモリとしてカウントされます。

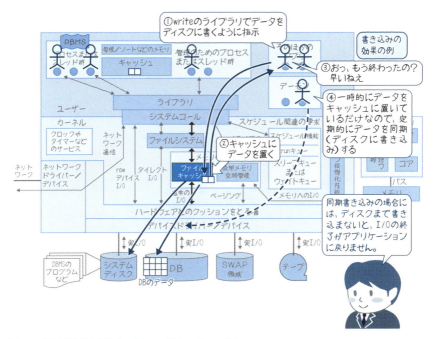

図2.11 多くの書き込みI/Oにとってのファイルキャッシュの動き

主なOSにおける該当デーモンは、次の通りです[15]。

- syncd（AIX）
- fsflush（Solaris）
- pdflush（Linux）
- syncer（HP-UX）

これらのデーモンは、かなり多くのCPU時間を消費し、また多くのI/O命令を発行するので、現場でOSを監視していると目立ちます。「何だこれは？」と思われた方もいるでしょうが、これが理由です。デーモンの名前を見ると、キャッシュ上のデータとディスクのデータを同期するという意味のsyncという言葉が使われていたり、キャッシュ上のデータをディスクへ書き出すという意味のflushという言葉が使われていたりします。

しかし、DBMSの多くの書き込みI/O命令は、このファイルキャッシュへの書き込みだけでは終了せず、実際にディスクまで書き込んで終了となります[16]。理由は、異常終了（ハードの故障も含む）の際もデータを失うわけにはいかないからです。これ

※15 Windowsでも同様の役割は存在しますが、デーモンではなくシステムワーカースレッドという形になります。
※16 「多くの書き込み」と表現した理由は、同じDBMSでも一部は例外となることがあるためです。また、ここでは「ディスクまで」と書いていますが、ストレージによってはストレージ内にキャッシュメモリを持ち、そのメモリの内容を「消えてなくなりません」と保証するものがあります。その場合は、ストレージのキャッシュまで書き込まれた時点で終了となります。

を「同期書き込み」と言います。同期書き込みについては、第4章の「4.8　書き込みI/Oと同期書き込み（書き込みの保証）」(p.151)で該当の動作を説明しているので、興味のある方はそちらも併せて参照してください。

実は、DBMSとOSの組み合わせによっては、ファイルキャッシュを使わないこともあります。その場合、ダイレクトアクセス（ダイレクトI/O）という、ファイルキャッシュをバイパスする方法が使われます（図2.12）。この方法を選択するには、DBMSが自動的に選択する、ファイルシステムのマウント時に指定するなど、さまざまな指定方法が用意されています。

Windowsの場合は、FILE_FLAG_NO_BUFFERINGを指定すると、ファイルキャッシュに載せないI/Oになります。

ここまででアーキテクチャを説明してきているので、ダイレクトアクセスのメリットとデメリットもおのずとわかるのではないでしょうか？

メリットは、ファイルキャッシュを圧迫することが少ない点や、データを二重に持たずに済む点です。デメリットは、キャッシュによる高速な応答ができなくなる点です。

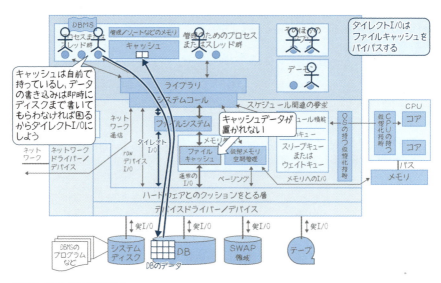

図2.12　ダイレクトI/O時の動き

2.6.2 いくつも存在するキャッシュの意味を整理しよう

ここで、各種キャッシュの意味合いについて整理してみましょう。

DBMSのキャッシュは読み込みを高速に処理するもので、OSのメモリを使います。同様にOSのファイルキャッシュも各種の処理を高速にするもので、OSのメモリを使います。ストレージのキャッシュも処理を高速にするためにありますが、その多くは書き込まれたデータを保全します。まとめると、図2.13のようになります。

実は、DBMSのキャッシュとファイルキャッシュの役割は重複しています。どちらかというと、DBMS専用のキャッシュを大きくしたほうがよいでしょう[※17]。その場合は、特にDBMSのキャッシュを増やすメリットが大きくなります。しかし、DBMSによっては、キャッシュのサイズが大きいと処理のオーバーヘッドも大きくなるものがあります。そのため、あまり非常識的な数値にするのは避けましょう。

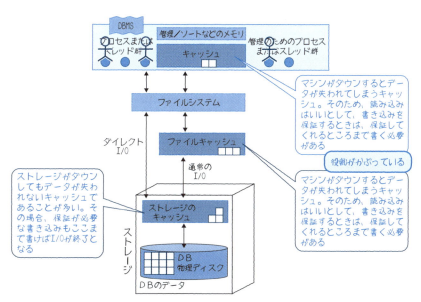

図2.13 各種キャッシュの動作および位置付け

ただし、DBMSのキャッシュを大きくしすぎると、ページングが始まってしまい、意味がありません。それに対して、ファイルキャッシュは自動的にサイズを調整するメリットもあるため、サイズの判断は各自で行なってください。全体図で示すと、図2.14のようになります。

※17 前述のように、DBMSによってはOSのファイルキャッシュを使用しないようになっているものもあります。

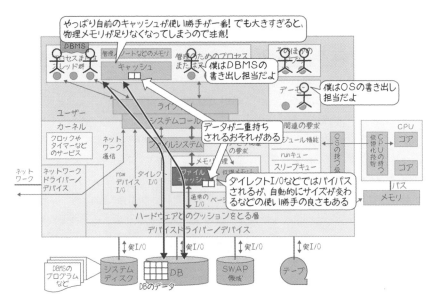

図2.14　キャッシュ間の関係

> ### Column
> ## なぜファイルキャッシュとスワップ領域のページングという正反対の機能があるの？
>
> 　ファイルキャッシュは、物理メモリを消費する代わりに高速なI/Oを実現する仕組みです。逆にスワップ領域のページング（含むスワップ）は、使用できるメモリを増やすために低速なディスクを使用する仕組みです。これは矛盾していますね。なぜ両方の機能があるのでしょうか？
>
> 　これは「アクセスのローカル性」という考えに従えば理解できます。「頻繁に使用されるデータと、たまにしか使用されないデータがある」という考えです。実際、DBMSが扱うDBのデータに関してもそのような傾向があります。そして、このローカル性に従えば、プロセスのメモリであっても、ほとんど使われないものはスワップに置いてかまわないということになりますし、逆にファイルのデータであっても、頻繁に読み込まれるものであればファイルキャッシュに置いておく、というのも納得がいきます。ファイルキャッシュは、余裕が少なければ自動的に減っていきますし、スワップ領域には保険という意味合いもあります。いろいろな意味でOSはよく考えられているなあと感心します。
>
> 　ただし、しばらく使われていなかったスワップ領域に入っているデータが使用される際には、遅くなることもあります。実際にそういう形で遅くなる現象も見かけることがあります。サーバー設定としては、やはり常に一定の性能を保つことを目指すべきだと思います（この考えは、この後の2.8節で解説します）。

上級者向け Tips
アプリケーションやDBMSはメモリを返した。でもOSにはメモリが返っていないことがある？

　C言語では、malloc()という命令でヒープ領域にメモリが確保されます。そして、free()という命令でメモリが返されます。しかし、このfree()ではメモリがOSに返されないことが多いのです[※18]。返されない場合、プロセスが再利用のためキープしてしまうので、OSが使用可能なメモリは増えません。つまり、DBMSから見ると「メモリは返した。でもOSが使用できるメモリは少ない」ということがありえるのです（図2.C）。

　アプリケーションやDBMSから見るとメモリ使用量が少ないのに、OSから見るとプロセスのメモリ使用量が大きい場合、このような状況なのかもしれません。もちろん、プロセスが終了すれば、OSにメモリが返されます。なお、前述のmmap()はmunmap()によりメモリがOSに返されるため、このようなことは起きません。

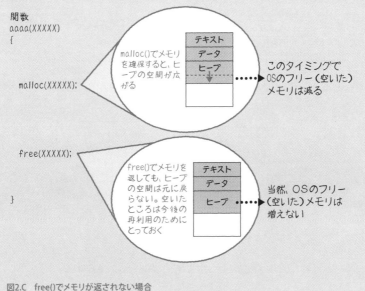

図2.C　free()でメモリが返されない場合

※18　昔のmalloc()とfree()の実装では、OSにメモリが返されませんでした。ただし、最近は返すものもあります。

Column

メモリリークとは、確保されたが解放されないメモリのことです。メモリリークは、通常、メモリの使用量が徐々に増えていくという形で表われます。原因は、メモリ確保に対応するメモリ解放の命令がないことです。

p.77のTipsの図2.Cに示したような単純なプログラムであれば、どのメモリを解放し忘れているかが容易にわかりますが、メモリを確保する箇所とメモリを解放する箇所が離れていたりすると、どれを解放してどれを解放し忘れているのかがわからなくなってきます（図2.D）。

ソフトウェアベンダなどに言わせると、「巨大なソフトウェアでは、ごく少量のメモリリークは仕方がないもの」です。完全な絶滅は不可能だと思ったほうがよいでしょう。

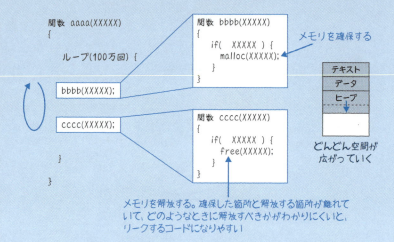

図2.D　メモリリークが起こる仕組み

2.7 ページの割り当ての仕組みとラージページ

　ページとは、OSとCPUが扱うメモリの管理単位のことです。プロセスは物理メモリやスワップ領域上にあるメモリ領域をページとして割り当てられることによって、一時的な作業領域としてメモリを利用できるようになります。

　まず、プロセスがページを利用できるまでのメカニズムについて説明しましょう。プロセスはメモリが必要になると、いったんmmapなどのシステムコールを発行して仮想メモリ領域を確保します。まだこの段階では、ページは割り当てられていません。その後、プロセスがmmapなどのシステムコールにより事前に確保された仮想メモリ領域にアクセスすると、物理メモリやスワップ領域にあるページをプロセスに割り当てられるメカニズムとなります。

　このような、最初からページを割り当てるのではなく、実際にページが必要になったときに割り当てる方式は「デマンドページング」と呼ばれます。

　ここからは、プロセスがページを要求した場合のメカニズムについてさらに詳しく説明しましょう。プロセスに割り当てられている仮想メモリ領域内の仮想メモリアドレスをもとにして、ページテーブルと呼ばれる仮想メモリと物理メモリの変換表にアクセスします。その次に、ページテーブルから該当する変換情報であるPTE（Page Table Entry）をもとに、CPUの装置の1つであるMMU（Memory Management Unit）が仮想メモリアドレスを物理メモリアドレスに変換します。その次に、変換された物理メモリアドレス情報をもとに該当の物理メモリのページにアクセスします（図2.15）。その後、アクセスした物理メモリがそのプロセスのページとして割り当てられます。

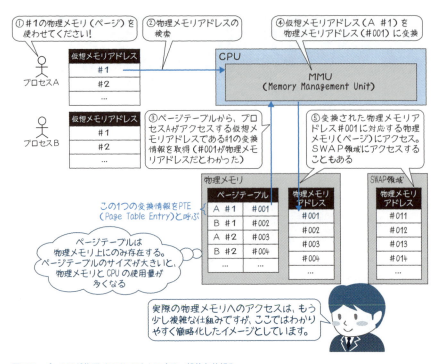

図2.15　プロセスが物理メモリにアクセスする一般的な仕組み

　最近では、数百GBの物理メモリを搭載している大型のDBサーバーも珍しくなくなってきました。物理メモリの大容量化により、DBMSのキャッシュ領域も大きくすることができるため、基本的にはパフォーマンスの向上が見込めます。その一方で、新たな問題がいくつか発生する場合もあります。

　1つ目の問題は、SYS（カーネル）が使用するCPU使用率が常に高い状態のままになることです。この問題の原因は、物理メモリの大容量化に伴い、ページ数が増加し、当然のことながら肥大化したページテーブルに対して、必要なPTEを探し出すためにSYS（カーネル）が多くのCPUを消費することにあります。

　2つ目の問題は、メモリが不足することです。この問題も物理メモリの大容量化に伴うページテーブルの肥大化が原因となり、ページテーブル本体が利用する物理メモリ上のサイズが大きくなり、メモリ不足に発展する場合があります。

　では、この問題を解決する仕組みはあるのでしょうか？

　答えはYesです。物理メモリの大容量化に伴う問題を解決する方法がこれから紹介するラージページと呼ばれる仕組みです。

　最近のCPUは4KB～数GBなどの異なるページサイズをサポートしています。また、

OSとしてもそれらの異なる複数ページサイズを扱えるようになっています。最近のx86系のCPUのデフォルトのページサイズは4KBですが、ラージページを利用することにより、ページサイズを2M〜数GBに設定することが可能です。このラージページを設定し、ページテーブルの肥大化を防ぐことにより、CPU使用率とメモリ使用量を抑制することができます[※19]。

つまり、上述した2つの問題を解決することができます。

具体例で考えてみましょう。あるプロセスが512MBのメモリを使用する場合、4KBページの環境では、512MB ÷ 4KB = 131,072のPTEにアクセスする必要があります（図2.16）。

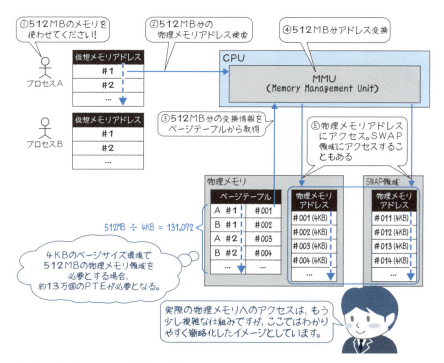

図2.16　ラージページ未設定時（ページサイズ4KB）

一方、ラージページを設定した2MBページの環境では、512MB ÷ 2MB = 256のPTEのアクセス量に減少します。また、ラージページの大きな利点として、ラージページとして確保した仮想メモリ領域は、物理メモリ上に確保されます。したがって、スワップ領域へのアクセスによる大幅な性能劣化を抑制することが期待できます（図2.17）。

※19　TLB（Translation Lookaside Buffer）と呼ばれるPTEをキャッシュするCPUの装置があります。ページテーブルのサイズが小さくなることによって、TLBのキャッシュヒット率が向上することもCPU使用率の軽減とパフォーマンスの向上につながると言えます。

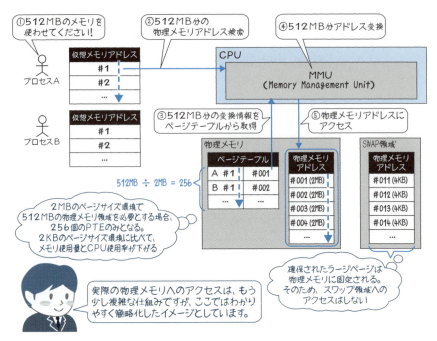

図2.17　ラージページ設定時（ページサイズ2MB）

　ここまでの説明で、ラージページの利用の有効性について理解いただけたでしょうか。大容量のメモリ領域をDBMSに割り当てる場合はラージページの採用を検討してみてください。

　ラージページは、LinuxではLinuxカーネル2.6からHugePagesと呼ばれる機能としてサポートされており、Solaris、AIX、HP-UX、WindowsなどのOSでもサポートされています。サポートされるページサイズはOSやカーネルのバージョンによって異なるため、詳しくはOSのマニュアルを確認してください[20]。

　また、ラージページ設定時の注意点として、OSとソフトウェアの組み合わせによっては使用できなかったり、正しい設計ができなかったりした場合に無駄なメモリ領域が常にロックされてしまう可能性もあります。ラージページを採用する場合は、実現性や手順、設計の考え方などについて、事前に十分な確認と検討を行なってください。

---

[20]　ここでは一般的なページの割り当ての仕組みやラージページについて紹介しました。厳密にはプロセッサやOSによって異なるため、詳細については各種マニュアルを確認してください。

2.8 メモリ情報の見方は難しい、でも基本はこう考える

ここまでの説明からもわかるように、メモリ情報の見方は非常に難解です。たとえば、プロセス単位でメモリ情報を表示する場合はどう見ればよいのでしょう？

ざっと思い返してみても、共有メモリや共有ライブラリやプログラム（実行バイナリ）は大部分が共有できます。したがって、psコマンドなどを使って、プロセス全体のサイズからアプリケーションやDBMSが使用しているメモリを調査するのは無理があります。

正確に調べるためには、プロセスがどのように仮想メモリ空間を使っているかを表現する、メモリマップと呼ばれる情報を確認します（リスト2.6）。

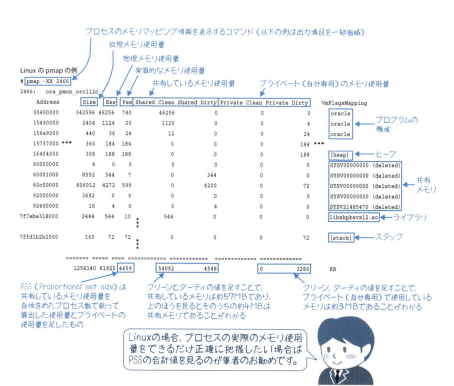

リスト2.6　プロセスの実際のメモリ使用量を調べる方法（Linux）

また、別の視点で、OS全体の空き容量を見ながらプロセスを起動してみて、減った分をそのプロセスのおおよそのメモリ使用量と考える方法もあります。

2.8.1　OSレベルのメモリ情報の見方

次に、vmstatなどを使ったOSレベルの情報の見方を説明します。OSレベルでは、メモリ不足を気にします。初心者は、「仮想メモリが足りなくなった場合がメモリ不足」と考えがちです。しかし、ページングが激しい場合もメモリ不足と言うべきでしょう。そのため、2.5節で解説したように、メモリ不足を確認するためには、ページングによるアプリケーションやDBMSの待ちが起きていない（もしくは少ない）かを注意するようお勧めします。やはり、アプリケーションやDBMSが遅くなってしまっては意味がありません。

先ほど説明したように、ファイルキャッシュのほとんどはフリーメモリだと考えます。リスト2.7のように、物理メモリの状況を要約して表示するコマンドもあります。使えるメモリが後どれだけ存在するのかを把握できて、とても便利です（Windowsの場合、パフォーマンスモニターの「System Cache Resident Bytes」で物理メモリ上のキャッシュサイズを確認できます）。

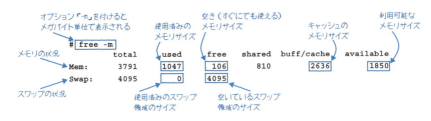

リスト2.7　物理メモリの状況を調べる方法（Linux）

恐ろしいことに、スワップ領域がいっぱいになると「ハング」あるいは「プロセスをkill」するOSもあります。そのため、スワップ領域の動きにも注意しましょう。定期的にリスト2.7のfreeコマンドなどを使って、スワップ領域がどれくらい消費済みか把握するようにします。

2.8.2　サーバーにおける設定のコツ

気をつけたいのは、変動することによってコストがかかる「何か」のパラメータです。ここでのコストとはお金のことを指すのではなく、CPUのパワーやメモリなどの

マシンリソースのことを指します。サーバーの設定において、そのような可変の「何か」は、できるだけ最初から最大値にしておかないと、悪循環を招くことがあります。

たとえば、OLTP系の場合、処理が積み上がって悪循環が起こるというトラブルが挙げられますが、この対策としては、プロセスやスレッドの事前起動やコネクションプーリングを用いる方法があります。パラメータにおいてコネクション数の最小値と最大値を同じにしておけば、最初からメモリを使用している（確保されている）ため、いざというときでもコストがかからず、この現象は「ほぼ」防げます[※21]（図2.18）。

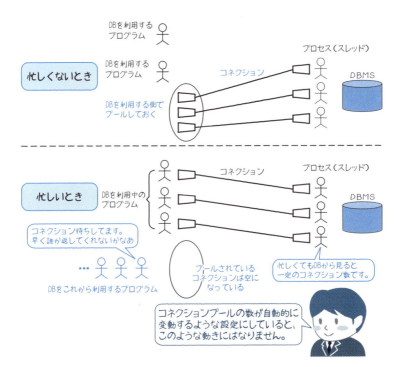

図2.18　コネクションプーリングで使用メモリの大きな変動を防ぐ

2.8.3　DBサーバーのメモリの設定はどうするか？

共有メモリの設定

基本的には、マニュアルに書いてある通りにすれば問題ありません。リスト2.8は、設定の一例です。共有メモリの設定はカーネルに対して行ないますが、この最大

※21　「ほぼ」と言ったのは、パラメータで最小値と最大値を同一にしていても、厳密には同じにならない（最初から最大値にならない）APサーバーなどがあるためです。また、DBMSがリクエストを受け取らないということは、APサーバー側でリクエストが積み上がるため、APサーバー側でも何らかの対策が必要です。

値（1かたまり当たりのリミット）を大きくしたからといって、実際に使用するメモリが大きくなるわけではありません。また、ラージページ（LinuxではHugePages）を採用する場合は、ラージページの設定も併せて行ないます。

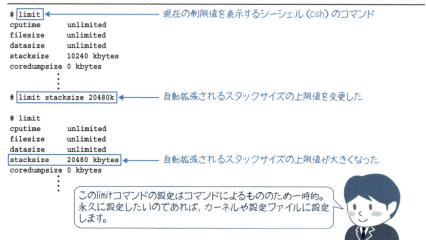

リスト2.8　メモリに関する設定（Linux）

　カーネル（OS）にフリーメモリやファイルキャッシュのサイズを設定できるものもあります。「フリーメモリがこれくらいになったらページングを始めろ」や「ファイルキャッシュがこれ以上にならないように努力しろ」といった設定です。通常、変更する必要はありませんが、空きメモリが十分あるはずなのにトラブルになった場合には調整することもあります。

スワップ領域のサイズ

　筆者のお勧めは、保険としてOSの推奨サイズ（物理メモリの2倍、3倍など）で設定し、実際には物理メモリのみで動くようにDBMSのパラメータを設定／運用することです。これは、キャッシュを大きくすることによってページング待ちが大きくなってしまうという本末転倒な事態を防ぐためです。

プロセス単位でのメモリの設定（シェル制限）

実は、プロセス単位でメモリサイズの上限を設定している場合、上限に達してしまい、問題になることがあります。その場合は、limitコマンドなどで変更します（リスト2.8の下部）。

2.8.4 DBMS側の設定はどうするか？

多くのDBMSにおいて設定できるのが、DBMSのキャッシュサイズです。筆者がお勧めする初心者向けの設定方法は、キャッシュサイズを徐々に変えて性能の変化を調べていく方法です。一般に、キャッシュサイズを増やしても、一定サイズ以上になるとあまり性能が上がらなくなるものです（図2.19）。そのあまり上がらなくなったポイントにキャッシュサイズを設定します。

また、最近では、キャッシュサイズに応じた性能を予測するアドバイザ機能を持ったDBMS製品もあります。そのアドバイザ機能を参考にして、実際の性能の変化を調べていくアプローチがより効果的と言えます。

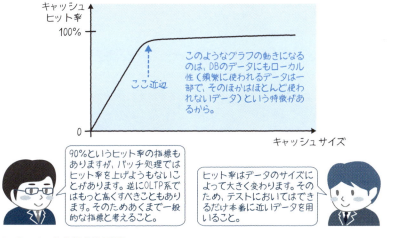

図2.19　キャッシュサイズと性能の関係

大きなDBサーバーであれば、数百GBという設定も珍しくありません。ただし、メモリのスキャン処理などで時間がかかるため（ボトルネックになることがあるのです）、実績のあるDBMSであっても、キャッシュサイズを慎重に検討し、入念にテストしてください。全体図で示すと、図2.20のようになります。

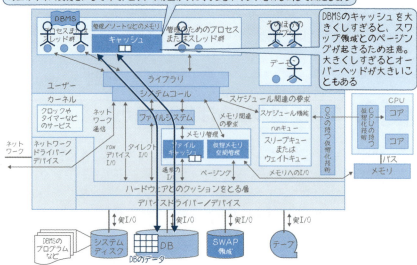

図2.20　DBMSのキャッシュサイズ設定のポイント

「2.2　DBMSのメモリの構造（一般論）」（p.59）でも説明しましたが、DBMSにはキャッシュだけではなく、プロセスやスレッド数に応じてサイズが増減するメモリ領域も存在します。

具体的には、SQLを実行するために管理やデータのソート／結合などを行なうメモリ領域や、個々のスレッド／プロセスが保持するメモリ領域です。個々のDBMSやメモリ領域にもよりますが、サイズの上限を設定できるパラメータも存在します。

これらの領域のサイズを正確に見積もるためには、パフォーマンステストなどのタイミングで、ピーク時を想定した本番相当のSQLを実際に実行する必要があります（図2.21）。また、メモリリークがしないかどうか、長期間負荷をかけて確認することも必要です。

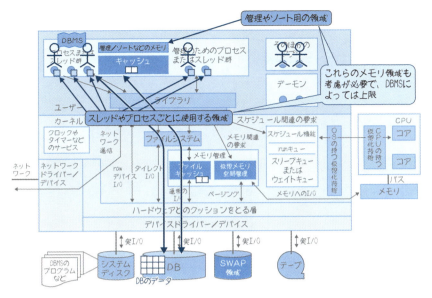

図2.21　DBMSでキャッシュ以外に考慮すべきメモリ領域

　これまで説明した、OSレベル、DBMSレベルにおけるそれぞれのメモリ設定について整理しましょう。ポイントをまとめると次の通りです。

DBMSレベルのメモリ設定

- ある程度は設計時に机上でDBMS全体のメモリサイズを決める。
- サイズ算出の基本的な考え方については「2.2　DBMSのメモリの構造（一般論）」（p.59）を参考にする
- 最適なサイズはパフォーマンステストでヒット率や使用量を見ながら調整する

OSレベルのメモリ設定

- ファイルキャッシュのサイズは基本的に設定しない。フリーの量やキャッシュの上限を設定できるものもある
- limitコマンドなどで各領域に上限が設定されていることもある
- スワップ領域のサイズは、DBMSの推奨値やOSの推奨値にすることが多い。ただし、筆者のお勧めはスワップ領域をあてにしないように各種設定を行なうこと

　ポイントについて全体図を交えて示すと、図2.22のようになります。

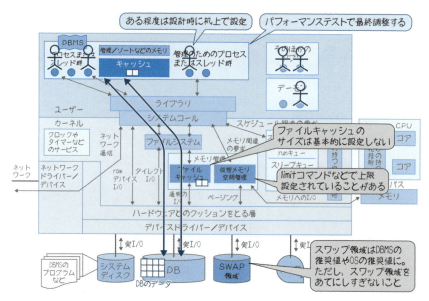

図2.22 OSやDBMSのメモリ設定の全体像

2.9 まとめ

　この第2章では、アプリケーションやDBMSのプロセスのメモリサイズを見る際には見かけにまどわされないようにすること、OS全体のメモリを見る際にはファイルキャッシュなどの領域を基本的にフリーとして扱うこと、メモリがあってもページングが激しい場合には物理メモリの追加がよいこと、などを説明しました。また、DBMSのキャッシュを設定する際の基本的な考え方についても紹介しました。

　ここで説明したのは、メモリやキャッシュに関する一般論ですが、アプリケーションや今後出てくるDBMS製品にも当てはまるものです。日々の運用はもちろん、トラブルシューティングの際にも、これらの知識が必要になるので、ぜひ覚えておきましょう。

第 3 章

第1部　OS──プロセス／メモリの制御から
　　　　パフォーマンス情報の見方まで

より深く理解するための
上級者向けOS内部講座

この第3章では、DBMSからOSへ処理を依頼する際に使うシステムコールやI/Oの処理の種類、CPU使用量の計測方法、OSのロック、プロセス情報の管理方法など、やや高度な内容を紹介します。これらを理解し、使いこなせるようになれば脱初心者は目前です。次のステップを目指し、1つずつ丁寧に見ていきましょう。

3.1 システムコールはOSとの窓口

　ここからは、図3.1をもとに説明していきます。

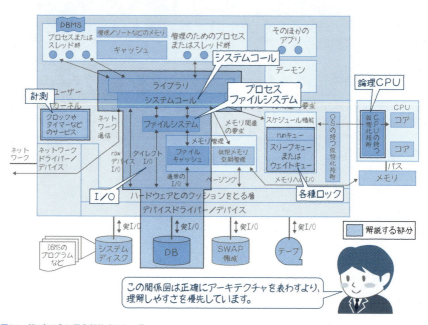

図3.1　第3章で主に扱う部分（イメージ）

　第1章では、プロセスは舞台に相当し、その上で役者（スレッド）が動いているという話をしました。観客（システムの利用者）から見ると、舞台や役者（アプリケーションやDBMS）が活躍しているように感じますが、実際には役者1人でできることはそれほど多くありません。というのも、データの安全のために、リソースの多くはOSにより管理されており（特にハードウェア関連）、I/Oの発行1つをとっても、プロセスはOSに処理を依頼しなければなりません（図3.2）。なぜこのような仕組みになっているのでしょうか？

それは、プロセスがI/Oが発行することによってデータを破壊する危険性を低減しているのです。ライブラリを利用してプロセスのインターフェイスさえ決めてしまえば、OSが代わりに処理してくれます。アプリケーションやDBMSから見ると、後はお任せになるため楽なのです。

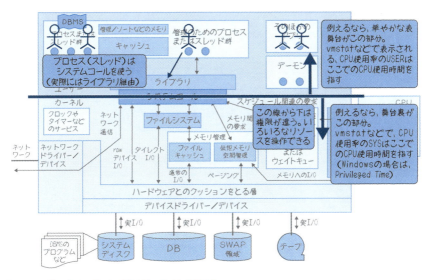

図3.2　ユーザープロセス（スレッド）はカーネルに依頼する

3.1.1 システムコールを確認する方法

いくつかのOSには、現在どのシステムコールを実行しているのかを確認する方法があります。OSによりコマンドは異なりますが、truss（Solaris、AIX）、strace（Linux）、tusc（HP-UX）などです。これらを実行すると、リスト3.1のような出力が得られます。なお、上記コマンドはプロセスの所有者、またはrootユーザーで実行してください。

プログラム（コマンド）が呼び出したシステムコールを確認する

```
# strace echo "tkimura"
execve("/bin/echo", ["echo", "tkimura"], [/* 18 vars */]) = 0
brk(0)                                      = 0x156c000
mmap(NULL, 4096, PROT_READ|PROT_WRITE, MAP_PRIVATE|MAP_ANONYMOUS, -1, 0) = 0x7f7216836000
access("/etc/ld.so.preload", R_OK)          = -1 ENOENT (No such file or directory)
open("/etc/ld.so.cache", O_RDONLY|O_CLOEXEC) = 3
fstat(3, {st_mode=S_IFREG|0644, st_size=72466, ...}) = 0
mmap(NULL, 72466, PROT_READ, MAP_PRIVATE, 3, 0) = 0x7f7216824000
close(3)                                    = 0
open("/lib64/libc.so.6", O_RDONLY|O_CLOEXEC) = 3
read(3, "\177ELF\2\1\1\3\0\0\0\0\0\0\0\0\3\0>\0\1\0\0\0@\34\2\0\0\0\0\0"..., 832) = 832
```

→ echoコマンドが呼び出した
システムコールを確認する

```
write(1, "tkimura\n", 8tkimura)             = 8
close(1)                                    = 0
munmap(0x7f7216835000, 4096)                = 0
close(2)                                    = 0
exit_group(0)                               = ?
+++ exited with 0 +++
```

→ write()システムコールにより
画面に表示（write）している
様子がわかる

実行中のプロセスが呼び出しているシステムコールを確認する

```
# ps -elf | grep ora_pmon
F S UID         PID PPID C PRI  NI ADDR SZ WCHAN  STIME TTY          TIME CMD
0 S oracle     2468    1 0  80   0 - 314032 SYSC_s 00:20 ?        00:00:01 ora_pmon_orcl12c
```

```
# strace -p 2468
Process 2468 attached
open("/proc/2468/stat", O_RDONLY)           = 9
read(9, "2468 (ora_pmon_orcl12) R 1 2468 "..., 999) = 331
close(9)                                    = 0
open("/proc/2470/stat", O_RDONLY)           = 9
read(9, "2470 (ora_clmn_orcl12) S 1 2470 "..., 999) = 331
close(9)                                    = 0
open("/proc/2472/stat", O_RDONLY)           = 9
read(9, "2472 (ora_psp0_orcl12) S 1 2472 "..., 999) = 338
close(9)                                    = 0
```

→ オプション「-p」を付け、
psコマンドで確認した
PID（プロセスID）を指定する。
実行中のプロセスが呼び出して
いるシステムコールを確認する

→ read()システムコールにより
プロセスのデータを
読み込んでいる様子がわかる

リスト3.1　システムコールを見てみる（Linux）

　これらのコマンドの処理は非常に重く（処理が遅く）なったり、予期せぬ事態を引き起こしてしまうこともあるので、本番環境では指示のない限り実行すべきではありません[1]。開発環境などでトラブルの原因を追及する際に実行するとよいでしょう。

　たとえば、アプリケーションやDBMSがハングアップしているように見えたり、システムコールを発行して待っていたりする場合に、「そのシステムコールはなぜ返ってこないのだろう？」といった疑問を解決するのに使うことができます。仮にそれがネットワークのシステムコールなら、「通信相手はどうだろう？」と調べられるわけです。

---

[1] OSベンダやDBMSベンダのサポートにより、これらのコマンドを実行するように指示されることがあります。その場合は例外です。処理が遅くなるというのは、数十％から数倍というレベルになることもあります。また、OSとアプリケーションやDBMSとの組み合わせによっては、システムコールの確認のために指定したプロセスが異常終了してしまったりするケースもあります。そのため、本番環境では慎重に実行すべきです。

3.2 OSはI/Oをどう処理するのか?

次は、特にDBMSにとって重要なI/O（Input/Output）の処理について説明しましょう。I/Oは、処理される際に多くのレイヤーを通過します。よく見られる構造は次の通りです。

- DBMS（Oracle、SQL Server、DB2など）
- ライブラリ（およびシステムコール）の呼び出し（pread() やpwrite() など）
- ファイルシステム（UFSやNTFSなど）
- ファイルキャッシュ（前述のI/Oデータを置いておくキャッシュ）
- デバイスドライバー（SCSIやファイバーチャネルなど）
- ストレージ（実際のI/Oの目的地）

このようにI/Oが各レイヤーを通る中で、データの格納場所（アドレス）が変換されたり、ファイルキャッシュにヒットしてデータが返されたりします。ファイルキャッシュの内容をディスクに書き出すデーモン（常駐プロセス）もあります。実は、OSのI/O性能情報を見る際に注意しなければいけないのは、「どこで計測された情報なのか」ということです。デバイスドライバーレベルでの性能情報を表示するOSも多くあり、ファイルキャッシュで終了するI/Oの性能情報が含まれないものもあります。当然、「DBMSの性能情報と整合性がとれていない」ように見えるため、その場合には前述したファイルキャッシュによる性能の違いも疑ってください。

3.2.1 同期I/Oと非同期I/O

I/Oには、同期I/Oと非同期I/Oの2種類があります。今まで説明していたのは同期I/Oです。同期I/OにはI/Oの発行後、処理が終わるまで次の命令を待つという特徴があります（図3.3の左）。これは普通のI/Oの命令であり、DBMS以外のアプリケーションでは当たり前のプログラムです。

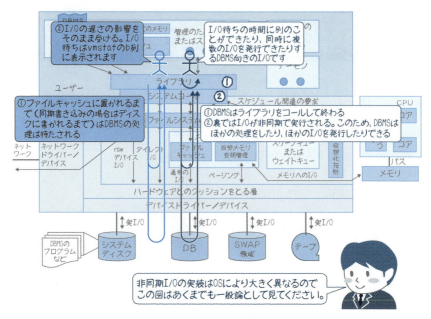

図3.3 同期I/O（左）と非同期I/O（右）の違い（イメージ）

それに対して、DBMSではI/Oの処理が終わるのを待たずに次の命令を実行するものがあります。これを非同期I/Oと呼びます。通常、プログラムは順番に命令が処理されるので、ある命令が終わるまで次の命令は実行されません。しかし、それでは時間のかかるI/Oでは待ち時間が多くなってしまいます。そこで非同期I/Oでは、システムコールを呼び出したらすぐに（I/Oが終わるよりも前に）プログラム側が次の命令を実行します（図3.3の右）。I/Oが終わったかどうかは後から確認できます。空いている時間には別の処理もできますし、次から次へとI/Oを発行できるため、ディスクが複数あれば、ディスクを遊ばせることはありません。「I/Oが命」のDBMSならではの話です。

I/Oの動作を見てみたい場合には、先ほどのようにシステムコールを確認するとよいでしょう（リスト3.2）。

> ddコマンドで5MB（1MB単位で5回に分けて）の
> サイズのダミーファイルを作成する処理で
> 呼び出されるシステムコールをstraceコマンドで
> 確認する

```
# strace dd if=/dev/zero of=tempfile bs=1M count=5
execve("/bin/dd", ["dd", "if=/dev/zero", "of=tempfile", "bs=1M", "count=5"], [/* 18 vars */]) = 0
brk(0)                                  = 0x19a5000
mmap(NULL, 4096, PROT_READ|PROT_WRITE, MAP_PRIVATE|MAP_ANONYMOUS, -1, 0) = 0x7fc54d9a8000
                 ⋮
read(0, "\0\0\0\0\0\0\0\0\0\0\0\0\0\0\0\0\0\0\0\0\0\0\0\0\0\0\0\0\0\0\0\0"..., 1048576) = 1048576
write(1, "\0\0\0\0\0\0\0\0\0\0\0\0\0\0\0\0\0\0\0\0\0\0\0\0\0\0\0\0\0\0\0\0"..., 1048576) = 1048576
read(0, "\0\0\0\0\0\0\0\0\0\0\0\0\0\0\0\0\0\0\0\0\0\0\0\0\0\0\0\0\0\0\0\0"..., 1048576) = 1048576
write(1, "\0\0\0\0\0\0\0\0\0\0\0\0\0\0\0\0\0\0\0\0\0\0\0\0\0\0\0\0\0\0\0\0"..., 1048576) = 1048576
read(0, "\0\0\0\0\0\0\0\0\0\0\0\0\0\0\0\0\0\0\0\0\0\0\0\0\0\0\0\0\0\0\0\0"..., 1048576) = 1048576
write(1, "\0\0\0\0\0\0\0\0\0\0\0\0\0\0\0\0\0\0\0\0\0\0\0\0\0\0\0\0\0\0\0\0"..., 1048576) = 1048576
read(0, "\0\0\0\0\0\0\0\0\0\0\0\0\0\0\0\0\0\0\0\0\0\0\0\0\0\0\0\0\0\0\0\0"..., 1048576) = 1048576
write(1, "\0\0\0\0\0\0\0\0\0\0\0\0\0\0\0\0\0\0\0\0\0\0\0\0\0\0\0\0\0\0\0\0"..., 1048576) = 1048576
read(0, "\0\0\0\0\0\0\0\0\0\0\0\0\0\0\0\0\0\0\0\0\0\0\0\0\0\0\0\0\0\0\0\0"..., 1048576) = 1048576
write(1, "\0\0\0\0\0\0\0\0\0\0\0\0\0\0\0\0\0\0\0\0\0\0\0\0\0\0\0\0\0\0\0\0"..., 1048576) = 1048576
                 ⋮
write(2, "5+0 records in\n5+0 records out\n", 315+0 records in5+0 records out) = 31
write(2, "5242880 bytes (5.2 MB) copied", 295242880 bytes (5.2 MB) copied) = 29
write(2, ", 0.0288983 s, 181 MB/s\n", 24, 0.0288983 s, 181 MB/s) = 24
close(2)                                = 0
exit_group(0)                           = ?
+++ exited with 0 +++
```

> read()システムコールで
> データを読み込んだ後に、
> write()システムコールで
> データを書き込む処理を
> 5回行なっている

> こちらも
> write()システムコール

リスト3.2　ディスクI/Oのシステムコールを見てみる（Linux）

3.3 ‖ スタックでプロセスやスレッドの処理内容を推測

　OSによっては、pstackコマンドにより、その瞬間のスタック（コールスタック）を確認できます。第2章（2.1.1項）で説明した「関数が関数を呼んでいる階層構造（スタック領域）」を思い出してください。コールスタックを見ると現在処理中の箇所がわかるので、トラブルの分析に威力を発揮します。たとえば、アプリケーションやDBMSのあるプロセスが止まっているように見えたときには、プロセスに対してpstackを実行します。その結果を見れば、ストレージに対してI/O中の状態がずっと続くような場合に、そのトラブルの原因の切り分けを進められるのです。特に、アプリケーションでは情報収集機能が弱かったりするため、このようなOSから確認できるOSコマンドは重宝します。

OSによっては、OSコマンドでコールスタックをとれないものもあります。その場合、デバッガ（gdb、mdbなど）で情報を取得する方法もありますが、影響が大きいために本番環境での使用は難しいでしょう。本番環境で生きているプロセスに対してデバッガを使用するのは危険です。理由はデバッガで処理を止めた間に時間切れなどの問題が起きるかもしれないためです。pstackおよびデバッガによるコールスタックの例を、リスト3.3に示します。

```
# pstack 2636
#0  0x00007f81e6ec5ffa in semtimedop () from /lib64/libc.so.6    } semtimedopはセマフォのライブラリ関数
#1  0x0000000010f3a616 in sskgpwwait ()
#2  0x0000000010f37c58 in skgpwwait ()
#3  0x00000000109fbda4 in ksliwat ()
#4  0x00000000109fb125 in kslwaitctx ()
#5  0x0000000010ddd313 in ksarcv ()
#6  0x0000000003248694 in ksbabs ()      main()という関数からいろいろな関数が
#7  0x0000000003276627 in ksbrdp ()      呼び出されていることがわかる
#8  0x00000000035f7361 in opirip ()
#9  0x0000000001e67c5a in opidrv ()
#10 0x0000000002a3bc21 in sou2o ()
#11 0x0000000000d04f3a in opimai_real ()
#12 0x0000000002a46961 in ssthrdmain ()
#13 0x0000000000d04e46 in main ()


# gdb -p 7199                                    プロセスID 7199のプロセスにデバッガが
GNU gdb (GDB) Red Hat Enterprise Linux 7.6.1-94.el7   } 介入する。なお、デバッガは処理を止めて
   ⋮                                             しまうことに注意
Loaded symbols for /u01/userhome/oracle/java/jdk1.8.0_131/jre/lib/amd64/libawt_headless.so
0x00007f58d7a89ef7 in pthread_join () from /lib64/libpthread.so.0
   ⋮
(gdb)bt
#0 0x00007f58d7a89ef7 in pthread_join () from /lib64/libpthread.so.0
#1 0x00007f58d7876255 in ContinueInNewThread0 () from /u01/userhome/
oracle/java/jdk1.8.0_131/bin/../lib/amd64/jli/libjli.so
#2 0x00007f58d787197a in ContinueInNewThread () from /u01/userhome/   btと入力することによって、
oracle/java/jdk1.8.0_131/bin/../lib/amd64/jli/libjli.so              現在のコールスタックを
#3 0x00007f58d78749f8 in JLI_Launch () from /u01/userhome/           表示させることができる
oracle/java/jdk1.8.0_131/bin/../lib/amd64/jli/libjli.so
#4 0x0000000000400696 in main ()
(gdb) detach
Detaching from program: /u01/userhome/oracle/java/jdk1.8.0_131/bin/java,
process 7199
(gdb) quit
```

リスト3.3　コールスタックの表示（Linux）

3.4 「セマフォ」とは？

　主にDBMSおよびOSの内部でしか使用されないため、多くの人は「セマフォ」を知らないかもしれません。セマフォを使用しないアプリケーションやDBMSもありますが、その考え方を知っておくと役に立つので、ここで紹介しておきましょう。セマフォとは、リソースの制御のために使用されるOSの機能です。

　「OSが持っているカウンタ」と考えればよいでしょう。最初に、セマフォをリソースの数と同じだけの数値にします。プロセス（スレッド）がリソースを1つ使用すると、OSが1つカウンタを減らします。0になるとリソースを使用できなくなります。これによって、リソースを利用したいプロセス（スレッド）を待たせるという仕組みです（図3.4）。ポイントは、無駄にCPUを消費することなく、リソースが解放され次第、待っているプロセス（スレッド）をすぐに使えるようにする（実行可能な状態にする）ことです。

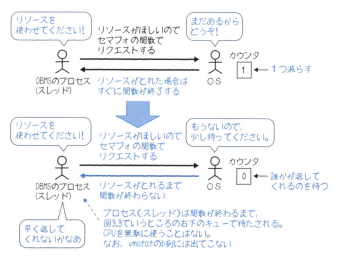

図3.4　セマフォの動き

　スリープを繰り返しながら、定期的にリソースの空きを確認するようなプログラミングよりも効率が良いため、一部のDBMSの処理の制御にもこのセマフォが使われています。リソースの制御にも使えますし、「止まれ」「処理しろ」などの指示にも使えます（ちなみに、カウンタを0にすれば処理が止まります。そして、カウンタを増やすと処理が再開します）。無駄にCPUを使用せずに、多くのプロセスが連携して処理

する必要があるアプリケーションやDBMSでは、このセマフォや後述するmutex、条件変数といった仕組みが使われていると思ってよいでしょう[※2]。

3.4.1 セマフォの確認と設定方法

このOS上のセマフォはユーザーでも確認できます。それには通常、ipcsコマンドを使用します（リスト3.4の上）。よくわからないと言われることの多いセマフォの設定例も一緒に示しています（リスト3.4の下）。OSのファイルに、セマフォの数、セマフォセットの数などを指定します。昔、「セマフォはOSのカーネルメモリを使用するため、あまり多くするな」と言われることもありましたが、アプリケーションやDBMSのマニュアルどおりに設定すれば十分なはずです。ただし、ほかのアプリケーションもセマフォを使うことがあり、その場合は不足するのでセマフォを追加します。

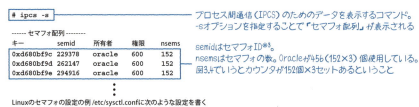

リスト3.4 セマフォ情報の表示と設定（Linux）

※2 このような仕組みをDBMSが自作しているものも見かけます。そのため、あくまでアーキテクチャとして理解しておくとよいでしょう。
※3 セマフォIDとは、セマフォセット（セマフォの集まり）ごとに付けられるIDのことです。

3.5 OSにもロックがある

ロックというとDBMSのロックがすぐに思い浮かぶかもしれませんが、実はOSにも「mutex（ミューテックス）」と呼ばれるロックがあります。OSの内部には、多種多様なデータや機能が満載です。複数の処理で同時にアクセスされるとデータが壊れることもあるので、プロセスの処理中はほかのリクエストから保護しなければなりません。mutexという仕組みは、そのために用意されています。

mutexでは、スピンしたり、スリープしたりしながらプロセスのロックが解放されるのを待ちます。スピンとは、ほかのプロセスがロックを持っている場合、CPU上で特に意味のない処理を繰り返してロックが空くのを待つことです。コンテキストスイッチをしなくて済む反面、無駄にCPUを消費するので、短時間のロックに向いています。このようなロックを「スピンロック」と言います。前述のセマフォもロックですが、mutexのほうが軽い仕組みになっています。

ところで、mutexでプロセスが同時に処理された場合、タイミングの問題でロックミスは起きないのでしょうか？（図3.5）

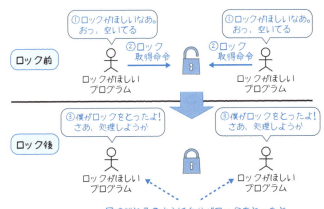

図3.5　ロックミスの例

このミスからの保護は、一般に「test-and-set」と呼ばれるCPUの命令（OSの命令ではありません）を用いることで実現されます。この命令は、成功するか失敗するかのどちらかしかない命令です。その理由は、1つの処理で実際にロックを取得するところまで終わらせてしまうからです[※4]。このため、複数のプロセスやスレッドが同時

※4　正確にはその後、自分がロックをとったことを確認する必要がありますが、本書の範囲を超えるため説明は省略します。

に「自分がロックを取得した」と誤解するようなことはありません。

マルチスレッドでできているアプリケーションやDBMSの場合、アプリケーションやDBMS全体の処理の制御にこのmutexを用いるか、条件変数[※5]と呼ばれる仕組みを使用する（もしくはmutexや条件変数を使用している命令や関数を使用する）ことがあります（リスト3.5）。

```
# pstack 7199
Thread 22 (Thread 0x7f58d7ea4700 (LWP 7206)):
#0  0x00007f58d7a8c6d5 in pthread_cond_wait@@GLIBC_2.3.2 () from /lib64/
libpthread.so.0
#1  0x00007f58d6bd37e3 in os::PlatformEvent::park() () from /u01/userhome/
oracle/java/jdk1.8.0_131/jre/lib/amd64/server/libjvm.so
#2  0x00007f58d6bc5655 in ObjectMonitor::wait(long, bool, Thread*) ()
from /u01/userhome/oracle/java/jdk1.8.0_131/jre/lib/amd64/server/libjvm.so
#3  0x00007f58d69d8d52 in JVM_MonitorWait () from /u01/userhome/oracle/
java/jdk1.8.0_131/jre/lib/amd64/server/libjvm.so
#4  0x00007f58c10179b4 in ?? ()
#5  0x00007f58acbbac3c in ?? ()
#6  0x00000000000000b9 in ?? ()
#7  0x00000001acbbac60 in ?? ()
#8  0x00007f58d0007720 in ?? ()
#9  0x00007f58d7ea2a40 in ?? ()
#10 0x0000000000000000 in ?? ()
Thread 21 (Thread 0x7f58d4401700 (LWP 7219)):
#0  0x00007f58d7a8ca82 in pthread_cond_timedwait@@GLIBC_2.3.2 () from /
lib64/libpthread.so.0
#1  0x00007f58d6bd8ccf in os::PlatformEvent::park(long) () from /u01/
userhome/oracle/java/jdk1.8.0_131/jre/lib/amd64/server/libjvm.so
#2  0x00007f58d6b9438e in Monitor::IWait(Thread*, long) () from /u01/
userhome/oracle/java/jdk1.8.0_131/jre/lib/amd64/server/libjvm.so
#3  0x00007f58d6b94956 in Monitor::wait(bool, long, bool) () from /u01/
userhome/oracle/java/jdk1.8.0_131/jre/lib/amd64/server/libjvm.so
#4  0x00007f58d6d83029 in VMThread::loop() () from /u01/userhome/oracle/
java/jdk1.8.0_131/jre/lib/amd64/server/libjvm.so
#5  0x00007f58d6d83330 in VMThread::run() () from /u01/userhome/oracle/
java/jdk1.8.0_131/jre/lib/amd64/server/libjvm.so
#6  0x00007f58d6bda568 in java_start(Thread*) () from /u01/userhome/oracle/
java/jdk1.8.0_131/jre/lib/amd64/server/libjvm.so
#7  0x00007f58d7a88dc5 in start_thread () from /lib64/libpthread.so.0
#8  0x00007f58d739d76d in clone () from /lib64/libc.so.6
              ⋮
```

スレッドごとにコールスタックが表示される

pthreadのcond_waitとなっている。condは「condition（条件）」の略。つまり、条件変数による待ちだとわかる

リスト3.5　条件変数による待ちの例（Linux）

また、いくつかのDBMSでは「ラッチ[※6]」という仕組みが用いられています。実際の実装まではわかりませんが、アトミック（必ず成功または失敗のどちらかになる）であることを保証しなければならないため、mutexと同様の仕組みを用いているはずです。

※5　条件変数（condition variable）は本書の範囲を超えるため、ここでは詳しく解説しません。興味のある方は、マルチスレッドプログラミングに関する本などで調べてみてください。
※6　ラッチとは、データの保護などに用いられるロックです。DBMS内で繰り返し使用されることが多く、特に軽量（ロック処理が簡単）になっています。

102

スレッドセーフとは？

現在では、マルチスレッドでのプログラミングは、マルチコア環境が普及したことにより、めずらしいものではなくなってきました（実際、筆者もいくつか経験しています）。その際に気をつけたいのが、「スレッドセーフ」かどうかということです。これは、スレッドレベルでタイミングの問題が起こる可能性を指しています。微妙なタイミングで並列に実行すると問題が起きるプログラムやライブラリ関数があるのです（図3.A）。

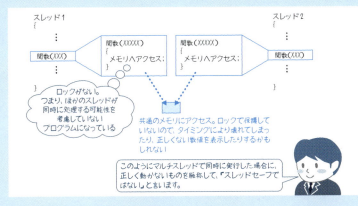

図3.A　スレッドセーフではない場合の動作の例

OSライブラリの場合、これらがマルチスレッド内で安全に使用できるかどうかはmanコマンドで調べます。安全であれば、図3.BのようにMT-Safe（マルチスレッドセーフ）が表示されます。

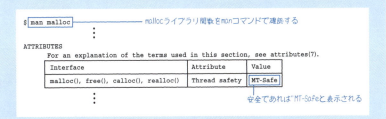

図3.B　manコマンドによるスレッドセーフかどうかの確認方法

DBMSベンダが提供するクライアント用のライブラリにも、スレッドセーフになっていないものがあります。スレッドセーフでない場合、もしくは怪しい場合には、本文にあるような何らかのロックを用いてシリアライズ（同時に実行されないようにすること）を行ないます。プログラムを書く側としては、けっこうやっかいなので気をつけましょう。

3.5.1 アプリケーションやDBMSに悪影響を与えることもあるOSのロック

まれに、このようなOSのロックがDBMSに悪い影響を与えることがあります。正確には、ロック自体が悪いのではなく、ロックを長時間つかんでいる処理が悪いと言えます。ロックを長時間つかんでいることにより、待たされるプロセス（スレッド）側はカーネル内でスピンを繰り返します。その結果、CPUにおけるSYS（カーネル）の使用率が高くなり、DBMSやアプリケーションの性能が十分に得られないまま動作してしまうことがあります。

このようなDBMSやアプリケーションに影響を与える可能性のあるOSのロック（ロックを長時間つかむ処理など）は、筆者の経験上、どのOSにも存在するのが実情です。

また、R/W（Reader/Writer）ロックというものも存在します。このロックは、主にファイルデータの読み書きの整合性をとるために使用されます。誰かがデータを書いている最中に、それを読み込むとどういうことが起きるでしょう？

読み込んだデータの前半だけ正しく、後半は間違っているといったことが起きかねません。そのため、ファイルシステムにおけるファイルへのI/Oなどで普通に使われています。しかし、R/Wロックも大規模なI/Oが発生するシステムでは、DBMSやアプリケーションにとって足かせとなることがあります。いくつかのOSでは、lockstatというOSコマンドでOSレベルのロックの競合具合を確認できるので、トラブルの切り分けに使えることもあるでしょう。以上を全体図で示すと、図3.6になります。

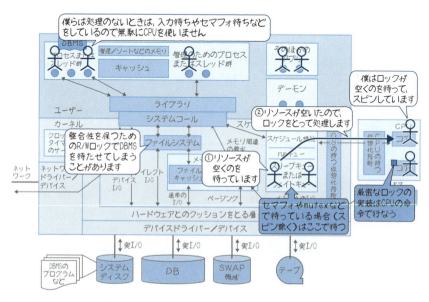

図3.6　セマフォやロックの動作

ハイパースレッドとCPU使用率の関係

筆者は、ハイパースレッドを使用したシステムにおける計測は難しいと考えています。インテルもそうですが、OracleやIBMなども同様の技術[7]を使用しているため、ここで少しその技術を紹介しておきましょう。ハイパースレッドがonになっているPCやサーバーでCPUのグラフを見たことがありますか？

1CPU（1コア）当たり、2つのCPU（論理CPUと呼ぶことにします）が表示されます。しかし、性能は2倍にはなりません（10%程度は性能が向上すると言われています）。

ハイパースレッドは、ハードウェア側でOSに対してCPUが複数あるように見せかけることで、CPUが複数の命令をOSから受け取れるようになる技術です。命令の最中も物理CPU（実行ユニット）が空いている時間はありますから、その時間を使ってほかの命令を実行してあげるのです（図3.C）。このため、スループットが多少上がります。これが上記の2つの論理CPUがある場合における「10%程度」の正体です。

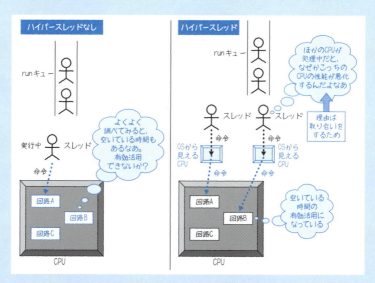

図3.C　ハイパースレッドの考え方

しかし、論理CPUを見る限りは空いているように見えても、実際の物理CPUは空いていないことがあります。特にCPU使用率が高ければ高いほど、この現象が起きると言われています。実際に、筆者がDBMSで試してみた結果が図3.Dです。この結果からもわかるように、使用率が高くなるにつれて処理効率が悪

---

[7] 総称して「SMT（Simultaneous Multithreading）」と言います。

くなります。ということは、現在の数値からは将来の予測がしにくいことを意味しますし、負荷テストなどでも分析が難しいと考えられます[※8]。

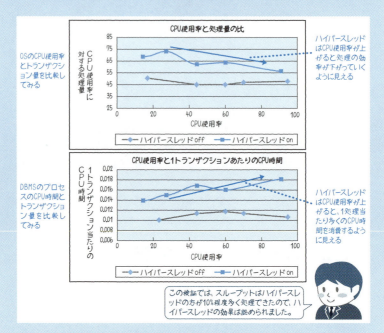

図3.D　ハイパースレッドによる統計情報の違い

※8　最近では1CPU（1コア）当たり、8つのCPU（論理CPU）のものも登場しています。そういった複数の論理CPUを使った負荷テストの分析は難しさがさらに増すと考えられます。

3.6 時間の変更は慎重に

　OSには時刻を管理し、アプリケーションの要望に応じて時刻を伝えるという機能があります。ほとんどの場合、何も意識せずにOSの時間を変更していると思いますが、これは危険な場合もあります。

　たとえば、2019年に運用しているシステムの時刻を、テストか何かのため2020年に変更したとします。その後、時刻を2019年に戻します。そのまま2020年まで運用し、時刻を変更する前に保存した2019年のバックアップを用いて2020年までリカバリしろとDBMSに命令したらどうなるでしょう？

　DBMSにもよりますが、意図したようなリカバリができないケースもあるはずです。DBMSが内部的に時間を覚えている場合は、2020年を2回経験しているので、どちらの2020年かわからないのです（図3.7）。実際には、もっと短い時間の調整でも問題が起きるかもしれません。時刻の調整は慎重に行なったほうがよいでしょう。

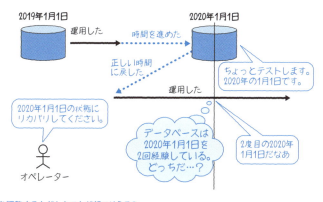

図3.7　時間を調整するとどんなことが起こりうる？

　また、NTPというプロトコルを用いて時刻調整をする現場も多く見られます。確かによい手法なのですが（トラブルシューティングなどのときには、サーバー間で時刻が合っていないと分析がしにくくなります）、通常のNTPのオプションでは時間が飛んでしまうことがあります。つまり、先ほどと同じことが起きるのです。時間が飛ばないように、進む速度をできる限り調整するオプション「slew」（スルー）もありますので、必要に応じて使用してください。

3.7 OSの統計情報が記録されるタイミング

OSの統計情報はカーネルで記録されています。では、「いつ」「どのように」記録されるのでしょうか？

何か処理（システムコールなど）をする際に、記録できるものは記録されますが、CPU使用率などのように定期的に記録したいものもあるはずです。そのようなものは、10ミリ秒単位で記録されます（一部のOSやCPUではもっと短いこともあります）。10ミリ秒ごとに「クロック割り込み」と呼ばれる割り込みをOSが受けて、ごく短時間の間に各種の管理作業を行なうのです（図3.8）。※9

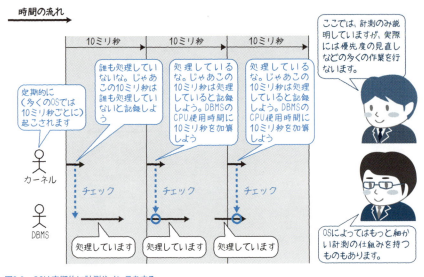

図3.8 OSは定期的に計測やメンテをする

このような定期的な割り込み処理を「tick」（ティック、またはチック）と言います※10。OSにおける時間の単位だと思えばよいでしょう。このtickの際に、「現在CPUは使用中？」や、アイドルの場合は「このCPUからI/Oを発行したプロセスは？」といった確認を行ない、SYS、USER、WAIT I/O、IDLEの区別を付けています。このようにサンプリングで求めているため、その値は正確ではありません。

※9　1.4.2項（p.36）で取り上げたスケジューリング関連作業もこのときに行ないます。
※10　最近のLinuxでは、無駄な電力消費を防ぐ目的として、CPUがアイドル状態のときはこの「tick」を行なわない機能が実装されています。OSごとの詳しい「tick」の動作についてはOSのマニュアルを確認してください。

さて、計測（値の格納）の方法について説明したので、次はその値をどのようにして見ることができるかを説明します。といっても、sarやvmstatではなく、プロセスファイルシステムを紹介します。OSの内部を学ぶ際には押さえておきたいところです。

3.8 プロセスファイルシステムを知る

「プロセスファイルシステム」は、OSの内部（および内部の値）を垣間見ることができる興味深い機能です。Linux、Solaris、AIXといったOSに存在します。少し難しい内容になるため、この節は興味がある方のみ読んでいただければよいでしょう。

UNIX系OSにおいて、ルートディレクトリの下に「/proc」というディレクトリがあるのを見たことはありませんか？　何だろうと思ってアクセスしても、よくわからない数字やデータの羅列なので、難しいと感じてしまうかもしれません。このディレクトリは、「プロセスファイルシステム」と呼ばれ、現在のプロセスの状態を表わすファイルが配置されています。つまり、OSがシステムやプロセスに関する情報を提供するために用意されているインターフェイスなのです。

たとえばpsコマンドは、このディレクトリからプロセスの情報を表示します。デバッガもこのディレクトリの情報を使用します。中を見るとわかりますが、現時点のプロセスに対応するディレクトリ構造になっています（プロセスが増えれば、ディレクトリも増えます）。当然、物理的なディスクには存在しません。メモリ上のみの仮想的なファイルシステムです。ここからは、筆者のLinux（カーネル4.1）のマシンで見た結果を交えながら説明します。

3.8.1 procの中を見てみよう

まずは/procの下をlsコマンドで見てみましょう。表示される数字とプロセスIDが対応しています。プロセスが増えると、そのプロセスに対応するディレクトリが増えます（リスト3.6）。

```
# ls                                                                    ── Oracle起動前に/procの
1      167   2184  2572  28    3755 4372  5         bus       mounts       中をlsコマンドで検索
                     ⋮
13     190   253   2695  3480  425  461   9         keys      vmstat
131    191   2530  2700  3490  4250 466   901       key-users zoneinfo
132    192   2532  2716  3502  4259 467   914       kmsg
133    193   2538  2726  3536  4274 469   915       kpagecount
1348   194   2541  2730  3555  429  47    917       kpageflags
14     195   2544  2734  3564  4293 4719  936       loadavg
15     196   2554  2736  3631  4312 4740  99        locks
1553   1977  2558  2738  3655  4323 475   990       mdstat
1559   2     2563  2740  3716  4331 487   acpi      meminfo
16     20    2567  2744  3731  4343 494   asound    misc
163    21    2569  279   3743  4358 4967  buddyinfo modules
                                                                        ── Oracleを起動してから
# ls                                                                       再度lsコマンドを実行
1      13700 13770 15    196   3397 4293  4719      buddyinfo modules
                     ⋮
13     13732 13818 18    265   383  4467  68        fs        sysvipc          13029、14024といった
13029  13734 13820 180   279   384  4474  7         interrupts thread-self  ╮ 13や14から始まる5桁
131    13738 13824 181   28    385  448   770       iomem     timer_list       の数字のディレクトリ
132    13740 13826 182   2887  386  4488  8         ioports   timer_stats      が増えている。これは
133    13742 13828 183   29    387  45    891       irq       tty              Oracleを起動したこと
13446  13744 13830 184   2907  388  452   892       kallmodsymsuptime          により、Oracle関連の
13464  13746 13832 185   2913  389  453   893       kallsyms  version          プロセスが作られたこ
13475  13748 13836 186   3     41   454   896       kcore     vmallocinfo      とを意味する
13476  13750 13838 187   300   410  456   9         keys      vmstat
1348   13752 14    188   3182  413  457   901       key-users zoneinfo
13567  13754 14024 189   323   42   4571  914       kmsg
13680  13756 14043 19    3356  4231 46    915       kpagecount
13682  13758 14085 190   3360  4244 460   917       kpageflags
13684  13760 14131 191   3373  425  461   936       loadavg
13686  13762 14145 192   3377  4250 466   99        locks
13690  13764 14147 193   3382  4259 467   990       mdstat
13692  13766 14157 194   3386  4274 469   acpi      meminfo
13696  13768 14163 195   3392  429  47    asound    misc
```

リスト3.6 /procの例──その1（Linux）

　次に、ディレクトリの中に入ると、各種プロセスの状態を示すデータがあります
（リスト3.7）。

```
# ls ─────────────────────────────────────────────  プロセス番号13680のディレクトリの中身
attr              cpuset      limits        net              projid_map   statm
autogroup         cwd         loginuid      ns               root         status
auxv              environ     map_files     numa_maps        sched        syscall
cgroup            exe         maps          oom_adj          sessionid    task
clear_refs        fd          mem           oom_score        setgroups    timers
cmdline           fdinfo      mountinfo     oom_score_adj    smaps        uid_map
comm              gid_map     mounts        pagemap          stack        wchan
coredump_filter   io          mountstats    personality      stat

# cat cmdline          ⎫─────────────────────  cmdlineを見るとそのプロセスを開始した
ora_pmon_orcl12c       ⎭                        コマンド名が表示される

# cat environ
XDG_SESSION_ID=c1SHELL=/bin/bashORACLE_HOME_LISTENER=/u01/app/    ⎫  environを見ると
oracle/product/12.2/db_1USER=oracleLD_LIBRARY_PATH=/u01/app/oracle/ ⎬  そのプロセスの
product/12.2/db_1/libORACLE_SID=orcl12cORACLE_BASE=/u01/app/oracle  ⎭  環境変数が表示される
     ⋮
# cat statm            ⎫─────────────────────  statmを見るとそのプロセスが
314034 15446 14643 85649 0 1153 0  ⎭                使用中のメモリの状態がわかる。
                                                    左から順番に次の意味になっている

# cat status                                         サイズ
Name:    ora_pmon_orcl12     statusでそのプロセスの  メモリに存在するサイズ
State:   S (sleeping)        各種状態（実行／スリープ  共有されているページ数
Tgid:    13680               など）や、仮想メモリの    コードのページ数
                             各種サイズなど）がわかる  データ／スタックのページ数
                                                       ライブラリページの数
VmPeak:  1256136 kB                                    変更済み（未書き出し）のページ数
VmSize:  1256136 kB
VmLck:        0 kB
     ⋮
# cat maps
00400000-15291000 r-xp 00000000 08:11 106143518  ⎫
/u01/app/oracle/product/12.2/db_1/bin/oracle     ⎬  mapsでプロセス内のメモリの
15490000-156e9000 r--p 14e90000 08:11 106143518  ⎬  内訳を表示する
/u01/app/oracle/product/12.2/db_1/bin/oracle     ⎭
156e9000-15757000 rw-p 150e9000 08:11 106143518
/u01/app/oracle/product/12.2/db_1/bin/oracle
     ⋮
```

リスト3.7　/procの例──その2（Linux）

　さらに、プロセスの下の「task」に移動すると、スレッドに関する情報も見られます（リスト3.8の前半）。またちょっと戻って、/proc直下のファイル群を見てみましょう。そのシステム全体の状況を表示してくれます（リスト3.8の後半）。

　このような形で、OSは統計情報をカーネルの外に見せているのです。手元のマシンでも見てみたいと思いませんか？　実験できるマシンがあれば、試してみてください。これら以外にも多数の情報を見ることができるので、気になる方はマニュアルを片手に調べてみてください。

　なお、値は間違って書き換えないように気をつけましょう。今回は直接/procにアクセスしましたが、crashなどのOSコマンドで同様のデータにアクセスできるOSも多くあります。

```
# ls /proc/3586/task/
3586   3589   3593
```
プロセス番号3586のスレッドの一覧の表示
プロセスによっては複数のスレッドが表示される

```
# cat /proc/meminfo
MemTotal:       3781868 kB
MemFree:         125004 kB
MemAvailable:   1752864 kB
Buffers:           1780 kB
Cached:         2430460 kB
SwapCached:           0 kB
Active:         1978260 kB
Inactive:       1470764 kB
Active(anon):   1379800 kB
Inactive(anon):  466672 kB
Active(file):    598460 kB
Inactive(file): 1004092 kB
Unevictable:          0 kB
Mlocked:              0 kB
SwapTotal:      4194300 kB
SwapFree:       4194300 kB
Dirty:              116 kB
    :
HugePages_Total:      0
HugePages_Free:       0
HugePages_Rsvd:       0
HugePages_Surp:       0
Hugepagesize:      2048 kB
DirectMap4k:     112576 kB
DirectMap2M:    4083712 kB
```

/proc直下のmeminfoを見るとそのシステムのメモリの
サマリーが表示される

物理メモリ容量の合計（キロバイト単位）

未使用の物理メモリ容量（キロバイト単位）

バッファキャッシュ（キロバイト単位）

ページキャッシュ（キロバイト単位）

スワップのキャッシュ（キロバイト単位）

使用可能なスワップ領域の合計サイズ（キロバイト単位）

スワップの空き領域の合計サイズ（キロバイト単位）

ディスク書き込みのために待機中のメモリ容量（キロバイト単位）

使用中のHugePages（大規模ページ）の合計数（ページ単位）

空いているHugePages（大規模ページ）の合計数（ページ単位）

使用するHugePages（大規模ページ）のページサイズ
（キロバイト単位）

statでCPU情報（累積値）がわかる
（単位は1/100秒）。左から順番に
次の意味になっている
　　ユーザーの時間
　　低優先度のユーザーの時間
　　カーネルの時間
　　アイドル
　　I/O待ち
　　…

```
# cat /proc/stat
cpu  127581 95 21283 2364520 1435 1 1093 0 0 0
cpu0 127581 95 21283 2364520 1435 1 1093 0 0 0
intr 38255578 217 500 0 0 0 0 0 0 0 0 0 2651 0 0 27299 0 0 0 14869 17298 168952 0 0 0 0
     0 0 0 0 0 0 0 0 0 0 0 0 0 0 0 0 0 0 0 0 0 0 0 0 0 0 0 0 0 0 0 0 0 0 0 0 0 0
     0 0 0 0 0 0 0 0 0 0 0 0 0 0 0 0 0 0 0 0 0 0 0 0 0 0 0 0 0 0 0 0 0 0 0 0 0 0
     0 0 0 0 0 0 0 0 0 0 0 0 0 0 0 0 0 0 0 0 0 0 0 0 0 0 0 0 0 0 0 0 0 0 0 0 0 0
     0 0 0 0 0 0 0 0 0 0 0 0 0 0 0 0 0 0 0 0 0 0 0 0 0 0 0 0 0 0 0 0 0 0 0 0 0 0
     0 0 0 0 0 0 0 0 0 0 0 0 0 0 0 0 0 0 0 0 0 0 0 0 0 0 0 0 0 0 0 0 0 0 0 0 0 0
     0 0 0 0 0 0 0 0 0
ctxt 50395229
btime 1528159576
processes 22365
procs_running 1
procs_blocked 0
softirq 3493297 0 2855525 5444 16466 177915 0 484 0 133240 304223
```

リスト3.8 /procの例——その3（Linux）

　では、プロセスファイルシステムとアプリケーションやDBMSに何の関係があるの
かというと、一部のDBMSはOSに関する情報や、自分のCPU使用量などを表示する機
能を持っています。これらは直接的にせよ間接的にせよ、このようなOSのインター
フェイスを使用しているのです。

　逆に、自分のCPU使用量などがわからない多くのアプリケーションや一部のDBMS
の場合は、プロセスファイルシステムに関係するコマンドをうまく使用すれば、トラ

ブル時の分析に役立てることができます。たとえば、一部のOSのpsでは秒単位でしか表示されないCPU使用量も、ここでは10ミリ秒単位で表示されるので、細かい分析が行なえます。

なお、プロセスファイルシステムは全体図でいうと、ファイルシステムの一部（特殊なファイルシステム）になります。

3.9 プロセスに通知や命令を行なう「シグナル」

「シグナル」とは、プロセスに対する外からの通知や命令と考えればよいでしょう。たとえば、強制終了を命令するKILLシグナルや、時間になったことをOSからプロセスへ知らせるALARMシグナルなどがあります。実は、シグナルの送信は簡単です。killコマンドを使えばよいのです。これは、プロセスを終了させるだけではなく、プロセスに対してシグナル全般を送るためにも使用できます。たとえば、「kill -HUP」でデーモンを再起動できます。

ただし、外部からの命令（シグナル）で勝手に処理が変更されては困るので、シグナルは受け取らない、または少し放置するように設定できます。これがシグナルのマスクです。DBMSの多くは、シグナルをマスクしています。アプリケーションでもマスクしていることが多いはずです。

なお、いくつかのシグナルはマスクできません。たとえば、SIGKILLシグナル（kill -9のことです）はハンドルできず、処理を直ちに止めなければいけません。この処理を止めるという部分はアプリケーションの仕事ではなく、OSの仕事です。たまに、ハングアップするようなトラブルにおいて、「kill -9」でプロセスを終了できないことがあります。「担当者、なんとかして！」と言われることもありますが、このようなときは、OS担当者（もしくはOSベンダ）にサポートを依頼したほうがよいでしょう。

もう1つ関係するのが、プログラマが使用するシグナルとのバッティングです。高度な技術を持つプログラマは、シグナルを用いてプログラミングをすることがあります。ところが、DBMSなどが提供するライブラリでシグナルのマスクが行なわれると、プログラムがプログラマの思うような動きをしなくなることがあります（図3.9）。このようなプログラミングをする場合は、マニュアルなどで「どのシグナルを使ったらよいのか」をあらかじめ確認しておきましょう。

図3.9 シグナルをプログラミングで使用する

Column

便利に使える!? かもしれないSTOPシグナル

　障害をテストする際に、STOPシグナルを使うこともあります。STOPシグナルでプロセスを止めた上で処理を発生させ、一時的なハングアップをシミュレーションし、その後CONTシグナルで再開させることもできます（リスト3.A）。ただし、止めている間にタイムアウトが発生したり、処理タイミングが狂ったりするので、発生した結果についてはベンダのサポートを受けられなくなるはずです。あくまでも自己責任で行なってください。

```
# ps -elf | grep lgwr
0 S oracle  2516  1  0  80  0 - 314101 SYSC_s 23:05 ?        00:00:00 ora_lgwr_orcl12c
# kill -s STOP 2516 ─────────────────── プロセス番号2516の処理を止める
# ps -elf | grep lgwr
0 T oracle  2516  1  0  80  0 - 314101 signal 23:05 ?        00:00:00 ora_lgwr_orcl12c
# kill -s CONT 2516 ─────────────────── プロセス番号2516の処理を再開させる
```

止められている間は処理を進めることはできません。そのため、止めるプロセスを選べば、DBMSの障害をシミュレーションすることができます。
たとえば、上記のように、ログ出力を担うログライタープロセス（LGWR）を止めると、Oracleのログが書き出せなくなるため、まずOracleの更新系処理が止まります。その後、Oracle全体が止まるという障害をシミュレーションすることができます。

リスト3.A シグナルを使ってプロセスを止める

3.10 クラスタソフトとOSの密接な関係

次は、可用性が重視されるミッションクリティカルなシステムを構築する際に避けて通れないクラスタソフトについて簡単に説明します。

クラスタソフトはアプリケーションソフトですが、OSと密接に結び付いています。たとえば、OSの監視や起動/停止を行ないますし、ストレージをDBMSなどのアプリケーションに見せたり、見せなかったりもします。また、IPアドレスの移動も行ないますし、アプリケーションやDBMSも監視します。クラスタをまたがったファイルシステムの構築もしますし、さらに共有ディスクに対するI/Oの制御も行ないます。

このような重要な役割を果たすため、アプリケーションやDBMSから見ると、クラスタソフトはOSと密接な関係にあるように見えます（図3.10）。そのため、クラスタソフトを活用しているシステムにおけるOSのトラブルシューティングの際には、クラスタソフトも疑わなければならないでしょう。

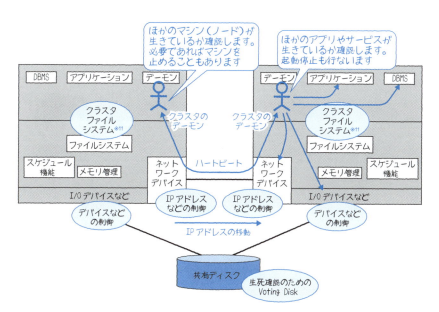

図3.10　クラスタソフトはOSと密接な関係にある

※11　クラスタファイルシステムとは、複数のマシンにまたがって、1つのファイルシステムを作る仕組みです。

3.11 ハードウェアからOSへの通知を行なう「割り込み」

　キーボード操作やネットワークの受信など、ハードウェアからOSに対して何らかの通知を行なうのが、ハードウェア割り込みという仕組みです。たとえば、キーボードで「A」というキーを押したとき、キーボードからはOSに対して信号を送り、処理中のものがあってもキーボードからのリクエストを処理してもらいます（図3.11）。このような仕組みがあるので、プログラムが動作しながらシステムの利用者がキーボードを使って入力したり、ネットワークからデータを受信したりできるのです。

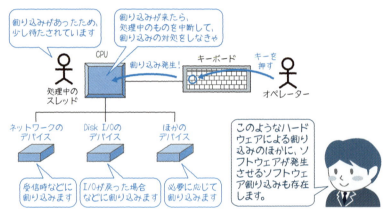

図3.11　割り込みの基本的な動作

　割り込みはvmstatで見ることができ、Windowsでもパフォーマンスモニターの「Processor」にある「Interrupts/sec」の数値で現状を確認できます。ごくまれに、この割り込みが限界に達していて性能が出ないというケースがあるため、大規模なシステムの場合は必要に応じて確認することをお勧めします。

Column

OSに性能トラブルや性能限界はあるのか？

アプリケーションやDBMSに比べれば少ないものの、OSそのものの性能限界や性能によるトラブルもあります。また、アーキテクチャとOSが絡んだ性能限界もあります。たとえば、CPUを増やしても、OSが複数のCPUを扱う効率が悪いため性能が向上しないというケースがあります。また、ネットワークカードなどのハードウェアを処理する性能（本文で説明した割り込みなど）が足りないというケースもあります。そのため、大規模なシステムでは、OSについても実績がある製品を選ぶのが無難でしょう。

DB屋だからわかる！　OSが原因のトラブル例

サポート担当ほどではありませんが、筆者もいろいろなトラブルを見聞きしてきました。ここではそんな中から、「原因はDBMSではなくOSだろう」と言える例を紹介します。

ハングアップしているので止めようと思ったが、kill -9でDBMSのプロセスが止まらない

本文でも紹介したように、このコマンドでプロセスを止める（殺す）のはOSの仕事です。しかし、実際に止まらないことがあります（ゾンビプロセスは除きます）。

pstackなど、OSの情報にアクセスするコマンドが実行できない

「さあトラブルシューティングだ！」と思ってOSのコマンドを打つと、OSコマンド自体が実行できないことがあります。基本的にアプリケーションやDBMSに問題がある場合でもOSのコマンドの実行には影響を与えませんから、このような場合はたいていOSが原因でDBMSやOSのコマンドに影響を与えています。

CPU使用率の中でSYSの割合が異常に大きい

通常、SYSの割合が大きい場合、カーネル内部でCPU消費が高い状況にあります。DBMSの処理が多い場合は、USRの処理量も同じように上がるので、SYSだけが高いというのはカーネル内で何かが起きている可能性が高いのです。

I/Oが返ってこない（I/O量がほとんどないのに、ビジー率が異常に高いディスクがある）

I/Oが返ってこないという現象は、中途半端にストレージが壊れた場合などに起きます。

b列がとても多く、ページングも多い

メモリが足りていない、スワップ領域のI/O性能が足りない、もしくはファイルキャッシュが悪さをしているのでしょう。そのため、OSの観点からメモリを見るとよいでしょう。とはいえ、実際にはアプリケーションやDBMSが多くのメモリを利用していることがほとんどなので、後でアプリケーションやDBMSのリソース（I/Oやメモリ）のチューニングが必要になることがあります。

3.12 DBサーバーの定常監視で取得すべきOS情報とは?

次は、実際の運用の際に常時とっておくとよいOS情報を紹介します。特に決まりはありませんが、筆者は次のような方法を勧めています。

通常、UNIX系であれば、vmstatかsarを使うのがよいでしょう。CPU使用率だけでなく、第1章で説明したように、CPU待ちの「r」やI/Oによるブロック「b」も見るようにします。また、ページングの状況にも注意しましょう。DBMSの場合はI/Oが命なので、ディスクの使用率／レスポンスがわかるコマンド（ただし負荷が低いもの）を使うのもよいでしょう。

Windowsなら、パフォーマンスモニターでProcessorのPrivileged Time（カーネル時間の割合）、ProcessorのUser Time（ユーザー時間の割合）、SystemのProcessor Queue Length（CPU待ちの数）、PhysicalDiskのAvg. Disk Queue Length（I/O中、I/O待ちの数）、MemoryのPages/secなどを確認するのがよいでしょう。

次に取得の間隔です。数時間に1回程度の情報取得はNGです。筆者が見せられて困るのが、このような間隔のデータです。かといって、数秒間に1回実行すると負荷が高いコマンドもあります。UNIX系では1分間隔程度がよいでしょう。クリティカルシステムでは、vmstatなどを数秒おきに取得したりします。なお、負荷が高い可能性があるコマンドは、実際に試してから使用してください。

やめたほうがよいのは、psを数秒おきなど短周期で実行することです。プロセス数が多いと負荷が高くなります。同様のことは、top、prstat（Solaris）などのコマンドを使って行なうことができます。これらのコマンドを使えば、負荷の高いいくつかのプロセスを確認でき、かつ表示されるプロセスの数が限られるため、負荷も抑えることができます（リスト3.9）。

```
ユーザー側でCPU消費量が
大きいことがわかる
top - 00:30:29 up 19 min,  4 users,  load average: 4.80, 2.64, 1.67
Tasks: 277 total,   6 running, 271 sleeping,   0 stopped,   0 zombie
%Cpu(s): 98.7 us,  1.3 sy,  0.0 ni,  0.0 id,  0.0 wa,  0.0 hi,  0.0 si,  0.0 st    /procで見た情報が
KiB Mem :  3781868 total,   215076 free,  1155460 used,  2411332 buff/cache        ここに表示されて
KiB Swap:  4194300 total,  4194300 free,        0 used.  1728916 avail Mem         いることに注目

  PID USER      PR  NI    VIRT    RES    SHR S  %CPU %MEM     TIME+ COMMAND
12698 testuser  20   0  129668   3528   3200 R  22.1  0.1   0:39.32 perl         Perlのプロセスが
12699 testuser  20   0  129668   3528   3196 R  22.1  0.1   0:39.33 perl         非常に多くのCPUを
12700 testuser  20   0  129668   3488   3156 R  22.1  0.1   0:39.33 perl         使用している
12701 testuser  20   0  129668   3636   3320 R  22.1  0.1   0:39.33 perl
 4201 oracle    20   0 1459932 205344  73600 S   5.9  5.4   0:54.05 gnome-shell
  982 root     20   0  354336  46972  21336 S   1.3  1.2   0:12.12 Xorg
 2459 oracle    -2   0 1255880  58932  55800 S   1.3  1.6   0:28.44 ora_vktm_orcl12
12749 oracle    20   0  157840   4436   3628 S   0.7  0.1   0:00.94 top
12872 oracle    20   0  157848   4488   3644 R   0.7  0.1   0:00.16 top
 2469 oracle    20   0 1255876 278716 275604 S   0.3  7.4   0:00.19 ora_mman_orcl12
 2534 oracle    20   0 1264192 182664 173316 S   0.3  4.8   0:05.97 ora_mmon_orcl12
```

Perlの複数プロセスが大量にCPUを消費しているところまで切り分けができました。この後、筆者であれば、前述のシステムコールを調べたり、アプリケーション担当者やOS担当者に相談します。
もし、ベンダ製品のプロセスがCPUを大量消費していた場合は、担当ベンダのサポートに調査を依頼するか、前述のシステムコールを調べたり、OS担当者に相談します。

リスト3.9　topコマンドによる分析の例（Linux）

　それと、「定期監視」と「いざというときの情報取得」は別と考えるべきです。エンジニアやエンドユーザーのマネージャーには、どんなトラブルが起きても原因がわかるように情報を取得するべきだという考えの人もいますが、現実には難しいものです。ここで紹介した情報は定期監視用であり、トラブル時はベンダに相談して情報を得るものと考えてください。

3.13 OSの性能情報を確認するときによく使うコマンド

最後に、LinuxにおいてOSの性能情報を確認するための代表的なコマンドについてまとめておきます。ここまでで取り上げたものもありますが、これらは最低限押さえておくべきコマンドなので、ぜひ使えるようになってください。

vmstat

OS全体の統計情報を表示するコマンドです。

CPU、メモリ、ディスクの使用量やI/O状況などを確認したいときに使います。最初の1回目の情報は、起動時からの平均の情報なので注意してください。

sar

vmstatと同様、OS全体の統計情報を表示するコマンドです。vmstatとの違いは、過去の情報も確認することができる点です。ただし、vmstatよりも出力される情報が少ないです。

CPU、メモリ、ディスクの使用量やI/O状況などを確認したいときに使います。

iostat

I/Oデバイスの統計情報を表示するコマンドです。

デバイスごとにレスポンスタイムや使用率などを確認したいときに使います。最初の1回目の情報は、起動時からの平均の情報なので注意してください。

netstat

ネットワークの統計情報を表示するコマンドです。

ネットワークインターフェースやプロトコルごとに送信／受信したデータ量やルーティングテーブルなどを確認したいときに使います。

top

実行中のプロセス情報を一覧表示するコマンドです。実行中の状態ではないプロセス情報を確認することはできません。

プロセスごとに消費しているCPUの使用率や時間などを確認したいときに使いま

す。

ps

実行中、スリープ中問わず、その瞬間に存在しているプロセス情報を一覧表示するコマンドです。grepコマンドと組み合わせて、特定のプロセスのみの情報を確認することもできます。

プロセスごとに消費しているCPUの使用率や時間などを確認したいときに使います。

これらのコマンドについてもっと詳しく知りたい方は、Linux環境にログインしてmanコマンドを実行したり、Webで公開されているリファレンスなどの資料を確認してみてください。

また、Linux以外のほかのOSのコマンドについて知りたい方は、適宜マニュアルや関連資料を参照してください。

3.14 まとめ

いかがでしたでしょうか？　かなり硬派な内容だったかもしれませんが、筆者は機能をひたすら紹介するのではなく、理論と実践を融合するような内容が本当のスキルアップに役立つと考えています。機能だけの表面的な理解ではなく、ITの基本をしっかりと学ぶことがスキルアップへの本道です。しっかりと学んだ基礎知識は、いずれ応用力に変わります。

もっと学びたいと思った方は、次に示すお勧めの書籍を見てください。なお、ここで紹介した本の何冊かは、本書執筆時の参考文献として使用しています。

これで、DBMSを取り巻く3つの技術分野「OS」「ストレージ」「ネットワーク」のうちの1つが終わりました。ストレージとネットワークについては、この後の第2部と第3部でそれぞれ解説していきます。

OS 内部を勉強するのに
お勧めの参考資料

『最前線UNIXのカーネル』
Uresh Vahalia　著／徳田英幸、中村明、戸辺義人、津田悦幸　訳（ピアソン・エデュケーション）

『Solarisインターナル　カーネル構造のすべて』
ジム・モーロ、リチャード・マクドゥーガル　著／福本秀、兵頭武文、細川一茂、大嶺朋之、佐藤敬　訳（ピアソン・エデュケーション）

『HP-UX 11i Internals』
Chris Cooper、Chris G. Moore　著（Prentice Hall）※12

『AIX─オペレーティングシステムの概念と上級システム管理』
古寺雅弘、日本アイ・ビー・エム　著（アスキー）

『インサイドWindows 第6版　（上）（下）』
David A. Solomon、Alex Ionescu、Mark E. Russinovich　著／株式会社クイープ　訳（日経BP社）

『詳解LINUXカーネル第3版』
Daniel P. Bovet、Marco Cesati　著／高橋浩和　監訳／杉田由美子、清水正明、高杉昌督、平松雅巳、安井隆宏　訳（オライリー・ジャパン）

『LinuxカーネルHACKS　パフォーマンス改善、開発効率向上、省電力化のためのテクニック』
高橋浩和　監修／池田宗広、大岩尚宏、島本裕志、竹部晶雄、平松雅巳　著（オライリー・ジャパン）

『詳解システム・パフォーマンス』
Brendan Gregg　著／西脇靖紘　監修／長尾高弘　訳（オライリー・ジャパン）

『エキスパートCプログラミング──知られざるCの深層』
Peter van der Linden　著／梅原系　訳（アスキー）

『トランザクション処理　（上）　概念と技法』
ジム・グレイ、アンドレアス・ロイター　著／喜連川優　訳（日経BP社）

※12　HP-UXの内部構造の書籍（洋書）。

第 4 章

第2部　ストレージ──DBMSから見た
　　　　ストレージ技術の基礎と活用

アーキテクチャから学ぶ
ストレージの基本と使い方

ストレージとは「貯蔵庫」の意味で、HDD（Hard Disc Drive、通称ハードディスク）やDVD、FDD（Floppy Disk Drive、通称フロッピーディスク）など、データやプログラムを記録できる各種ハードウェアのことを指します。本書では、「ストレージ」を主にHDD、もしくはHDDを複数格納するハードウェアの意味で使用します。

最近のストレージは、利用する側からすると、中身を知らなくても利用できるブラックボックスになってきています。ブラックボックスは決して悪いことではありませんが、どうしても「よくわからないけど、なんとなくこう設計しよう」とか、「I/Oトラブルみたいだけど、よくわからない」といった声が聞かれます。そこで、第2部（第4章、第5章）では、ストレージの大まかな仕組みを理解し、より上手にストレージを利用できるようになることを目指します。

この第4章では、まずディスクの解説から始め、ストレージのアーキテクチャと機能を紹介していきます。HDDやSSDといった基本的な話から、非同期I/O、同期書き込み、コマンドキューイングといった、あまり知られていない技術についても取り上げます。

そして次の第5章では、前半で「多くのI/Oが発生するシステムにおけるストレージの設計の考え方」、そして後半で「パフォーマンス分析の仕方」について説明します（前半は、該当する製品の多くがDBMSとなるため、DBMSを主体として説明します）。

4.1 ┃ ディスクのアーキテクチャ

「ディスク（disc/disk）」を直訳すると「円盤」です。ディスクとは、HDDやDVDなど円盤にデータを記憶するストレージのことを指します。本書ではHDD（ハードディスク）の意味で使用します。

ディスクのイメージは、レコードの針と、一定の速度で高速回転しているレコード盤です。レコード盤に記録されている音楽が、ディスクに記録されているデータに当たります（図4.1）。

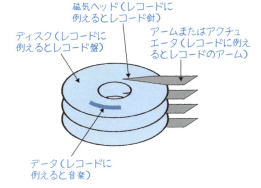

図4.1　ディスクの構造

ディスクへのアクセス方法は、大きくシーケンシャルアクセスとランダムアクセスの2つに分かれます。

- シーケンシャルアクセス
  ディスクの先頭から順にじっくりと長くデータを読み書きする大きなサイズのI/O[※1]のこと。RDBMSの表のフルスキャン（全件検索）などでよく見られます。
- ランダムアクセス
  さまざまな箇所にある少量のデータを「頭出し（シーク）」[※2]してピンポイントで読み書きするアクセスのこと。

表4.1に、あるディスクのカタログ（データのリスト）を示します。この仕様はどう読めばよいのでしょうか？

表4.1　仮想ディスクのカタログ

項目	カタログ値
回転数	10,000回転／分
転送レート	120MB／秒
サイズ	300GB
平均シーク時間	4ミリ秒
平均回転待ち時間[※3]	3ミリ秒

※1　I/O（Input/Output）は「入出力」全般を指しますが、この章でのI/Oは「ディスクに格納されている（される）データの入出力」という意味で使用します。
※2　回転するディスクから読み書きしたいデータの場所を探す作業のこと。ディスク用語で「シーク」と呼びます。
※3　シークの際、読み書きしたいデータの場所が回転してくるまで待ちます。この待ち時間のことを「回転待ち時間」と呼びます。

「シーケンシャルI/OとランダムI/Oの2種類があるから、いろいろな見方がありそうだ」と思うかもしれません。しかし実は、最近のRDBMSシステム（RDBMS以外でも）を想定すると、ある意味、シーケンシャルI/OはランダムI/Oとあまり変わらないのです。シーケンシャルアクセスといっても、それは表のスキャンのレベルの話であって、データはRDBMS側でバラバラにレイアウトされたり、ファイルシステムでバラバラにレイアウトされたりしています。

また、OSやボリュームマネージャーなどで最大サイズが制限されること、RAIDにより各ディスクにデータが分けられることなどにより、大きなサイズのI/Oは、ディスクに届くころには複数のI/Oに分割されていることが多いのです。分割のデフォルト値は、製品によって64KB程度から数MB程度とさまざまのようですが、ここでは256KBと仮定して話を進めましょう。

256KBのシーケンシャルアクセスにかかる時間の内訳を、表4.1の数値をもとに計算してみましょう。I/Oにかかる時間は、シーク時間＋回転待ち時間＋データ転送時間です。

- 平均シークは4ミリ秒
- 平均回転待ちは3ミリ秒
- 256KBのときはデータ転送が約2ミリ秒（表4.1の転送レートより）

したがって、256KBのシーケンシャルアクセスであっても、1回のI/Oに9ミリ秒かかります。ここで気づいていただきたいのが、データ転送時間の占める割合がそれほど大きくないことです。シーケンシャルアクセスは、シークせずにずっと読み書きするイメージですが、最近はRDBMSにおいてさえシーケンシャルアクセスになっていないことが意外と多いのです。ただし、処理内容が理想的であり、データの配置や設定が正しく行なわれていれば、後述する先読み機能などにより、実際に120MB／秒の性能が出るはずです。そのため、筆者は転送速度についてはそれほど重要視していません。大事なのは、頭出し（I/O回数）の性能です。ディスクのカタログの見方としては、シークと回転待ちの時間を足したものをほぼ頭出しの時間と考えて、次のように見なすとよいでしょう[4]。

1000（ミリ秒）÷頭出しの時間（ミリ秒）＝ハードディスクのIOPS（1秒当たりのI/O回数）

---

[4] SCSI（4.2.2項）やFC（4.2.5項）などにはコマンドキューイングという仕組み（4.15.2項）があるため、数十％から100％程度増えることもあります。

これは**どのディスクでもそれほど大差なく**、逆に言うと、最近のディスクでは、1回のI/Oにかかる時間は5ミリ秒から10ミリ秒程度が多いようです。あちらこちらのデータを読む場合（OLTP系システムなど）は、ブロック単位でI/Oを行なうことが多いため、8KBのブロックの場合には、1秒当たり次のサイズのデータにアクセスできます。

200 I/O×8KB＝1秒当たり1.6MB

公称が120MB／秒のディスクであっても、OLTP系のシステムの場合はこのようなI/O性能になると考えたほうが無難です。

4.1.1 SSD

SSDは「Solid State Drive」の略称です。家庭用PCやワークステーションなどを含めて幅広く使用されていますが、HDDやDVDとは考え方と構造が大きく違っています。

HDDやDVDはどちらも円盤に情報を記録することでデータを保存します。円盤を回転させて磁気ヘッドやレーザー発生装置を最小限に動かすことで、効率的に記録します。しかしながら、円周の内側と外側で記録密度が違うため、必ずしも効率的な密度で記録できません。特にHDDは複数枚のプラッタ（円盤状の記録部品）に記録するため、大容量データの記録位置によってはデータ走査の時間が大きく変動する可能性があります。DAT（Digital Audio Tape）やLTO（Linear Tape-Open）のテープドライブも同様の問題があり、円周の内側と外側でデータの読み書きの時間が違います。

筆者は、HDDには光学ディスク（DVDなど）、磁気ディスク（FDDなど）、テープドライブ（LTOなど）といった外部記憶装置としての側面が大きく残っているのではないかと考えています。この利点は、構造がシンプルであるがゆえにデータの保全性は高いですが、単体での読み書き速度がメモリなどの速度に比べて遅いという問題点があります。

これに対して、SSDは、NAND（ナンド）と呼ばれる種類のフラッシュメモリの集合体を核とした記録装置で（図4.2）、コントローラの制御により電子的な操作を行ない、記録用のチップに記録します。電子的な操作によって記録するため、HDDと比べて読み書きの総合的な速度が速いのが特徴です。

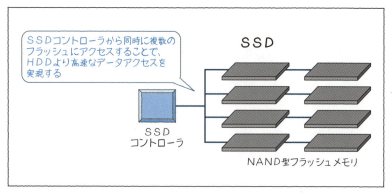

図4.2　SSDの構造

　NAND型フラッシュメモリには、一般的に、消去、書き込み、読み出しという3つの動作があります。読み書きの動作は、以下のような流れで行なわれます。

書き換え動作
　①ブロック（ページの集合体）の読み取り
　②ブロックの退避
　③ブロックを消去
　④退避先のブロックをページ単位で書き換え
　⑤ブロックの書き戻し

読み込み動作
　①ページ単位で読み込み

　SSDの読み書きの動作を比べてみると書き込み時のブロック操作が多く、SSD単独の性能は**読み込み性能＞書き込み性能**の関係になります。しかし、HDDと比較するとシークや回転待ちが発生しないためSSDのほうが性能的に有利と言えます。

Column

SSDの種類

SSDにはSLC、MLC、TLCといった記録方式があり、1つのメモリセルに対して何ビット記録するかという点で異なりますが、これが大きなポイントとなります。

- SLC —メモリセルごとに1ビットずつ記録する方式。高速で安全性が高いが、使用できる容量が少ない。
- MLC—メモリセルごとに2ビットずつ記録する方式。SLCと比較すると、MLCは1メモリセル当たりの記録密度が倍になっているため、データの読み書きは低速になる。データを書き換える際に消去するデータが多くなる代わりに使用できる容量が多く、安全性が低い。
- TLC —メモリセルごとに3ビットずつ記録する方式。MLCよりも低速で安全性が低いが容量が多い。

安全性が低くなる理由としては、フラッシュメモリは電子的に書き換えを行なうため、書き換え回数が増加するとエラーが発生する可能性が高くなるからです。たとえば、1ブロックが128KBであったときに256KBのデータ書き換えを行なうためにSLCは2ブロック使用しますが、MLCは1ブロックしか使用しません。当然256KBの書き換えを行なう際に2ブロック書き換える必要があるのか、1ブロックだけ書き換えればよいのかでは、1ブロックを書き換えるだけのほうがデータの書き換え頻度が高くなり、より多くのブロックが使用されるため、安全性が低くなります。

このような安全性の問題を解決するために、コントローラにエラー訂正機能や、代替ブロックの準備機能、データの偏りを分散する機能が搭載され、OSにおいてもウェアレベリングなどの技術を使用してSSDの寿命を延ばすようにしており、HDDと比較しても遜色のない耐用性を実現しています。

4.2 ストレージのインターフェイス

　本章の冒頭で述べた通り、ストレージとはHDDやDVD、FDDなど、データやプログラムを記録できる各種ハードウェアのことですが、本書ではHDD、もしくはHDDを複数格納するハードウェアの意味で使用しています。

　まずは、ストレージのインターフェイス（規格）について代表的なものを紹介します。よく名前を聞く規格もありますが、あまり知られていないdisconnectやreconnectあたりはRDBMSとしても重宝する機能なので、覚えておいてください。

4.2.1 PCでは最大のシェアを持つATA

　ATAは「AT Attachment」の略称で、「アタ」もしくは「エーティエー」と読みます。IDEと呼ばれることもある規格です。PCでは、一番のシェアを持っています。安価ですが、I/O中にバス（伝送路）を手放さない（複数のI/Oを実行できない）アーキテクチャや、接続できる機器の数に制限があることなどから、ある程度以上のサイズのデータベースには不向きです。詳細については、後ほどSCSIと比較しながら説明します。

　ATAの伝送方式はパラレル（並列）ですが、これをシリアル（1ビットずつ伝送する方式）にしたものがSATA（Serial ATA）です。シリアル化したために転送速度が上がり、ケーブルの形状も変わりました。なお、SATAでは複数のI/Oを実行できないという欠点がありましたが、後継規格のSATA2では動作が改善されつつあります。

4.2.2 サーバー全般に適したSCSI

　SCSIは「Small Computer SystemInterface」の略称で、「スカジー」と呼ばれています。主に、PCやワークステーション、サーバーで採用されている規格です。デイジーチェーン（数珠つなぎ）ができるのが特徴です（図4.3）。

　ATAに比べると高価ですが、機器の接続数を多くできること、ある程度の長さまでケーブルを延ばせること、そしてI/O中であっても、可能なときはバスを手放せること（4.2.4項）などから、サーバー全般（RDBMSなど）に向いていると言えます。後述するFC（4.2.5項）と比べると、小規模なストレージ用に用いられています。

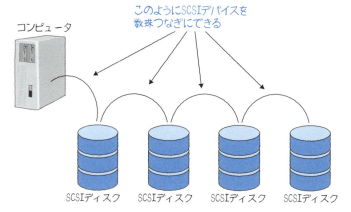

図4.3　デイジーチェーン

なお、SCSIプロトコルは、上位（SCSIコマンドなど）と下位（SCSIケーブルなど）に分けて考えたほうがよいでしょう。たとえば、SCSIというとSCSIケーブルを思い浮かべる方もいるかもしれませんが、FCやLANの上をSCSIコマンドが行き交っていることも珍しくありません。

SCSIも進化を続けていて、SAS（Serial Attached SCSI）という規格が出てきています。これは、シリアルに伝送を行なう規格で、前のSCSIと比べて高速で、かつ機器の最大接続数が大幅に増えています。

4.2.3　iSCSI

iSCSI（Internet Small Computer System Interface）は、一言で言うと、TCP/IPに対応したSCSIプロトコルのことです。

以前は、ストレージとサーバーを接続するのはFCが定番でした。理由は単純でFCはLANと比べて高額でしたが高速だったからです。また、FCは光ケーブルといった扱いの難しさや、扱った場合の資金の高額さから、到底、一般に流通するものではありませんでした。しかし、技術が発展していき、通信速度が100BASE（転送速度100Mbit/秒）と言われていたLANケーブルも1000BASE（1000Mbit/秒）や10GBASE（10Gbit/秒）が開発され、Gbit回線の世界へ突入しました。

以前はストレージとサーバーとの接続を行なうにはLANケーブルでは遅すぎましたが、Gbit回線の世界に突入したことにより、商用サーバーとストレージの接続に耐えられるようになり、現在、iSCSIは安価で高速な通信を行なう技術として普及し、一般に流通するPCを含む多くの機器で使用されるようになっています。

このようにiSCSIが普及したのは、NAS（4.3節）と似た使用感にあるのではないかと筆者は考えています。

4.2.4 disconnect と reconnect

「I/Oリクエストが行なわれると、その後の結果が返るまで、ほかのI/Oはそのバスを使用できない」と思うかもしれませんが（図4.4）、そんなことはありません。SCSIなどでは、I/O中であっても、時間がかかると思われる処理に入るときに自らバスを手放します（disconnect）。そのため、ほかのアダプタやディスクも通信を行なうことができるのです。

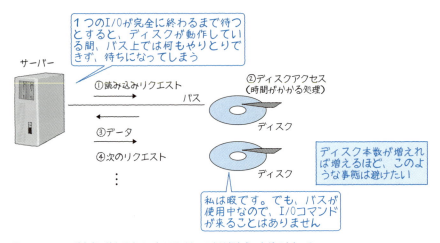

図4.4　1つのI/Oが完全に終わるまで、次のI/Oリクエストは行なうことができない？

ディスクからの読み込みなど時間のかかる処理が終わったら、再びバスをつかんで（reconnect）通信を行ないます（図4.5）。非常によくできている機能ですが、アービトレーション（調停）などの機能も必要なため、disconnectとreconnectは高度な機能と言えます。

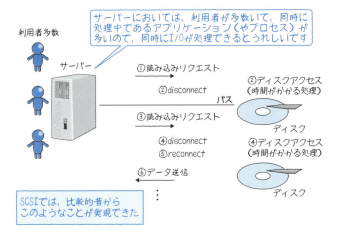

図4.5　disconnectとreconnect

このdisconnectとreconnectは、SCSIがATAに勝っている点だと言われてきましたが、PC上で個人用のアプリケーションが1つしか動いていない場合には、ほかのI/Oコマンドが存在しないことが多いため、あまり意味がありません（図4.6）。したがって、この機能はDBMSなどI/Oを多重処理するソフトウェア向きと言えます。とはいえ、ディスクを遊ばせないためには重要な機能ですし、後述するコマンドキューイング（4.15.2項）のためにも必要です。

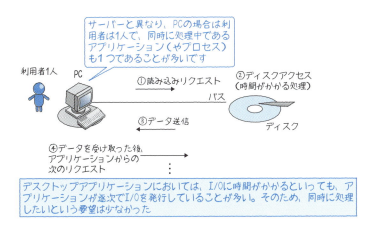

図4.6　PC上にあるアプリケーションの処理とディスクアクセス

Column

転送量のみがバスの性能指標か？

　ハードディスクと同様、必ずしも転送量のみで判断できないのがバス（チャネル、伝送路）の性能です。もちろん、シーケンシャルアクセスによる転送量が上限になることもありますが、やはりランダムアクセスのI/O回数の上限も存在します。とはいっても、ディスクとつながっているバスはケーブルですから、頭出しの時間は存在しないはずです。しかし、1回のI/O当たりのオーバーヘッドは存在します。

　これは、ネットワークの世界では「ショート（短い）パケットではスループットが出ない特性」として知られています。実は、1回のI/O当たりで最低限必要な処理というのは、無視できないほど大きなものなのです。そのストレージ版だと思ってください。1秒当たり何回くらいのI/Oが可能かは、規格およびアダプタに搭載されているCPUの性能によることが大きいため、一概には言えませんが、心配であれば製品カタログなどで確認してください。

4.2.5　大規模ストレージに対応するFC

　FC（FibreChannel：ファイバーチャネル）は、大規模なストレージにも対応できる規格です。FCのケーブルには、光ファイバーや同軸ケーブルが用いられます。ただし、FCは比較的低位のプロトコルであるため、上位のプロトコルとしてSCSIのコマンドが行き交っているのが一般的です。イーサネット（これも低位のプロトコル）の上にTCP/IPという上位のプロトコルが行き交っているのと同じです。

　大規模ストレージでは、このFCをよく見かけます。ATAとSCSIとFCの用途は、おおむね図4.7のようなイメージになります[※5]。

※5　例外は存在します。たとえば、SATAディスクを一部のエンタープライズ用に使用する動きもあります。

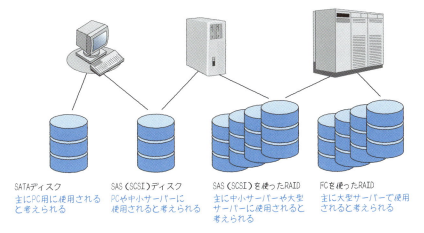

図4.7　SATAとSASとFCのすみ分け

4.2.6　FCoE

　FCoE（Fibre Channel over Ethernet）は一言で言うと、FCをイーサネットに対応させた規格のことです。iSCSIとの大きな違いは、TCP/IPではなくFCのプロトコルをベースにしたCEEというプロトコルで通信を行なうこと、そして、最低の基準とされているLANケーブルの回線速度が高速であることです（iSCSIは1000BASEから使用できますが、FCoEは10GBASEを使用しないと速度に大きな劣化が発生するため、使用する意味がありません）。

　これまで、FCとLANの間では当然、通信を行なうことができませんでした。それは、ケーブルの規格の差があるだけでなく、使用するプロトコルが違うため、翻訳する機械がないと通信を行なうことができなかったためです。そして相互に通信を行なう機器の開発も行なわれませんでした。根本的な問題として、LANケーブルとFCケーブルの回線速度が違いすぎたためです。

　現在、FCoEが利用される機会ですが、世間一般にはiSCSIよりも広まっていません。それは、そもそもFCを利用するシステム自体が高額ということです。高速なストレージ間通信が要求されるシステムでもない限りFCoEが使用されないため、FCoE自体そこまで広まっていないのだと筆者は考えています。

　この技術の問題点は、「FCを利用している時点で導入費用が高額になること」「そこまで高速な通信を必要としないのであれば、FCoEを利用する必要がなくiSCSIでま

かなえてしまうこと」「TCP/IPを流用しているiSCSIと違って、FCoEの使用するプロトコルを使いこなす技術者が少ないこと」などが挙げられます。

しかし、FCoEにも利点はあります。これまではFCケーブルとLANケーブルでそれぞれLANとSANを構成していましたが、FCoEを利用することにより、FCoE環境を構成するだけで、LANとSANに対応できます。これは、サーバー側でこれまでHBAアダプタとLANアダプタを用意したり、LANとSANに対応するスイッチを用意したりする必要があったものが、CNAアダプタとFCoEスイッチを用意するだけで済み、構成が簡略化され、総合的な費用（構築費用や運用費用を含む）が安くなるということです。

上記の通り、メリットとデメリットが顕著な技術であるため、今後の技術革新により淘汰されてしまう可能性はありますが、FCよりは安価でLANよりは高速に使用できるという点を鑑みると、クラウドストレージのバックボーンとして、活躍できる技術ではないかと筆者は考えています。

4.2.7 HBA

当然のことですが、ストレージはつながっていなければただの金属の箱でしかありません。CPUやメモリを備えたホスト（ここではコンピュータ一般を指す）と接続されて初めて利用できるものです。接続するには、ホスト側にはHBA（Host Bus Adapter：ホストバスアダプタ）と呼ばれるアダプタ（SCSIならSCSIカードなど）が必要です。もちろん、PCのマザーボードに最初から内蔵されていることもあります。

ここで、CPUとHBAの関係について説明します。大昔のコンピュータでは、I/Oに必要なデータをメモリとHBA間でやりとりする仕事もCPUが行なっていました。しかし、それではI/O処理の最中でもCPUが解放されませんでした（ほかの仕事ができませんでした）。現在では、DMA（Direct Memory Access：ダイレクトメモリアクセス）と呼ばれる技術などにより、主にHBA上のCPU（コントローラと呼ばれたりする）がメモリとデータのやりとりをします。これにより、I/O中にCPUがほかの仕事をできるようになりました。つまり、あるプロセスがI/Oを発行しても、そのほかの処理がCPU上でブロックされることはなく、多重に処理が実行されるということです（図4.8）。

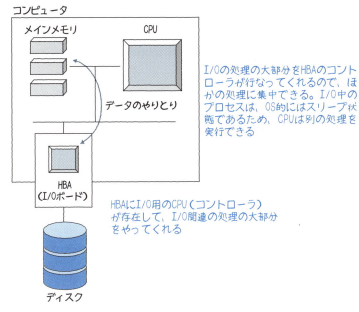

図4.8 CPUとHBAの関係

4.3 SANとNASはどこがどう違うのか？

これまで、SCSIやATAといった接続の規格について説明をしてきましたが、次はもう少し大きな話である、ストレージのネットワークについて説明します。

ストレージがサーバーに直接取り付けられているような形態をDAS（Direct Attached Storage）と言います。昔はこの形態からスタートしました。しかし、「ストレージを共有化したい」や「バスの耐障害性がほしい」といった理由により、FCによるストレージ専用のネットワークが組まれるようになってきました。これがSAN（Storage Area Network）です。

SANは、DASに比べると構築が難しく、かつ高価です。SANでは、ファブリックと呼ばれるスイッチを用いて、I/O用のネットワークを構築するのが最も一般的です。図4.9は、ファブリックを使ったSANの例です。

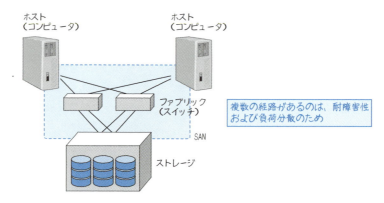

図4.9　ファブリックを使ったSANの例

これに対してNAS（Network Attached Storage）は、ネットワークに接続されたストレージという意味で、イメージとしてはファイルサーバー専用機です。UNIXならNFSサーバー、Windowsならファイル共有に当たります。SANとNASの主な違いとしては、次の3つが挙げられます。

- 物理構成
- ファイルシステムの位置
- 上位プロトコル

4.3.1 SANとNASの物理構成の違い

まず、物理構成面の違いです。SANではFCを用います。これに対してNASでは、通常のネットワークを用います。

NASのイメージを乱暴に言うと、「既存のネットワークにファイルサーバーを付けてみんなで使いましょう。業務用の通信も、NASのデータもごっちゃにネットワーク上を流れるけど便利」というものです。

4.3.2 SANとNASのファイルシステムの位置

次の違いは、ファイルシステムがどこにあるかです。NASの場合、NASサーバー（ストレージ）がファイルシステムを持ちます。それに対してSANでは、サーバー（ホスト）がファイルシステムを持ちます。複数のサーバーが同じデータに対してファイルシステムを共有することは、特殊なソフト（クラスタファイルシステム）がなければできません。これに対してNASでは、各サーバーはNASサーバーに依頼をすればよいため、データを共有しやすいと言えます。

4.3.3 SANとNASの上位プロトコル

最後の違いは、上位プロトコルです。NASでは、NFSやCIFS（SMB）といったプロトコル[※6]がネットワーク上に流れます。NFSやCIFSは、ファイル共有のための比較的上位のプロトコルです。実は、TCP（UDP）/IPなどの上にNFSなどのファイル共有のコマンドが載っているのです。これに対してSANでは、SCSIといったI/Oのコマンド（プロトコル）が流れます。

なお、最近のSANのストレージには、SANとNASの両方の機能を持つ機種が増えてきました。SANのストレージとしても使えるし、LANとつなげればNASとしても動作するというものです。混在化が進んでいる感じです。

NFSやCIFSであれば、普通のマシンでもファイルサーバーになることができます。では、NASサーバー（つまり、ファイルサーバー専用機種）は何が違うのでしょうか？

それは、いろいろな意味でI/Oのための最適化が行なわれていて、とにかく「速い」ということが挙げられます。たとえば、I/O入出力用の大きなメモリを持っていて、そこでI/Oを効率化できたりします。キャッシュにヒットすれば、ディスクの数

※6　NFS（Network File System）はUNIX系で用いられるプロトコル。CIFS（Common Internet File System）はWindows系で用いられるプロトコル。SMB（Server Message Block）は少し前のWindowsのプロトコル。

が少なくても大量のI/Oをこなすことができる機種も珍しくありません。また、特殊なファイルシステムを使って、性能を出そうというNASサーバーも見られます。

Column

DBMSはどんなNASサーバー（NFS）でも使えるわけではない

　詳しくは後述しますが、DBMSおよび一部のアプリケーションは書き込みI/Oの書き込みが保証されないと、万が一の障害の際にデータが破壊されることがあるので要注意です。通常のオプションのNFSでは、書き込みが終わっていないのにもかかわらず、「書き込みが終わった」と通知することがあります。つまり、NFSでは適切なオプションを選ばないと、書いたはずのデータが書かれていないことがあるのです。ちょっと領域が足りない場合に、ほかのサーバーの領域をNFSでマウントして、そこに一時的にデータを置こうとして、このようなことをやってしまう場合があります。

　DBMSベンダによっては、NASサーバーのサーティファイ（認定）を必要とするところもあります。NASストレージを購入する前には、念のため、使って大丈夫かどうかを確認しましょう。

4.4 複数のディスクを組み合わせて信頼性を高めるRAID

ディスクは機械的な装置である以上、いつかは故障します。言い方を変えると、「ディスクは消耗品で信頼性が低いもの」です。また、ディスク単体で見た場合、前述のように容量や性能上の限界が存在します。

そこで、複数のハードディスクをうまく組み合わせて利用することで、高速／大容量で信頼性の高いディスク装置を実現しようという考え方が出てきました。その方法として、通常はRAID（Redundant Array of Inexpensive Disk drives）と呼ばれる方式が用いられます。RAIDは、安価なディスクを複数使用した冗長性のあるディスク配列です。RAIDにはいくつかの種類がありますが、ここでは主な5つ（RAID 0、RAID 1、RAID 5、RAID 6、RAID 1＋0）を紹介します[※7]。

4.4.1 RAID 0

RAID 0はRAIDの一種ですが、このRAIDだけは冗長性（耐障害性）がない方式です。データを一定の大きさごとに、複数のディスクに順番に割り振るように動作します（図4.10）。

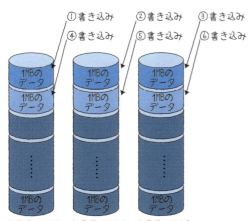

図4.10　RAID 0の動作イメージ

※7　このほかにも、RAID 2、RAID 3、RAID 4、RAID Sなどがありますが、製品化されていない、販売数が多くない、一部のベンダのみ採用しているなど利用が限られるため、ここでは紹介しません。

シーケンシャルI/Oでは、n本のディスクでストライプ（一定サイズごとに別々のディスクに順番に配置）した場合、データ転送速度を理論上n倍にすることが可能なため、単体のレスポンスをかなり高速化できると考えられています。しかし、下手にI/Oが分割されてしまうと、頭出しの時間が大部分を占めてしまうため、多くの場合、ストライプのメリットを享受できません（図4.11）。それどころか、「多くのディスクがビジーになることにより、ストレージ全体としての同時処理性能が落ちてしまう⇒ボトルネックとなる」危険性が高くなりやすいと言えます（特に、OLTP的な処理をするシステムでは顕著です）。

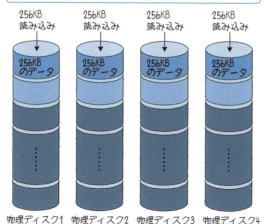

図4.11　下手にI/Oが分割されると性能が向上しない

　たいていのデータベースでは、**I/Oが分割されない構成にしてホットディスクができないようにする「同時処理性能の向上」は効果的**です（図4.12）。

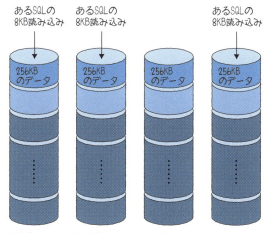

図4.12　OLTP系ではI/Oが集中しないことが重要

　1つのディスクに入れるデータのかたまりを「ストライプ単位」と呼んだりしますが、これが数十KBから数百KBの製品もあります。しかし、RDBMSによっては、このストライプ単位を数百KBから4MBにすることを推奨していたりします。

4.4.2　RAID 1

　RAID 1は、いわゆるミラーリングです。まったく同じデータを複数台のディスクに書き込むものです（図4.13）。あるディスクが故障しても、残った正常なディスクで処理を継続できるため、可用性の高いシステムを構築できます。その反面、すべてのデータを重複して持つため、ディスクの格納効率は最も低くなってしまいます。

図4.13　RAID 1の動作イメージ

4.4.3 RAID 5

RAID 5は、パリティという仕組みで、ディスクが故障してもデータが失われないように保護する方式です（図4.14）。

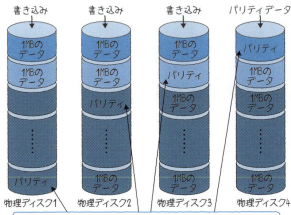

図4.14　RAID 5の動作イメージ

本来のデータのサイズに加えてパリティの分のサイズもディスク上に必要となりますが、RAID 1に比べて効率は良いと言えます。ただし、write（書き込み）時に次の動作が発生します。

① 書き込み前のデータ（パリティ計算に使用する全ストライプ単位）とパリティデータを読み込む
② パリティデータを算出する
③ データおよび更新後のパリティをディスクに書き込む

通常のディスクへの書き込みと比べて大変にコストが高い処理となります。これを指してRAID 5の「ライトペナルティ（WritePenalty）」と呼ぶこともあります。そのため、一般的にRAID 5は書き込み性能が悪いと言われていましたが、最近のストレージでは、大容量ライトキャッシュ（後述）の搭載、高性能なXOR演算装置（パリティの計算装置）の搭載などにより、デメリットは比較的解消されています。DBも含

めた各種サーバーにおいて、最も推奨されている構成です（予算的にも好都合であるため、よく採用されます）。

4.4.4 RAID 6

RAID 6は、パリティを別方法で算出したものと多重化する方式です。2台のディスクが故障した場合でもデータを復旧できるため、高い信頼性が求められるシステムに向きます。最近では、RAID 6を構成できる製品も増えてきました。

4.4.5 RAID 1+0

RAID 1+0（RAID 10とも呼ばれる）は、RAID 0とRAID 1を組み合わせたものです。RAID 0のストライプによるI/O性能の向上と、RAID 1のミラー化による信頼性向上を兼ね備えています（図4.15）。一見、良いとこどりのようですが、結局はミラーであるため、ディスクの格納効率は低くなります。しかし、予算面で折り合いがつくのであれば、一番採用したいRAIDです。

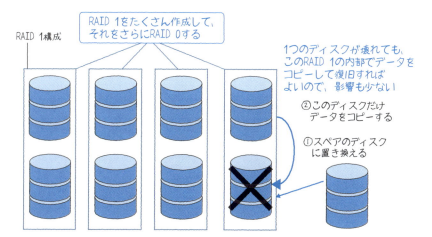

図4.15　RAID 1+0のイメージ

4.4.6 RAIDの性能

ここで、各RAIDの性能について簡単に説明しておきましょう。通常、4台のRAID 0は単独ディスクの400%の性能と考えます。表4.2は、4台のディスクを使って構成した各RAIDレベルと、単独（1台）のディスクとの大まかな性能比を示したものです（100%は、1台のディスクと同じ性能）。

表4.2　通常用いるべきRAID性能

RAIDレベル	シーケンシャル読み出し性能	シーケンシャル書き込み性能	ランダム読み出し性能	ランダム書き込み性能
RAID 0	400%	400%	100%	100%
RAID 1	120%	80%	100%	80%
RAID 3	380%	380%	75%	75%
RAID 4	360%	80%	100%	100%
RAID 5	320%	100%	100%	100%
参考：単独ディスク	100%	100%	100%	100%

宇野俊夫『ディスクアレイテクノロジRAID──ハードディスクの構造からディスクアレイによる高信頼性まで』（エーアイ出版、2000年）

しかし、これはあくまでも各RAIDレベルの性能比による傾向と考えてください。DBMSにとってはスループット性能が重要であるため、IOPS性能を減らさないようなRAIDが好ましいと筆者は考えています。次の表4.3と比較すると、DBMSではどのような性能を重視すべきかがわかります。

表4.3　DBMSに関して考えるべき性能（4台構成におけるランダムI/Oのスループット性能[8]）

RAIDレベル	ランダム読み込み	ランダム書き込み
RAIDなし[9]	100%	100%
RAID 0[10]	100%	100%
RAID 1	100%	50%
RAID 5	100%	16%[11]

表4.2では、単独のI/Oがどれだけ速くなるかを重視していますが、表4.3では、どれだけビジーなディスクを作らずにスループットを増やせるか、どれだけI/Oが分割されないかを重視しています。

---

[8]　筆者が考える性能です。
[9]　ストライプ単位が十分に大きく、I/Oが分割されないと想定しています。なお、RAIDなしに比べてI/Oが分散されるため、実際には性能向上が見込めます。
[10]　4台であるため、厳密にはRAID 1が2つ、もしくはRAID 1+0を想定して計算しました。RAID 1には、1つのディスクから読み出すスプリットシークという機能もあるため、読み込み性能はRAIDなしの場合と同等と想定しています。
[11]　1つのwriteにつき、4つのディスクから合計4ブロックをreadして、2つのディスクに合計2ブロック書き込むため、このような値になります。ただし、キャッシュにデータが存在すればreadが減り、性能劣化は抑えられます。

4.5 物理的な複雑さを隠蔽するストレージの仮想化

最近のストレージは仮想化が進んでいます。OSやDBMSから見たボリューム[※12]は、見た目とまったく異なり、大量の物理ディスクから構成されていることがあります。図4.16に、仮想化されたストレージの例を示します。

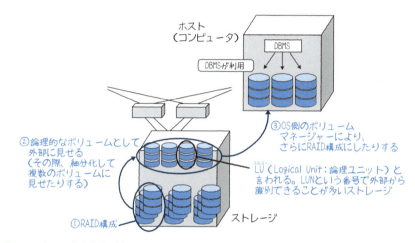

図4.16　ストレージの仮想化の例

従来、ストレージとOSやDBMSはとても密接な関係にありました。ディスクの1本1本をOSでパーティション作成／フォーマットし、それらをDBMSで使用します。ディスクの追加が必要になった場合には、まずOSレベルでの構成変更作業を行ない、続いてDBMSでデータファイルの追加や表領域の追加といった構成変更を行なう必要がありました。それゆえに、ストレージとOS、DBMSは密接な関係にあり、運用上の制限が生じる、管理が煩雑化するという課題を抱えていました。このような課題を減らすためにストレージの物理層を意識させない（隠蔽する）形で取り入れられてきたのがストレージの仮想化と言えます。

複雑な構成ですが、いろいろな部分が隠蔽化（仮想化）されていて、アプリケーションやDBMSからはローカルなストレージのように見えます。通信の際、ストレージ外部の機器は、WWN（World Wide Name：全世界で一意である識別子）やLUN

※12　見た目はディスクのようなもので、1つ以上のディスクから切り出された、データを格納するための領域（容量の割り当て）のことです。1つのディスクの一部分を指すこともあれば、複数のディスクから構成された大きな領域を指す場合もあります。

（Logical Unit Number：論理ユニット番号）[13]などを用いて対象ボリュームにアクセスします。デバイスドライバーなどを経ると、アプリケーションやDBMSからは普通のボリュームやファイルシステムのように見えます。「難しいなあ」と感じるかもしれませんが、すべての製品についてこのような構成を知っておく必要はありません。利用者は、ストレージの担当者（もしくは設置／設定をしたベンダ）に構成図をもらうといいでしょう。たいていの場合、専用ツールあるいはExcelなどで、論理と物理の関係をわかりやすく図にした資料をもらえるはずです。

　なお、ここで注目してほしいのが、SANは冗長化にも優れているということです。SANを利用すると、HBAやスイッチといった故障の可能性のあるハードウェア機器を多重化できます（これを「マルチパス」と呼びます）。これにより、機器が故障したときにも運用を続けることができます。マルチパスは隠蔽されているため、アプリケーションやDBMSはマルチパスかどうかを意識せずに済みます。

4.5.1　シンプロビジョニング

　ストレージの仮想化では、OSに対してストレージ装置に搭載されている実際の容量以上のサイズに見せることができる「シンプロビジョニング」という機能もあります。この機能を用いることでOSには搭載サイズ以上のディスク容量を認識させつつ、ストレージ側で必要に応じて徐々にディスクを追加してくことができるようになります。

　通常のプロビジョニングでは、対象システムの稼働年数を見越したストレージ容量を見積もり、導入時点で見積もり分の容量のストレージをあらかじめ搭載します[14]。この場合、実際に稼働してみてからディスク容量が過剰だったことがわかるケースが少なくありませんでした。データ容量の将来予測が難しい場合などは、シンプロビジョニングを活用するのも手段の1つと言えるでしょう。

　シンプロビジョニングを採用する場合は、ストレージ装置の定期的なリソース監視を合わせて取り込むことが重要です。OSでは十分な空き容量があるように見えていても、ストレージ側ではディスクが枯渇し拡張できない、といった状況に陥るおそれがあるためです。

　ここまで、ストレージ仮想化の概要について説明しましたが、ストレージ仮想化で期待されることは、物理的なストレージ装置に依存せずストレージを利用できること、ストレージの運用／管理が容易であること、ストレージ拡張に迫られた場合に柔軟にストレージリソースを追加できることが挙げられると筆者は考えます。

---

[13]　論理ユニット番号（LUN）とは、物理的なストレージの単位を論理的に表現します。大きなストレージでは、たくさんのディスクからたくさんの論理ボリューム（LU：論理ユニット）を作り、その各々にLUNを割り振ってホストに見せることがあります。なお、OSやデバイスドライバーからはストレージ内での実装はわからないので、LUの実体が何かまではわかりません（意識しません）。

[14]　プロビジョニングとは、必要に応じてネットワークなどの設備を予測し、準備しておくことです。このようにプロビジョニング用にあらかじめストレージの余剰領域を確保することをオーバープロビジョニングと言います。

4.6 | ストレージにはどんな障害があるのか?

次は障害についてです。ディスク装置は物理的なもの（機械）であるため、壊れてしまうのは仕方がありません。だからこそ、それを前提としたうえで、どんな障害が起こりうるのかを知っておくことが重要です。

よくあるのが、RAIDを構成するディスクのうちの1つが壊れるケースです。RAID 1であればほとんど性能は落ちませんが、RAID 4、RAID 5、RAID 6などでは、読み込みの際に、壊れたデータをパリティなどから復元しなければならず、スローダウン（速度低下）を起こします。ホットスペアと呼ばれるディスクがあれば、それが自動的に壊れたディスクの代わりとなって再構成が行なわれます。再構成中に性能が落ちるのはやむをえないでしょう。

また、ディスクのベアリングが摩耗することもありますし[15]、ディスクの電子回路が壊れることもあります。たちが悪いのが、中途半端に壊れてしまうケースです。エラーは表示されないものの、スローダウンを起こすことがまれにあります。あまり知られていませんが、ネットワークのパケットと同様、I/Oが消えることもありえます[16]。その場合、I/Oの再送により自動的に対処されるか、I/Oのエラーとなります。一時的にファイルにアクセスできないという障害もありますし、ケアレスミスでOSのコマンドによってファイルを削除してしまうこともあります。

また、I/Oの中身（データ）が壊れてしまうこともあります。1ビットが書き換わる場合もありますし、そうではなく、0でデータが埋められていることもあります。チェックサムにより、すぐにDBMSやOS、もしくはストレージが認識することもありますし、なかなか気づかないこともあります。簡単には直せないデータの破壊の場合には、リカバリを行なう必要も出てきます。これらの障害をまとめたものが図4.17です。

---

[15] 連続運転している限り、機器も温まっているため稼働し続けますが、ビルの法令点検などによりマシンの電源を落とすと、二度と動かないディスクがかなりの確率で出てきます。そのため、バックアップをとっておくようにしましょう。
[16] 通常のネットワークと同様に、ストレージの通信もI/Oが消えてしまった場合には、再送とタイムアウトを行ないます。ストレージの再送とタイムアウトについては、多くの場合、OSのカーネルパラメータに記載されています。また一部のストレージでは、受け取ったI/Oがきちんと処理されたかストレージ側も確認し、再送（再処理）を行なったりします。ネットワークの再送とタイムアウトについては、第6章を参照してください。

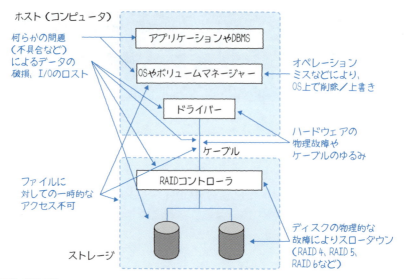

図4.17　障害の例

　図4.17で示す通り、ストレージの障害はストレージ内部のトラブルに起因して発生することもあれば、ストレージを利用するアプリケーションやDBMSが抱える問題に起因して発生することもあります。

　障害発生箇所や障害内容によりシステムへの影響もさまざまであり、直ちにシステムダウンにつながるような重篤な影響を及ぼす場合もあれば、システム利用者が異常を検知したり、アプリケーションやDBMSで異常を検知したりして顕在化する場合もあります。そのため、ストレージの障害が発生しても耐えられる構成を採用し、障害発生時に復旧できる仕組みを実装しておくことが重要と言えます。

　ストレージの耐障害性や復旧を考慮した構成については第5章で説明します。

4.7 | 同期I/Oと非同期I/O

同期I/Oとは、I/Oが終わるまでは次の処理をプロセスやスレッドが行なうことができないI/Oのことです[17]。いわゆる普通のI/Oです。それに対して非同期I/Oは、I/Oが終わらなくても次の処理（たとえば、次のI/Oの発行）を行なうことができるI/Oです（図4.18）。

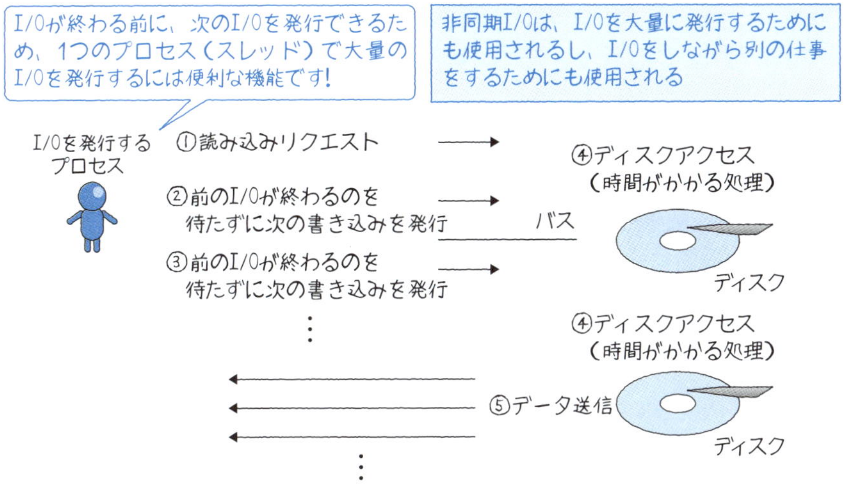

I/Oが終わる前に、次のI/Oを発行できるため、1つのプロセス（スレッド）で大量のI/Oを発行するには便利な機能です！

非同期I/Oは、I/Oを大量に発行するためにも使用されるし、I/Oをしながら別の仕事をするためにも使用される

I/Oを発行するプロセス
①読み込みリクエスト → ④ディスクアクセス（時間がかかる処理）

②前のI/Oが終わるのを待たずに次の書き込みを発行 → バス ディスク

③前のI/Oが終わるのを待たずに次の書き込みを発行 →

④ディスクアクセス（時間がかかる処理）

⑤データ送信 ← ディスク

図4.18　非同期I/Oのイメージ

非同期I/Oは、DBMS（特に大規模データベース）のためにあるようなものです。なぜでしょうか？

ここでもキーワードは同時処理です。DBMSのキャッシュ上の複数のデータをあるプロセスがディスク上に書き出す場合、同期I/Oでは1つのI/Oが返ってくるまで、次のI/Oを発行できません。DBMSとしては、仕事が終わっていないのにもかかわらず、ディスクが遊んでしまいます。それに対して非同期I/Oでは、I/Oをストレージ側に効率良く渡してしまうため、可能なハードディスクは同時処理できます。

PC上のアプリケーションでは、「I/Oが返って来たら、そのデータを使って表示をする（もしくは処理をする）」程度のことが多く、次のI/Oを先に発行することは少ないと思います。つまり、DBMS（特に大規模なデータベース）以外では、非同期I/Oの効果が薄いアプリケーションが多いというわけです。

※17　厳密には、同期I/Oであっても、次に説明する同期書き込みにしないと、書き込みが終わる前に次の処理を行なってしまうことがあります。

さて、ストレージとコンピュータが1本の線（SCSIなど）でつながれているとします。それでも、このような非同期I/Oには何か意味があるのでしょうか?

　ここで思い出してほしいのが、disconnectとreconnectです。このような機能により、書き込みで時間がかかっていてもバスが解放されていて、次のI/Oをストレージに渡すことができるのです。同時並行処理においては、バスを占有しないことが重要となります。非同期I/Oの設定はOSごとに異なるので、該当のマニュアルを参照してください。アプリケーションやDBMSさえ対応していれば、LinuxやWindowsも含めて、主要なOSでは非同期I/Oを使用できるはずです。OSから見たこのあたりの動作については、第3章の「同期I/Oと非同期I/O」（3.2.1項）で説明しました。興味のある方は、そちらも併せて参照してください。

4.8 書き込みI/Oと同期書き込み（書き込みの保証）

　同期I/Oと名前が似ていますが、同期書き込みとは、書き込みの保証がされている書き込みのことです。実は、同期書き込みではない書き込み（遅延書き込み）[18]では、I/Oが終了したとしても、その時点では実際にディスクに書き込みが行なわれているとは限りません（OSのキャッシュやデバイスドライバーまででI/Oが止まっていたりします）。これでは、DBMSのようなアプリケーションは困ってしまいます。コンピュータが突然ダウンしたとしても、DBMSはコミットしたデータを失うわけにはいきません。そのために存在するのが、同期書き込みです。この書き込みであれば、書き込みが終わっていることが保証されます（同期I/Oであっても、この同期書き込みは必要です）。ただし、その分だけ遅くなります。

　同期書き込みは、アプリケーションやDBMSがOSに対するシステムコールで指定するものであるため、特にユーザーが気にする必要はありません。UNIX系のOSであれば、同期書き込みにはO_SYNCもしくはO_DSYNCフラグを用いることが多いでしょう。書き込みI/Oの後に、fsyncシステムコールでOSのキャッシュ上のデータをディスクに書き込むという手もあります。Windowsでは、FILE_FLAG_WRITE_THROUGHオプションにより同期書き込みが保証されます。UNIXのfsyncに対しては、FlushFileBuffers関数や_commit関数などが相当するようです。

　異常終了時にデータを復旧させるためのログ機能を持つDBMSでは、最低でもログデータは失われてはいけませんから、当然、この同期書き込みを採用しているはずで

※18　デフォルトの書き込みのことで、時間がかかる実際のディスクへの書き込みを後で実行することによって性能を向上させています。

す。しかし、最近の中～大型ストレージでは、このログの書き込みが1ミリ秒未満（ディスクに書いているとは思えない速度）で終了することが増えてきました。なぜでしょうか？

　これは、ライトキャッシュ（write cache）と呼ばれるキャッシュによる効果です。ライトキャッシュは、ストレージ側にある書き込みデータのためのキャッシュです（読み込みのキャッシュと共用の場合も多い）。不揮発メモリ（電源が切れてもデータが失われない特殊なメモリ）だったり、バッテリーでバックアップしてあったりするため、O_SYNCやO_DSYNCであっても、このライトキャッシュまで書き込みのデータが渡されると書き込みは終了ということになります（図4.19）。

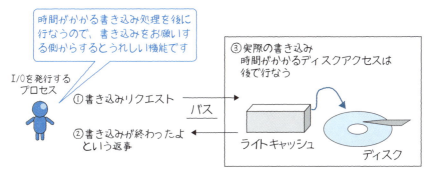

図4.19　ライトキャッシュのイメージ

　以後の責任はストレージ側になります。これは、ライトバックと呼ばれるタイプのキャッシュの動きです。このおかげで、ディスクの回転待ちやシークを待つことなく書き込みが終わり、次の処理に移れるわけです。第2章の「書き込みとファイルキャッシュ」（2.6.1項）で、この遅延書き込みの動作について解説しています。興味のある方はそちらも併せて参照してください。

4.9 ライトキャッシュが効果的なアプリケーションとは？

ライトキャッシュがとても効果的なアプリケーションと、それほど効果的ではないアプリケーションがあります。効果的なアプリケーションとはどのようなものでしょうか？

答えは、少数のプログラムが連続して処理を発行するバッチ処理などのアプリケーションです。特に、同期書き込み（コミット）を数多く実行するものはその効果が顕著です。処理を連続して行なうプログラムは、現在の処理が終わらなければ次の処理を実行できないので、現在の処理を速く終わらせる必要があります。そのため、I/Oが早く終わるライトキャッシュへの書き込みはありがたいのです。1回のI/O当たりの違いが数ミリ秒であっても、何千回、何万回と同期書き込みをしていると、数十秒から数百秒の違いになります（図4.20）。

これに対してOLTP系では、ライトキャッシュはそれほど重要ではありません。1つのコネクションから見ると、次の処理（トランザクション）まで時間が空いていることが多いため、現在の処理（トランザクション）が数ミリ秒くらい遅くなっても大きな影響はありません。また、後述するグループコミット（4.12.2項）を持つDBMSの場合は、さらに影響が少ないと言えます。

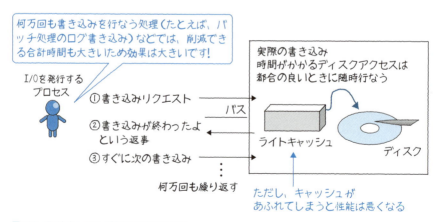

図4.20　ライトキャッシュがうれしい処理とは？

4.10 ファイルシステム

ハードディスクやボリュームは、そのままではデータ格納用の領域が特に区切られていないため、複数のファイルを置くことはできません。複数のファイルを置かなければ、複数のアプリケーションで共有することも困難です。たとえば、皆さんが使っているWindowsやUNIXといったOSのようにフォルダ（ディレクトリ）があり、その中にファイルを格納できると、アプリケーションにとっても便利ですし、そうしないと普通のアプリケーションは動かないでしょう。

ファイルシステムでは、ディレクトリやファイルの作成／削除を自由に行なうことができ、またディレクトリにどんなファイルがあるのかを調べることも容易です。さらには、ファイルを大きくすることもできます。ディスクという円盤、つまり、この1つの大きな空間をどのように使用すれば、こういったことが可能になるのでしょうか？

4.10.1 ファイルシステムの仕組み

それには、まずディスクをある単位に区切ることが必要です。これを「ブロック」と呼びます。複数のファイルを共存させることは、1つの連続した空間ではできません。

次に、サイズ変更（ファイルサイズの拡張など）を自由にできるようにするために、ブロックを自由に追加できる構造も必要です。そのため、1つのファイルが複数のブロックで構成されることになります。

すると、それらを管理する必要も出てきます。そこで、inodeがファイルを管理します。inodeは、ファイルがどのブロックから構成されているか、また作成日時、オーナー、サイズなどの情報を保持しています。多くのブロックから構成されるファイルでは、間接ブロックと呼ばれるブロックも使って多数のブロックを管理します（図4.21）。

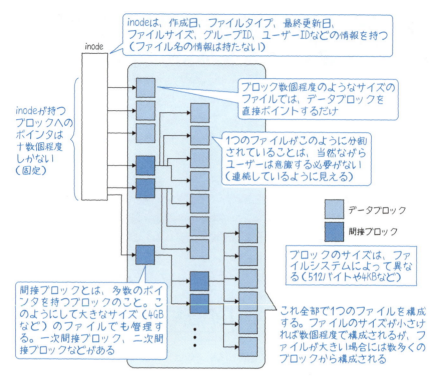

図4.21　inodeによるファイルの管理

　ファイルシステムの中は、inodeなどの管理用の領域と、データ用のブロックの領域から構成されていることはわかりました。しかし、ここまでの説明では、ディレクトリの実体が何なのかはわからないままです。実は、ディレクトリもファイルの一種です。ディレクトリがファイルと異なるのは、ディレクトリのファイルのデータブロックには、自ディレクトリが持つファイルのinode番号とファイル名が入っている点です。

　ここで、実際のOS上のオペレーションについて考えてみます。ディレクトリをlsで検索すると、そのディレクトリのinodeを通して、そのディレクトリのブロックにアクセスします。ブロックの中にはファイルの一覧がinodeとともに載っているので、ファイルの属性も含めて一覧を表示できます（図4.22）。

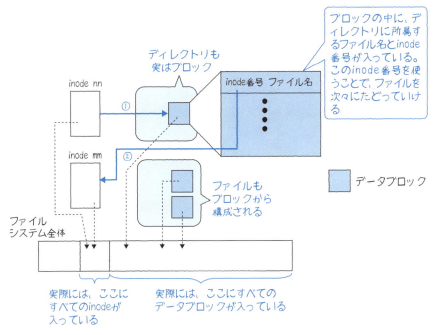

図4.22　ディレクトリをlsで検索したときの動作イメージ

次は、cdでの移動です。cdでの移動も、移動先として指定されているパスを調査し、該当のディレクトリが見つかるまでディレクトリのブロックから次のディレクトリのinodeをたどるだけで実現できます。catなどのコマンドも同様で、パスの中にディレクトリ名があれば、それをたどりながら目的のファイルのinodeを見つけます。

OSがファイルを開く際にはinodeを用いるので、目的のファイルのinodeまでたどることができれば、ファイルシステムが提供する検索としては十分です。なお、inodeは高速化のため、OSにキャッシュされる（メモリに置かれる）ようになっています。

4.10.2　ファイルシステムの保全性

UNIXやWindowsでは、突然電源が切れてしまった場合などにファイルシステムのチェックが実行されることがあります。アプリケーションやDBMSにもよりますが、前述の遅延書き込みがデフォルトであるため、inodeは即時にディスクに書き込まれるとは限りません。つまり、データは変更したのに、inodeがそれに対応していないという状況が起こる可能性があります。このような場合、整合性を取り戻すために、

UNIXでは起動時にfsckでチェックを行ない、Windowsでは起動時にファイルシステムのチェックを行ないます。

　しかし、ログ機能を持たないファイルシステムでは、必ずしもファイルが復旧できるとは限りません。また、このfsckはあくまでもinodeなどを復旧するためのものであり、データの復旧は含まれていません。前述のように、同期書き込みの場合にはデータが即座にディスクに反映されていることが保証されますが、遅延書き込みの場合には、fsckを行なってもデータが消えてしまっている（ファイルを復旧できない）ことも珍しくありません。UNIXには/lost+foundというディレクトリがありますが、fsckの結果、復旧できなかったデータはそこに置かれます。/lost+foundディレクトリの中を見ると、意味不明な数字のファイルが並んでいますが、それは復旧できなかったデータのinode番号です。

　なお、DBMSでは重要なデータについては同期書き込み（前述のO_SYNCやO_DSYNCの設定）が行なわれているため、このような形でデータが失われることはありません。O_SYNCが設定されていれば、ディスクまでの書き込みはOSによって保証されます（inode情報を含む）。O_DSYNCの場合、inodeの最終アクセス時刻などは保証されませんが、データに関しては書き込みがOSによって保証されています。

▐▐▐ Column

保全性を高めたジャーナリングファイルシステム

　ファイルシステムにおいて、ログ機能を実現したのが「ジャーナリングファイルシステム」です。この機能を使うことで、ファイルシステムの保全性を高めることができるようになりました。ジャーナリングファイルシステムを簡単に説明すると、データ更新がディスクに書き込まれるまでメタデータの変更内容をロギングしておく仕組みです。

　DBMSのロギングの仕組みと似た機能のように聞こえるかもしれませんが、目的が異なるので注意しましょう。

　DBMSのロギングはデータそのものの保全を目的としているのに対し、ジャーナリングファイルシステムではファイルシステムのメタデータと実データの整合性の保全を目的としています。ジャーナリングを利用しないファイルシステムではデータ→メタデータの順でディスクにデータが書き込まれるため、メタデータの書き込み前に（電源などの）障害が発生すると、復旧後にデータとメタデータが一致せず更新済みのデータにアクセスできなくなるおそれがありました。なぜこのような問題が生じるかというと、それはデータの書き込み順序にあると言えるでしょう。実データを先に書き込んでしまうため、障害発生によりメタデータの書き込みが完了しなかった場合、

メタデータと実データとの矛盾により整合性がとれない状態に陥ります。さらに、メタデータの変更内容はログ情報として記録されているわけではないため、変更前のファイルに戻すこともできなくなるのです。

　ジャーナリングファイルシステムではこのような問題を解消するために、メタデータ→実データの順でディスクへの書き込みを行ないます。先にメタデータを書き込むことで、万が一実データの書き込みが完了する前に障害が発生したとしても、復旧時には過去のファイルに戻すことでファイルシステムの一貫性を保てるようになっています。

　このように保全性を高めた仕組みであるジャーナリングファイルシステムですが、メタデータの書き込み分のI/Oが増えるため、ジャーナリングを行なわないファイルシステムと比較すると性能面ではやや劣ります。実装にあたっては性能影響を加味したうえで採用するのが望ましいと言えるでしょう。

4.10.3 mount

　UNIXのディレクトリは、「/」を頂点とした、上下逆向きのツリー構造になっています。当然ながら、個々のファイルシステムのイメージもツリー構造です。UNIXでは、mountというコマンドによってファイルシステムを使用可能にします。いくつものディスクを1つのOSで使用できるのは、一般にmountでファイルシステム同士をくっつけて見せているからです（図4.23）。たとえば、mountの場所を変えることもできます。今まで/home1だったディスクを、/home2に変えることもできます。

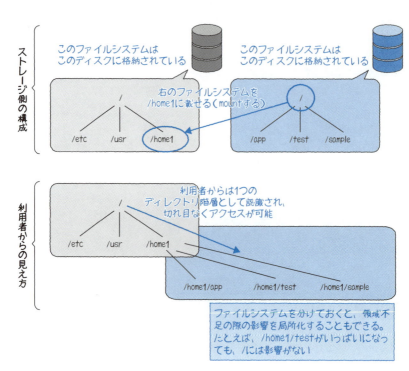

図4.23 mountによりファイルシステムを使用可能にする

4.10.4 VFS

　UNIX系OSでは、VFS（Virtual File System：バーチャルファイルシステム）という仮想ファイルシステムが使用されています。各OSには何種類かのファイルシステム（UFS、ext3、ext4、VFSなど）が存在しますが、このVFSを共通インターフェイスとすることで、アプリケーションやDBMSは各ファイルシステムの実装を意識せずに、ファイルシステムを使えるようになります。また、ユーザーはインターフェイスを意識することなく、ファイルシステムを別のファイルシステムに変更できます（ただし、一部制限があります）。

4.10.5 VHD

　VHD（Virtual Hard Disk）は仮想HDDのフォーマットの1つで、Microsoftが提供するフォーマットです。しかし、Hiper-Vはもちろんのこと、VMwareやVirtualBoxでも

使用できるフォーマットのため、標準的な仮想HDDと言えると筆者は考えます。VHDの特徴として仮想的なHDDであり、実態はファイルであることが挙げられます。このため、固定の容量での使用はもちろん、容量の可変やコピーによるバックアップができます。また、VHDから多くの仮想製品の専用フォーマットに変換することもできます。

仮想HDDの性能としては各ストレージ製品上に作成されたファイルということで構成にもよりますが、そこまで高い性能は期待できません（ただし、RAID 5などを利用しストレージ上の多くのディスクにまたがるようにファイルを構成するなどを行なえば、高速化は可能です）。

仮想HDDにはさまざまな利点がありますが、筆者が使用した際に大きな利点と考えたのは、可変ディスクとして利用できるため、実際に用意したストレージの容量が少なくても利用できる点です。これは、たとえば、2台のサーバーで、5年間でストレージの容量が100GBずつ必要になる構成でも、初年度は100GBのストレージしか用意できないような状況に有利に働きます。DBの領域で例えると、初年度は100GB、2年目は200GBというように、ストレージの使用容量が年度ごとに増加していくことが時々あります。その際、初年度から500GBのストレージを使用するのは資金的に難しいときがありますが、数年に渡り、ストレージの容量を増設していくようにすれば、支払う額を分割でき、大きい容量のストレージを無理なく導入できます。また、容量によっては、2台目のストレージを用意する必要があるときでも、VHDを使用していれば、VHDファイルごと移動できるため、ストレージの移し替えも簡単にできる利点があります。

また、VHD以外にも、各仮想化製品のオリジナルフォーマットがあり、それらを使用するとVHD以上に便利な機能が使用できます。興味がある方は調べてみてください。

4.10.6 ボリュームマネージャー

ファイルシステムに加えて、ボリュームマネージャーという管理ソフトが使われることもあります。特に、ディスクが多く管理すべきボリューム（格納領域のこと）が多い場合には、このボリュームマネージャーが便利です。ボリュームマネージャーは、多くの物理的なボリュームを少数の論理的なボリュームに見せたり（1つのボリュームのサイズが大きくなる利便性があります）、逆に大きなボリュームを小さなボリュームに切り分けたりすることができます（図4.24）。

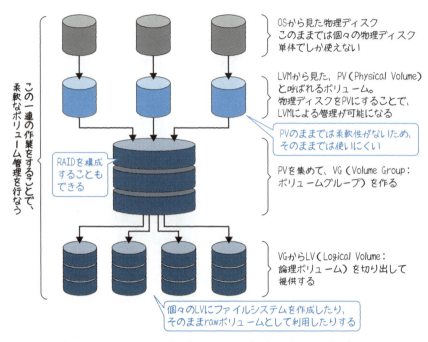

図4.24　LVM（Logical Volume Manager：論理ボリュームマネージャー）のボリュームの作り方

　OracleなどのRDBMSでは、後述するrawボリューム（4.10.7項）を多く使用できます。そのような場合に、ボリュームマネージャーでボリュームを小さく分けると便利なことがあります。PVをそのまま使用した場合は柔軟なサイズ指定はできませんが、ボリュームマネージャーでLV（Logical Volume：論理ボリューム）という小さな単位でボリュームを切り出すと柔軟なサイズ指定が可能になります。また、ボリュームマネージャーで作成した論理ボリュームは、ファイルシステムを作成することも、rawボリュームとして使うこともできます。つまり、ディスクもしくはディスクのパーティションと同じように使えます。

　ボリュームマネージャーを採用するケースがもう1つあります。それは、OS上でRAIDを構成する場合です。RAID 0やRAID 1、RAID 5といったRAIDを構成できます。ボリュームマネージャーが行なうRAIDは、ソフトウェアRAIDとも呼ばれます。

　一見、良いことづくめのボリュームマネージャーですが、大きな注意点が2つあります。1つは、ソフトウェアRAID5は書き込み性能が劣化しやすいため、採用には注意が必要なことです。もう1つは、最近の大型ストレージでは同様の機能を持つ機種が多いことです。ストレージ内でボリューム管理（切り出しなど）を行ない、さらにLVM（Logical Volume Manager：論理ボリュームマネージャー）でも同じようにボ

リューム管理をしても、たいていは意味がありません。また、オーバーヘッドも多少
発生してしまいます。

ディスクの管理を柔軟にするボリュームマネージャーですが、活用の場はディスク
の切り出しだけにとどまりません。

UNIX系のOSでは、システムの可用性を高めるためHA構成（アクティブ−スタンバ
イ構成）をとる場合があります。この場合、サーバー間で共有されるファイルやデー
タは共有ディスクに配置／格納しますが、文字通りHAを構成する各サーバーで共有
された状態にあり、そのままでは複数のサーバーから読み書き可能となってしまいま
す。そのため、誤ってスタンバイ側からデータが書き込まれてしまった場合には、ファ
イルやデータの破損よるシステム障害を引き起こすおそれがあります。

このような問題を防ぐために、HA構成のシステムでは共有ディスクとして利用す
るボリュームグループを、スタンバイ側のサーバーでは非アクティブ化した状態にし
ます。非アクティブ化されたボリュームグループはカーネルから認識されないため、
スタンバイ側からの読み書きができなくなるのです。

ボリュームマネージャーがボリュームグループに対するゲートキーパー的な役割を
担っていると言えるでしょう。

4.10.7 rawボリューム

ファイルシステムとは、ディレクトリやファイルというデータを管理する仕組みを
提供するものであると説明しました。これに対してrawボリューム（rawデバイス）
とは、ファイルシステムを作成していないボリュームやディスク、パーティションの
ことです（もしくは、ファイルシステムを無視して使うことです）。たとえば、パー
ティションを1つの大きなファイルのように使うのであれば、パーティションの中に
ファイルシステムはいりません。rawボリュームとは、そのような特殊な用途向きの
機能です。

4.11 アプリケーションやRDBMSから見たファイルキャッシュ

ファイルシステムを使うと、通常はOSが持つI/O用のファイルキャッシュ[※19]も使うことになります。確かにオーバーヘッドはありますが、キャッシュという名前からわかるように、ファイルキャッシュにヒットすれば読み込みのI/Oを削減できるため、非常に効果があります（図4.25）。多くのOSにおいて、余っているメモリのほとんどは自動的にこのファイルキャッシュとして使用されています。ユーザーは、それを意識することなしに、このファイルキャッシュを使用しているはずです。別の見方をすると、DBMSのキャッシュが500MBだとしても、メモリが1.5GB空いていれば、2GBくらいのキャッシュを持っているのと同等の動作をします。Windowsなどでは、ファイルキャッシュを使わないDBMSも多くあります。そのような場合には、この関係は成り立ちません。

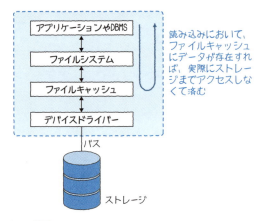

図4.25　ファイルキャッシュの効果

ただ、**ファイルキャッシュのI/OはOSのコマンドで表示されるI/O統計には含まれないことが多く、アプリケーションやDBMSのI/O情報に載っていることが多いため、注意が必要**です。アプリケーションやDBMSから見ると、ファイルキャッシュの分も含めてI/Oは計測されます。そのため、I/Oの回数は多く、平均I/Oは短く見えるのです。

OSから見える数値と比較すると、「なぜこんなに回数が多いのだろう？」「なぜこんなに処理が速いのだろう？」（極端な場合には、ストレージキャッシュがないのに

※19　OSによっては、ファイルキャッシュではなく、バッファキャッシュやページキャッシュのこともあります。これらは、キャッシュ対象となるデータの種類は異なりますが、ファイルのデータをキャッシュするという意味ではほとんど同じであるため、以降はひとくくりにファイルキャッシュと呼ぶことにします。

1ミリ秒未満に見える)と疑問に思うかもしれませんが、実はこれがカラクリなのです。

さて、たいていのDBMSは独自にキャッシュを持っているので、別にファイルキャッシュはなくてもいいはずです。そのため、OSのダイレクトI/O機能を使用できるDBMSも多く存在します。このダイレクトI/Oとは、ファイルシステムは使用するものの、ファイルキャッシュは使わない(オーバーヘッドも多少は少ないはず)というI/Oです。

ここで、2つの落とし穴があります。1つ目は、ファイルキャッシュを使わない分、DBMSのキャッシュを大きくするという調整をしないと遅くなってしまう点です。

また、見た目の問題もあります。これが2つ目の落とし穴で、キャッシュの調整後であっても、I/O 1回当たりのレスポンスをDBMSから見ると、ファイルキャッシュがあるほうがどうしてもよく見えてしまいます。しかしこれは錯覚であり、実際には同等以上の性能のはずですが、現場では納得してもらうのが難しい現象です。

このような事情(特に、余ったメモリが自動的にファイルキャッシュになる特性)から、中小規模のシステムの場合にはファイルシステムを使い、ダイレクトI/Oを使わないほうが無難だと言えます。ただし、Windowsの場合は、DBMSが自動的にファイルキャッシュをバイパスするものもいくつかあります。その場合は、特に迷う必要はありません。第2章の「書き込みとファイルキャッシュ」(2.6.1項)の後半では、OSから見たダイレクトI/Oの動作を説明しました。興味のある方はそちらも併せて参照してください。

Column ファイルシステムによって遅くなることがある?

ここで難易度の高いトラブルをいくつか紹介します。

- ファイルキャッシュがページングを起こして、DBMSがスローダウン
- デーモンなどによるファイルキャッシュのスキャンにより、OSがスローダウン
- ファイルシステムレベルのロックのreader/writer競合によるI/O待ちが発生

これらは、ファイルシステムの使用を止めるか、もしくはチューニングをすることにより発生しなくなります。筆者の経験上、ファイルシステムによるI/Oのデメリットはこのようなものが多いです。大きなシステムでないと起きないと思いますが、エキスパートを目指す方は覚えておくとよいでしょう。

図4.26は、ここまで説明した内容をまとめたものです。DBMSなどのアプリケーションから読み込みI/Oを発行すると、ファイルキャッシュに該当データがあればすぐに結果が返ってきます（①）。ストレージのキャッシュでも同様です（②）。キャッシュがない場合は、ディスクまでアクセスして結果を返します（③）。書き込みの場合、同期書き込みであれば、必ずディスクかストレージのライトキャッシュまで書き込まれます（④）。

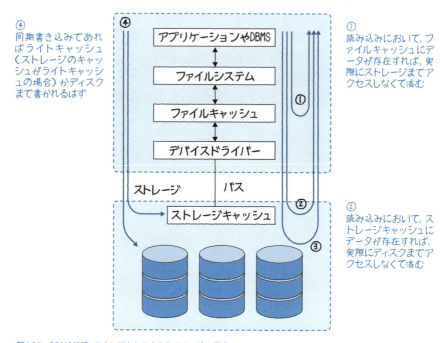

図4.26　DBMSがディスクにアクセスするまでの一連の動作

これらに対して、可能であれば同時に処理する仕組み（disconnectとreconnectなど）が作用しますし、非同期I/Oという形で同時に多数のI/Oが1プロセス（もしくはスレッド）から発行されることもあります。

4.12 RDBMSのI/O周りのアーキテクチャ

ストレージの基礎知識を一通り紹介したところで、次にI/Oを使う側としての、RDBMSのI/O関連のアーキテクチャを説明します。

4.12.1 チェックポイント

OSがファイルキャッシュを持つのと同様に、RDBMSの多くもキャッシュを持ちます。キャッシュは、処理を高速にするためには重要な機能です。しかし、キャッシュを持っていると、変更済みのデータがキャッシュに残ってしまいます。そしてコミットの際には、データを保証するために、データをキャッシュからディスクに書き出すか、代わりに更新ログ（REDOログ）をディスクに書き出す必要があります（図4.27）。

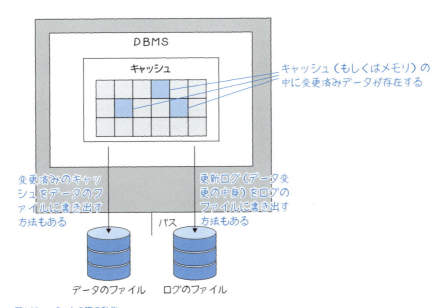

図4.27　コミットの際の動作

変更済みデータがキャッシュに長時間置かれてしまうと、リカバリの際に復旧が大変です。そのため、ある程度の時間がたったらデータをディスクに書き込んで、キャッシュのデータとディスクのデータの同期をとります。これを「チェックポイント」と呼びます。また、ロールバックなどのためのログをディスクに書くRDBMSもあります。

4.12.2 グループコミット

I/Oに関連するRDBMSの機能でおもしろいのは、「グループコミット」と呼ばれる機能です。これは、REDOログにおいて論理I/Oを集約できるというものです。

通常、データはディスク上の別々の場所に書き込まなければなりません。当然、複数回のランダムI/Oになってしまい、ディスク性能の観点からは好ましくありません。しかし、REDOログの場合は、別々のトランザクションのデータであろうが、別々のデータのREDOログであろうが、1つのI/Oにまとめてディスクに書き込んでしまってかまいません。グループコミットによってREDOログのI/Oをまとめることで、I/Oの効率化を図るのです。

OLTP系であれば、I/Oが多少遅くてもREDOログがボトルネックにならないRDBMSもあります。ここで「OLTP系であれば」とただし書きをしたのは、このグループコミットはスループットを確保する技術だからです。バッチなどによる1多重の（ほかの処理がない）大量処理の場合には、ある時点で見るとほかの処理がないため、まとめて書き出せず、グループコミットの効果がありません。

4.12.3 RDBMSにおけるI/Oの実装

ここまでに説明したREDOやチェックポイント、グループコミットは、RDBMS全般の話です。ここからは実装寄りの話になるため、主要なDBMSを前提として説明していきます。

まず、Oracleでのデータの読み込みは、サーバープロセスというSQLを処理するためのプロセスが即座に行ないます（ほかのDBMSでも、SQL処理の際には即座に読み込まれます）。

データの書き込みの多くは、デーモンのような役割のプロセスが非同期に行ないます。Oracleの場合はデータベースライター（DBW）、SQL Serverの場合はレイジーライター、DB2の場合は主にページクリーナー（db2pclnr）が行ないます。

コミットの際には、専用プロセス（スレッド）がログを即座に書き込みます。Oracleの場合はログライター（LGWR）というプロセス、SQL Serverの場合はログライターというスレッド、DB2の場合はロガー（db2loggw、db2loggr）というプロセスが書き込みを行ないます（図4.28）。

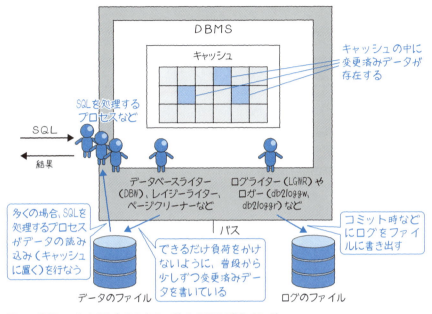

図4.28　主要DBMSにおけるプロセス（スレッド）によるI/Oの動作イメージ

4.13 仮想化基盤やクラウドにおけるストレージ構成

ここで、昨今のストレージ構成について簡単に触れておきます。仮想化基盤でのストレージ構成、クラウドでのストレージ構成、それぞれ見てみましょう。

4.13.1 仮想化基盤のストレージ

仮想化環境におけるストレージ構成では、仮想化基盤が提供する仮想ディスクを使う構成と、RDM（Raw Device Mapping）を使ってストレージ装置が提供するボリューム（LU）を直接利用する構成をとることができます（図4.29）。これらのストレージ構成では、これまで説明してきたストレージインターフェイス技術やRAID技術が用いられます。そして、ストレージを利用するクライアントからのアクセス方式によってその利用形態が決定されます[20]。

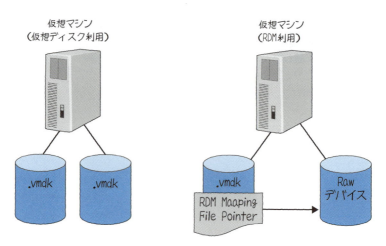

図4.29　仮想化環境におけるストレージ構成

---

[20] 仮想化基盤では、必ずRDMを採用しなければならないわけではありません。RDMを利用するとストレージコピーでのバックアップが可能になるため、バックアップ時間を短縮したいなどの要件を満たすためにストレージコピーを採用する際にはRDMを利用します。そうでない場合や可搬性を重視する場合にはデータストアが用いられます。

仮想化基盤において、ストレージ装置が提供するボリュームの利用形態は、大別すると次の2種類に分けられます（図4.30）。

- ブロックストレージ
- ファイルストレージ

ブロックストレージは、iSCSI、FCといったストレージネットワークを用いてストレージクライアントに割り当てられます。ブロック単位でのデータアクセスを行なうため、DBMSにおけるデータファイルの格納先として利用されるのが一般的です。

ファイルストレージは、NFS、CIFS、WebDAVといったアクセス方式を用いてストレージクライアントに割り当てられます。ファイルシステムを構成し階層的にファイルを管理するため、ログファイル格納先やシステム間での連携ファイルの格納先、バックアップデータの格納先として利用されることが多いようです。

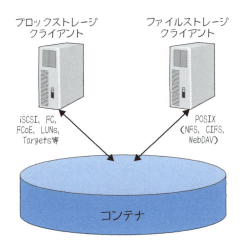

図4.30　従来型のストレージアクセス

4.13.2　クラウドでのストレージ

次に、クラウドではどのようなストレージが利用できるのか見ていきましょう。

今日では、個人ユーザーに近い領域からエンタープライズ領域まで、クラウドを利用するシーンが増えてきました。広く浸透してきていると言ってもよいでしょう。このクラウド環境では、これまで説明してきたような、オンプレミス（自社運用）環境

で長く用いられてきたストレージ技術とは異なる技術が用いられています。

クラウド環境におけるストレージでは、「SDS（Software-Defined Storage）」[※21]が用いられています。この技術が用いられることで、データセンター内、あるいは、データセンター間をまたいだ大規模な分散ストレージが構成されているのです。提供形態もオンプレミス環境とは異なっており、1つ1つのストレージリソースはコンテナリソースから切り出されシステムやユーザーから利用されています（図4.31）。

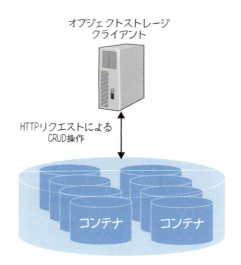

図4.31　クラウドストレージ（オブジェクトストレージ）アクセス

4.13.3　分散するストレージを1つの巨大なかたまりにしたオブジェクトストレージ

クラウド環境で代表的かつ特徴的なストレージは、オブジェクトストレージでしょう。オブジェクトストレージとは、一言で言うと1つの巨大なストレージ空間です。クラウドならではと言えますが、SDS技術によってデータセンター内の物理ネットワークの壁や地理的な配置場所を超えて、リソースとして利用可能なすべてのストレージを1つにまとめ上げることができるようになったことで実現したストレージ構成です。

オブジェクトストレージでは、格納される1つ1つのデータが、ユニークな識別IDを持つオブジェクトとして扱われます。そして、格納されるデータへのアクセスには、REST APIからのHTTPリクエストを発行します。オブジェクトストレージの特徴は、分散ストレージ構成やデータ格納、アクセス方式だけではありません。すべてのスト

※21　ストレージの物理リソースやストレージパスを仮想化／抽象化し、それらのストレージリソースを標準化されたインターフェイスで管理／活用できる仕組み。

レージをまとめているため、拡張性に優れるという強みがあります。物理層でのストレージ拡張はユーザー側には一切意識されません。クラウド環境に適したストレージ形態と言えます。

このようにクラウドに最適なオブジェクトストレージにも弱点があります。それは頻繁な更新が得意ではない、という点です。物理レイヤーを見ると、複数のストレージに分散化、多重化された状態でデータを保持しているため、更新のたびに全データの更新が発生し、性能面ではブロックストレージやファイルストレージに劣ります。

このような特性から、オブジェクトストレージは、更新頻度が少ないアーカイブファイルの格納やバックアップの二次退避先として利用されることが多いようです。クラウド環境におけるストレージ利用のイメージは、図4.32のようになります[22]。

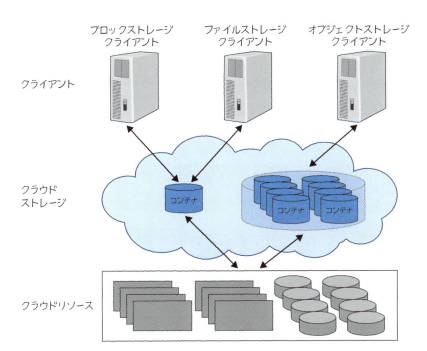

図4.32　クラウドストレージの利用イメージ

---

[22] SNIA（Storage Networking Industry Association）が公開するCDMIによる参照モデルを参考にしています。CDMI（Cloud Data Management Interface）とは、クラウドにおけるデータアクセスの標準規格です。

4.14 これからのストレージはどうなっていくのか?

　筆者は、大型ストレージと、RDBMSを載せたコンピュータは似てきていると感じています。たとえば、双方とも大きなキャッシュを持つようになっています。また、キャッシュによって読み込みを速く処理しようとしていますし、双方ともキャッシュの管理は基本的にLRUアルゴリズムで行ないます（図4.33）。さらに、大型ストレージもOSを積んでいます。一部のストレージでは、ログ機能も採用されています。悪いところも似ていて、キャッシュがあふれそうになると、途端に性能が落ちるところもそっくりです。

　違いは、内部の二重化（たとえば、ライトキャッシュのデータは失わないようにする）といったところでしょう。RDBMSを載せたコンピュータとストレージが近い存在になり、階層化してきているとも言えます。

　また、ストレージ自体の仮想化／階層化も一般的な構成になってきていると言えるでしょう。たとえば、ほかのストレージをあたかも自分のストレージの一部のように見せることができる機種もあります。キャッシュは自分のものを使い、自分のストレージに見せかけながら、低速なストレージに使用頻度の低いデータを置くこともできます（図4.34）。

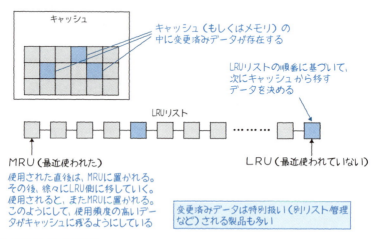

図4.33　LRUアルゴリズムの動作

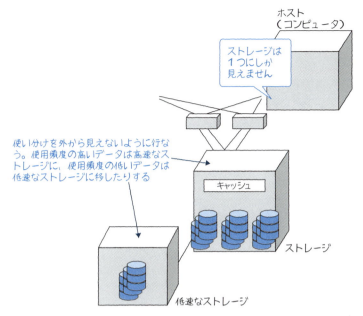

図4.34　ほかのストレージを仮想化する例

　仮想化は便利な技術です。実際にストレージベンダの多くが階層的なストレージの構造を提案するようになっています。この章で紹介してきた仮想化は、広く浸透し定着した技術と言えるでしょう。

　進化の方向としては、費用対効果が得られるように、（価格が）高くて高性能なストレージと安くて低性能のものを自由に組み合わせられる構成、およびデータを利用場所の近くにキャッシュできるような構成が考えられます。インメモリデータベース（できるだけメモリ上だけで動作しようとするデータベース）もそうですが、「キャッシュを使って高速に」というトレンドは今後も続くでしょう。また、データの流れを考えて、データの本来の格納場所とは異なり、データを利用場所の近くに「キャッシュする」という構成も、今後さらに進んでいくと筆者はみています。

　加えて、ビッグデータやディープラーニング、AIを利用した未来予測といった技術開発が流行し、商品化されてきています。現在でもペタデータストレージという言葉を聞きますが、今後は、より一層多くのデータがデータベース化され、エクサデータの時代に突入する日も遠くないでしょう。この進化の中で、人がデータ配置を管理することが難しいデータ量になるでしょう。これからのストレージは、HCIやSDS[23]、クラウドストレージ、ブロックチェーンストレージといった技術がより進化していき、人が意識してデータを利用するというよりも、アプリケーションやソフトウェアが直

---

[23] HCI（Hyper-Converged Infrastructure）とは、仮想化基盤として必要な機能をサーバー1台にまとめて、そのサーバーを必要な台数つないで全体として1つのサーバーインフラとして稼働させるストレージアーキテクチャ。SDS（Software-Defined Storage）とは、ストレージソフトウェアをハードウェアから分離するアーキテクチャ。

接データを利用しやすいように配置する技術や、膨大なデータ量を早く検索するために、ストレージの中でデータを検索する機能がより発達していくと筆者は考えています。

4.15 そのほかの注目すべき機能

　ここまで、ストレージについて説明してきましたが、最後に2つの関連技術を紹介しておきます。

4.15.1 セクション先読み

　次に要求されるであろうデータを先に読み込んでおいて、キャッシュに置いておく技術です。シーケンシャルな読み込みの際には自動的に判断されます。先読みを行なう機器やソフトウェアとしては、ハードディスク、ストレージのコントローラ、ファイルシステム、DBMSなど、多数存在するため、実際の動作は非常に複雑な関係になります。この先読みが効果的に働けば、ある程度I/Oが分割されたとしても、シーケンシャルなI/Oとなります。

4.15.2 コマンドキューイング

　正式には、taggedコマンドキューイングやネイティブコマンドキューイングと呼ばれます。I/Oのコマンドをキューイングして（ため込んで）、効率の良い順番で処理する技術です。これは、アームをエレベーターに、I/Oを人に例えるとわかりやすいでしょう。利用者が多くいる場合には、1人ずつエレベーターを使うより、皆でエレベーターに乗って各自が降りたい階で降りるほうが、利用者の数をさばける（スループットが出る）はずですし、目的階への到着待ち（回転待ち）を減らすのにも効果的です（図4.35）。

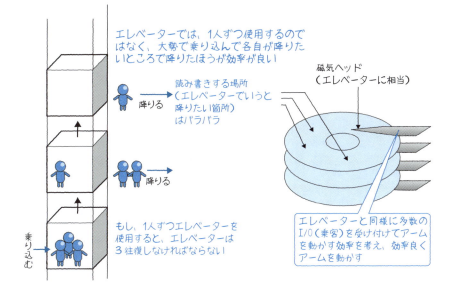

図4.35　エレベーターシーク

　ここでもポイントは、**利用者（同時処理）が多くいる**ことです。つまり、コマンドキューイングは、I/O処理を同時にできるDBMSなどのソフトウェア向きの機能であって、PCのアプリケーションにはあまり向いていません。そのためか、SCSIでは古くからこの技術が採用されていましたが、ATAで対応するドライブが登場してきたのは最近になってからです（SATA2の目玉機能です[24]）。

※24　過去に別の実装として存在していましたが、それは普及しなかったようです。

4.16 ストレージとOSの関係図

　ストレージとOSは、I/Oという点で密接に関連しています。そこで、第1章で示したI/Oと、この章で解説した各技術の関連について図で示します（図4.36）。

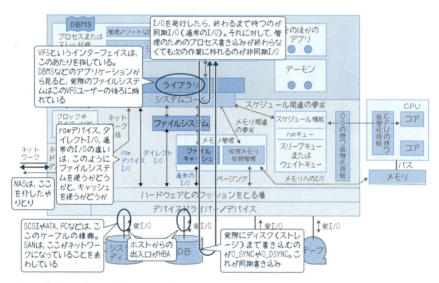

図4.36　第1章のI/Oと、この章で説明した各技術の関係図

　VFS（Virtual File System）は、アプリケーションとのインターフェイスです。同期I/Oと非同期I/Oは、I/Oを行なったプロセスをOSがブロックする／しないという動作を表わしています。

　ファイルシステムとファイルキャッシュはOS上に存在していますが、rawデバイス（ボリューム）、ダイレクトI/O、通常のI/Oの違いは、これらをどう使うかという点にあります。

　HBA（Host Bus Adapter）は、ホスト（マシン）からI/Oが出入りする箇所のハードウェアのことです。同期書き込みと遅延書き込みの違いは、ファイルキャッシュから先のディスクにまで即座に書き込むかどうかです。

　SCSI、ATA、FCはケーブルの種類を指し、SANはストレージ専用ケーブルのネットワークのことを指します。

　NASとは、ネットワークを介してストレージを利用することです。

最後にまとめの意味を込めて、どういう用途でどのような構成が使われるのか、いくつか例を挙げて示します。まずは、PCで通常のアプリケーションを利用するケースを見てみましょう（図4.37）。

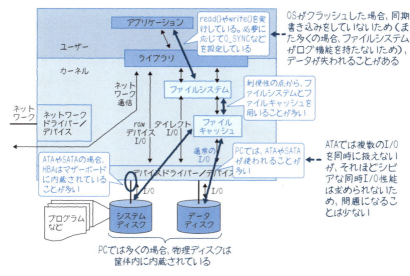

図4.37　PCで通常のアプリケーションを利用するケース

次は、アプリケーション（AP）サーバーなどでの利用です（図4.38）。

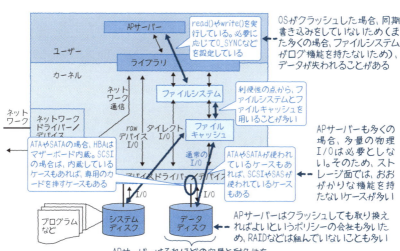

図4.38　APサーバーなどのケース（ディスクが外付けの場合）

図4.39は、ファイルサーバーとして利用するケースです。

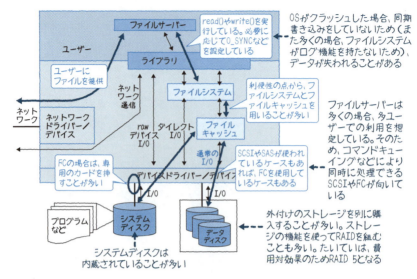

図4.39　ファイルサーバーなどのケース（ディスクが外付けの場合）

図4.40は、小さなデータベースサーバーとして利用するケースです。

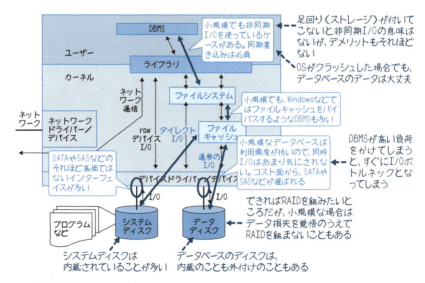

図4.40　小規模なデータベースサーバーのケース

図4.41は、NASの利用を想定した中規模なデータベースサーバーとして利用するケースです。

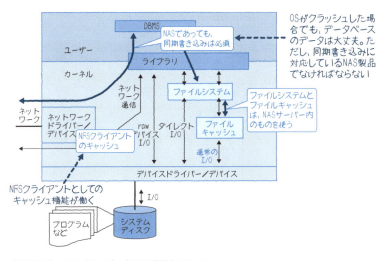

図4.41 中規模なデータベースサーバー（NASを想定）のケース

図4.42は、FCの利用を想定した中規模なデータベースサーバーとして利用するケースです。

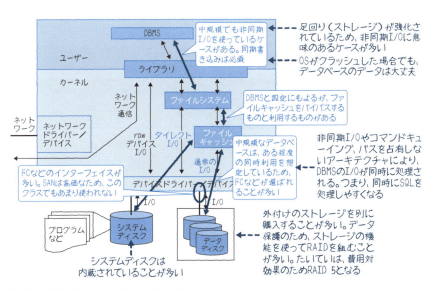

図4.42 中規模なデータベースサーバー（FCを想定）のケース

図4.43は、SANの利用を想定した大規模なデータベースサーバーとして利用するケースです。

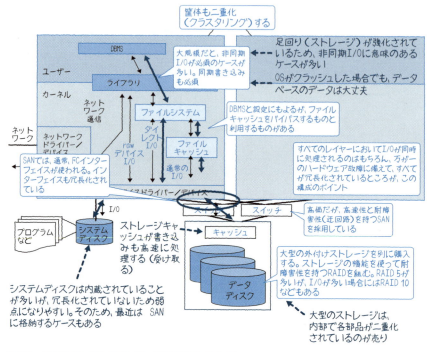

図4.43　大規模なデータベースサーバー（SANを想定）のケース

4.17 まとめ

データベースでは、利用者が増えた場合や、たまたま処理が重なったときのために、同時に処理できるという特性が重要になります。それと同様に、ストレージやOSでも、コマンドキューイングやdisconnect、reconnect、非同期I/O、RAIDといった技術を使って、DBMSからのI/Oをできる限り同時に処理するよう努力していることがわかります。

そのほか、I/Oの性能を考えるにあたっては、I/Oの分割や各種キャッシュ機能による高速な応答といったことも忘れてはいけません。次の第5章では、これらを念頭に置いたうえで、設計や性能の分析方法について解説します。

第 5 章

第2部　ストレージ──DBMSから見た
　　　　　　　ストレージ技術の基礎と活用

ディスクを考慮した設計と
パフォーマンス分析

どんなプロでも、I/Oの性能を考えるのは難しいものです。その最大の理由は、キャッシュの存在でしょう。ストレージやOS、DBMSではキャッシュが何重にも配置されているため、キャッシュヒット率は簡単には予想できません。

そこで、この章では、ディスク設計の考え方やディスク性能の分析に絞って説明します（なお設計については、多量のI/Oが発生するデータベースならではの内容が多くなっています）。

5.1 キャッシュの存在

I/Oの性能を考えるのを難しくしている一番の原因は、キャッシュの存在でしょう。キャッシュはストレージやOS、DBMSでは何重にも配置されています。しかも扱うデータは、普段からキャッシュに載っているもの、バッチの時間しか使われないもの、二度と使われないはずのものなどさまざまです。そのため、キャッシュヒット率は簡単には予想できません。

そこで、ここでは単にディスク性能を予測するという考え方ではなく、「こういう考え方でディスクは設計すべき」「ディスク性能はこうやって分析する」といった点に絞って説明します。前半では設計について、後半では性能分析について解説します。

5.2 スループット（I/O数）重視で考える

通常、DBMS以外の多くのソフトウェア（特にPC上のもの）では、レスポンスが重要とされています。それに対してDBMS（特にOLTP系）では、スループットが大事と考えられています。たとえば、複数の処理を同時にできなければ、待ち行列の特性により待ち時間が急激に上昇してしまいます（図5.1）。しかし、多くのシステムにおいて求められているのは、処理量が増えても今までと同じか、少し遅くなる程度で処理できるという特性でしょう。リソースの多い少ないはあるにしろ、システムのアーキテクチャや物理設計においては、そのようなボトルネックを作らないようにする（≒同時に処理できるようにする）べきです。

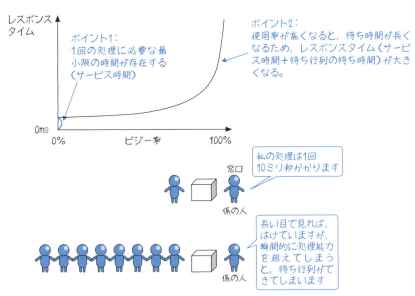

図5.1　待ち行列とは何か？

　このため、DBMSのディスク選びでは、可能であれば、あえて小さなサイズのディスクを複数選ぶことも検討してください。1バイト当たりの単価で見ると、大きなサイズのディスクのほうが経済的であるのは事実です。しかし、第4章で紹介したように、IOPSはディスクのサイズにあまり関係しません。つまり、**あえて小さなディスクを多く買ったほうが、ストレージ全体のI/O回数の性能が良くなる**と言えるのです。しかし残念ながら、そのようなぜいたくな構成をとることができるシステムは多くないため、トラブルの原因になってしまうことがあります。

　なお、「大きなキャッシュサイズのストレージを買ったから、ディスクの本数が少なくても大丈夫」と考える方もいるかもしれませんが、これには次に紹介するような落とし穴があります。

5.3 ディスクのI/Oネックを避ける設計

ディスクの設計では、I/Oネックをできるだけ避けるようにしなければなりません。そもそも、「I/Oにより性能が出ない」というのは、どのようなケースを指すのでしょうか？

実は、いくつかのパターンが存在します。1つは、よく言われる「限界に達した場合」で、使用率が高くなり、個々のレスポンスタイムが悪化してしまった図5.1のケースです。

もう1つは、I/Oの数が多く、トータルで時間がかかってしまっているケースです。バッチ処理などで大量にディスクから読み込んでいるため、個々のI/Oの時間が短くても、積もり積もって長い時間がかかってしまっています。

バッチ処理で気をつけなければならないのが、インデックスを付けすぎていることによるI/Oの発生です。たとえば、1つの表に20個のインデックスが付いていると、INSERTやUPDATE、DELETEにおいて、表のデータに比べてはるかに多いI/Oがインデックスで発生することがあります。インデックスは、ただ増やせばいいというものではありません（図5.2）。

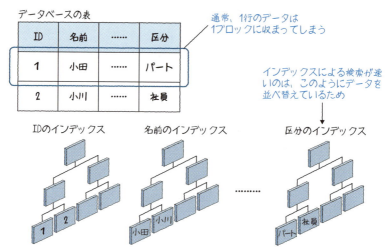

図5.2　インデックスの数が多いとI/Oの回数が増える

最後の1つは、I/Oネックとは言わないこともありますが、RAIDが故障してスローダウンしている場合や、ファイルシステムにおける競合、何らかの故障／不具合などによりI/Oがスローダウンしているケースです。このような場合、本来の限界には達していなくても遅くなってしまいます。

さて、これらのI/Oネックを防ぐ設計という意味では、「ストレージに大きなキャッシュがあれば大丈夫だろう」と考えている方も多いと思いますが、これには落とし穴があります。

5.3.1 変更済みデータの書き込み

最初の落とし穴は、「変更済みデータは、いつかはディスクに書かなければならない」ということです。読み込みのI/Oにおいては、キャッシュにヒットすればディスクのI/Oは削減されます。しかし、書き込みのI/Oはキャッシュに一時的に置かれているにすぎません。アプリケーションやDBMSから見ると、高速に書き込みが終わるため、ライトキャッシュはありがたいのですが、それは「必ず後で書き込んでくれる」からにすぎません。I/O自体が減るわけではないのです。また、アプリケーションやDBMSの多くにおいて、データの書き込みはランダムI/Oです。したがって、最終的にはディスクの本数が重要となります。

さて、書き込みの速度が間に合わないとどうなるのでしょうか？

ストレージのキャッシュがあふれてしまい、I/Oを受け付けられなくなります。キャッシュがあふれてしまうのであれば、キャッシュのサイズを増やそうと考える人もいるかもしれませんが、この手は使えません。サイズを増やしたところで、キャッシュがあふれるまでの時間を多少延ばす程度の効果しかないからです。

5.3.2 キャッシュの効果がない場合

次は、「バッチ処理やバックアップなどの場合は、普段は使われないデータを使うので、キャッシュの効果がないことが多い」という落とし穴です。たとえば、年次バッチや年次レポートの出力くらいにしか使われないインデックスが存在するシステムを考えてみてください。

普段は使われないデータであるため、DBMSのキャッシュはもちろん、OSのファイルキャッシュやストレージのキャッシュからもキャッシュアウトされているはずです。そのような状態で年次バッチが走ると、どのキャッシュにもデータは存在しないので、ディスクから読み込もうとします。これには、ストレージの先読みも効果はあ

りません。インデックスのデータであるため、ランダムI/Oだからです。

　データベースのデータに限らずどんなデータでも、頻繁に使われる一部のデータと、ほとんど使われることのない大多数のデータに分かれることが知られています。しかし、バックアップにおいては、使用頻度の低いデータも含めてすべてのデータをバックアップするのが普通です。すると、ストレージのキャッシュには載っていないことが多いのです。

　また、バックアップのために読み出されるデータは、その後、キャッシュヒットする可能性が低いデータでもあります。そのため、バックアップやバッチ処理の後は、ストレージのキャッシュヒット率が下がる（つまり、遅くなる）現象が見られます。このように、ストレージのキャッシュは強みと弱みを把握したうえで使用するべきです。

　なお、バッチ処理でキャッシュヒットしない件については、最初から「バッチ処理を分割して複数同時に実行できるようにしておく」という設計にすることをお勧めします。これなら、データ量が増えたとしても対処できるでしょう。また、バッチに必要なデータをキャッシュに事前に読み込ませておく、必要なインデックスはキャッシュに固定しておく、という手もDBMSによっては採用できます。

5.4 表とインデックスの物理ディスクは分けるべきか？

　昔から「表とインデックスの物理ディスクは分けるべし」と言われてきました。「ログファイルはRAID 0かRAID 1がよい」とか「ログファイルとデータのファイルは別々の物理ディスクにする」とか「読み込みが多いデータのファイルはRAID 5がよい」などとも言われていました。しかし、ストレージベンダはストレージの仮想化を進めていて、そのような考え（データベースから物理ディスクを意識する）をしないことが多くなっています。どちらが正しいのでしょうか？

　筆者は、ストレージベンダの考え方が正しいと思います。RAIDを組んだり、論理ボリュームマネージャー（物理的なディスクをまとめて、論理的なボリュームに見せるソフトウェア）を利用したりすることなどにより、DBMSから見たボリュームが複数の物理ディスクから構成されていることが増えてきました。そして、そのボリュームを構成するディスクのサイズは大きくなる一方です。ログファイルとデータのファイルの物理ディスクをまじめに分けてしまうと、数百GBもの空き容量が発生しかねません（図5.3）。

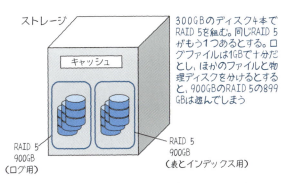

図5.3　ログファイルとデータのファイルの物理ディスクを分けるとすると？

　また、1日の時間の中には、ログファイルのI/Oが多い時間帯もあれば、データのファイルのI/Oが多い時間帯もあります。スループット重視の観点からすると、「遊んでいるディスクを作ることこそ無駄」とも言えます。つまり、どこかに合わせるという設計では、無駄が発生してしまうのです。もちろん、人手で細かくチューニングするということ自体が時代に逆行しているとも言えます。

以上の理由により、「**I/O性能は基本的にストレージ側で考えてもらえばよく、DBMSからは細かいところは気にしない**」という方針が普通になっています。

ただし、インデックスの物理ディスクが壊れてもインデックスの再作成のみで済むというメリットが失われますし、ログファイルとデータのファイルの双方が一度に壊れないという意味では冗長性が失われることもあります。つまり、冗長性（安全の確保）をストレージ側に任せることになるため、その点に関しては了解のうえで採用してください[※1]。

5.5 ∥ ディスクの設計方針

過去のディスク設計では、データの種類に応じて割り当てるディスクを分割する、DBMSでいえば表領域単位に個々にディスクを割り当てる、といった設計を行なっていた時代がありました。このような設計では、次のようなことに頭を悩ませていたと筆者は捉えています。

- できるだけディスクの空き容量を少なくしたいが、格納するデータによってサイズが異なるので難しい
- I/Oの偏りはできるだけ回避してすべてのディスクを効率的に働かせたいが、データ種別に応じてディスクを細かく分割しているため処理特性に応じてどうしてもI/Oの偏りが出てしまう
- アプリケーションやDBMSのデータ配置設計に引きずられ、ディスク構成がなかなか決まらない

これに対し近年のディスクの設計では、格納単位で細かくディスクを用意する方針ではなく、**できるだけ多くのディスクを用意してRAID 1＋0またはRAID 5、RAID 6構成とし、すべてのディスクを利用してデータを格納する設計**が主流になっていると筆者は考えています（図5.4）[※2]。その理由として、すべてのディスクを利用できる構成にすることで、上述した設計時の課題をクリアできるシーンが多いことが挙げられます。

※1　特に安価なストレージの場合、RAIDコントローラが故障すると、配下のRAIDごとデータが失われるような機器があるようです。このような機器では、そのRAIDをさらにRAID 1構成にするか、使用を避けましょう。もしくは、データが壊れてもかまわないように細かく配置を考えるほうがよいでしょう。
※2　オラクル社が提供するアプライアンス製品なども、この考え方に基づいたディスク構成をとっています。

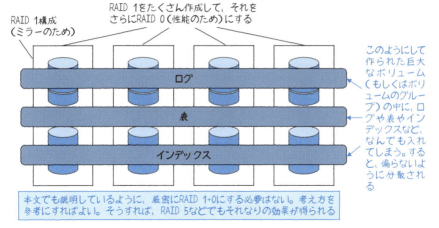

図5.4 効率的なディスク利用イメージ

　すべてのディスクを利用する構成には、注意点もあります。1つ目は、ディスクの追加に弱いという点です。全ディスクで均等にデータを格納しているため、ディスクが追加されると「全ディスクに格納する」「バランスよく全ディスクを利用する」という利点が崩れてしまうことがあるのです[※3]。

　2つ目は、ストレージベンダが提供するスナップショットによるバックアップ（ディスクを丸ごとバックアップ）との相性が悪いという点です。DBMSでは、すべてのファイルをまとめてバックアップ＆リストアしてよいわけではなく、ログファイルは最新の状態を残し、データのファイルをバックアップから復元したい、といったニーズがあります。すべてのファイルを一緒にディスクに入れてしまうと、ストレージベンダのスナップショット機能ではニーズに応えられないことがあります。

※3　ASM（Oracle Automatic Storage Management）を利用する場合は、ディスクの追加や交換が発生すると、リバランス機能により全ディスクに対してデータの再配置が行なわれるため、ディスク利用やI/Oの偏りが発生しにくいという特性を持ちます。

5.6 DBシステムの耐障害性について

　DBMSによっては、製品の機能としてログファイルなどに冗長性を持たせることができます。このDBMS（ソフトウェア）の冗長性と、RAIDの冗長性のどちらがよいのでしょうか？

　最初に答えを言ってしまうと、ソフトウェアの冗長化のほうが耐障害性において勝ります（図5.5）。ただし、I/Oが増えてしまうので注意が必要です。OS上でファイルを消してしまったり、数こそ少ないものの、OSやデバイスドライバー、アダプタといった箇所でI/Oのデータが壊れることもあるため、RAIDだけに頼ると、そのような障害に対して弱くなってしまいます。少なくともOracleに関しては、ログファイルの冗長化（複数メンバー）と制御ファイルの冗長化はDBMSレベルでもしておくべきと筆者は考えます。

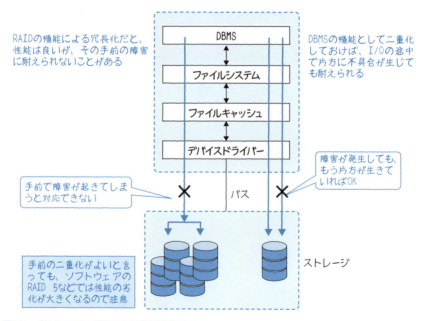

図5.5　一般にDBMSの二重化のほうが耐障害性が高い

5.6.1 バックアップの仕組みの設計

ディスクの大容量化に伴って、バックアップにも非常に時間がかかるようになってきています。たとえば、第4章の冒頭で紹介した仮想のディスクでは、スペック通りに転送速度が120MB／秒だとしても、1つのディスクのバックアップに40分以上かかることになります。そのため、「バックアップをゆっくり行なう」「ストレージ側のソリューションで高速に行なう」「DBMSのソリューションで高速に行なう」などいくつかの方法が考え出されています。

ストレージのソリューションとして有名なのは、スナップショット機能でしょう。これは、ある時点のデータを別の場所に保存しておいて、本来のデータには影響を与えずにゆっくりとバックアップをするという機能です（図5.6）。

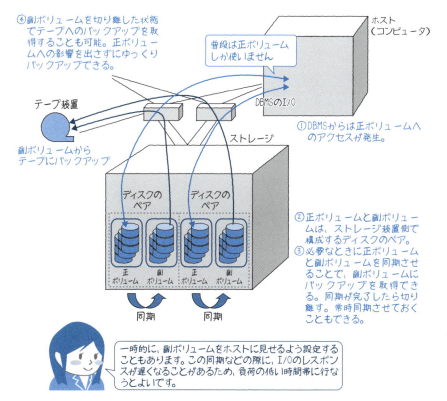

図5.6　ストレージのスナップショット機能

ストレージスナップショット機能を利用するシステムでは、ホスト（コンピュータ）からは正ボリュームと呼ばれる「ホストにアタッチされたディスク」しか使われません。データの読み書きは正ボリュームに対してのみ行なわれるのです（図5.6-①）。そのため、ホスト側からするとストレージスナップショットを利用する場合としない場合とで、ストレージの見え方には何ら変わりがないように見えます。

　では、ストレージスナップショット構成時のストレージ内部の構造や仕組みはどうなっているのでしょうか？

　ストレージスナップショットを利用するストレージでは、正ボリュームとそれと対になる副ボリュームとが構成され、ストレージ内部の論理ユニット単位で正ボリュームと副ボリュームとがペアリングされます（図5.6-②）。正ボリュームと副ボリュームとの間では、ストレージ管理ソフトによりデータの同期や逆同期が可能です。ストレージスナップショットの取得時には、正ボリュームから副ボリュームへデータを同期することで、副ボリュームに正ボリュームとまったく同じデータを保持させることができるのです。

　データ同期はバックアップ時間帯や夜間バッチの処理収束点、システム静止点に向けて行なわれることが多く、副ボリュームとのデータ同期完了後に正ボリュームと副ボリュームの同期を切り離すことで、副ボリューム側に静的なバックアップデータを持たせることが可能となっています。また、正ボリュームと副ボリュームは、常時同期させておくことも可能です（図5.6-③）。

　ストレージがスナップショットをとっている最中にDBMSによってデータが変更されると、データが壊れてしまう可能性があります。この問題への対策として、主に「DBを静止させる」「DBMSと連携する」の2つがあります。

　DBを静止させる方法では、静止している間は書き込みが行なわれないため、データの不正が発生しません。DBMSと連携する方法の例としては、Oracleのオンラインバックアップが挙げられます。バックアップ中はREDOログに特殊な情報を追加することによって、データが不正になってもリカバリ時には正常な状態に戻せます。

　大容量化に対して有効な手法だと筆者が考えているのは、ストレージ（もしくはDBMS）がどのデータが変更されたかを覚えておいて、バックアップの際にはそのデータ（差分）のみをコピーして、フルバックアップに適用する方法です。この方法であれば、1つの物理ディスクのサイズが大きくなってもデータが大量に変更されない限りは対応できます。ただし、フルバックアップを更新するため、フルバックアップの置き場はハードディスクになるはずです。その後、ゆっくりテープにバックアップするのが普通でしょう。

ストレージスナップショットによるバックアップでも、テープバックアップが併用されることがあります。同期が完了し、正ボリュームから切り離された副ボリュームが保持するバックアップデータを、さらにテープにバックアップすることができるのです。この際、本番システム側には影響を出さず処理できるため、夜間バックアップ終了後から日中の業務時間帯を利用してゆっくりテープに書き出すことができます（図5.6-④）。

　データ同期が完了した副ボリュームはそのままでも十分にバックアップとしての意味を持ちますが、副ボリューム側のディスク破損が発生してしまった場合にバックアップから戻せないといった状況に陥ってしまうため、テープバックアップまで取得するケースが少なくありません。このような方式はD2D2Tと呼ばれ、広く浸透しているバックアップ方式だと筆者は考えます。D2D2TのDは「Disk」、Tは「Tape」です。ディスクからディスクへ手早くバックアップし、それをさらにゆっくりテープへバックアップするのです。

　製品によっては、バックアップ側のディスクを安価（ATAのディスクなど）にできることもあります。これも、前述したストレージの階層化の一種と言えます。

　最近では、テープの代わりに、クラウドにバックアップを取得する構成もとられるようになってきています。このような構成は、クラウドを含めたストレージの階層化によるものと考えられるでしょう。

　なお、バックアップは忘れずに2セット（新／旧）以上を保持するように設計しましょう。これは、バックアップ中に障害が発生したときにも対応できるようにするためです。

5.7 ディスクを含めたシステムの パフォーマンスについて

　ここからは、ディスクを含めたDBシステム全体のパフォーマンスの見方について説明します。ポイントは、ストレージは階層化されていることが多いため、いろいろなレベル（DBMS、OS、ストレージなど）で情報を取得して、問題の箇所を切り分けることが重要であるという点です。

5.7.1 サービスタイムとレスポンスタイムと使用率

　I/Oの性能を調べる場合、一般にわかりやすいのは、1回のI/Oにかかる時間を調べることです。1回のI/Oに100ミリ秒や1秒といった長時間を要する場合は、「限界に達しているのではないか」「何かおかしいのではないか」と疑うことができます。

　どんなシステムでもそうですが、性能を考える際には待ち行列をイメージすることが重要です。**特に、I/Oの性能劣化は待ち行列によるものが多いため、分析の際には待ち行列がないかどうかを注意**して見てください。

　待ち行列の理論では、サービスタイムとレスポンスタイムという2つの時間が存在します。サービスタイムとは、サービス（ここではI/O）を実施している時間です。それに対してレスポンスタイムとは、I/Oを実施していない待ち時間も含めた時間です。ユーザーからすればレスポンスタイムこそが重要な指標ですが、サービスタイムとレスポンスタイムが大きく離れている部分こそが待ち行列が生じている箇所であるため、分析の際にはサービスタイムを調べることも重要です。

　一般に言われる使用率（ディスクがどれだけ忙しいか。ビジー率とも言う）も重要です。リスト5.1は、Linuxのiostatコマンドの結果です。RDBMSを動かして、OLTP系の処理を実施しています。ハードディスクは1つしかありません。サービスタイムとレスポンスタイム、使用率が待ち行列の理論通りに「使用率が高い＝待ち行列の長さが伸び、レスポンスタイムが伸びる」という結果になっているか確認してください。リスト5.1の状態を図にすると、図5.7のようになります。

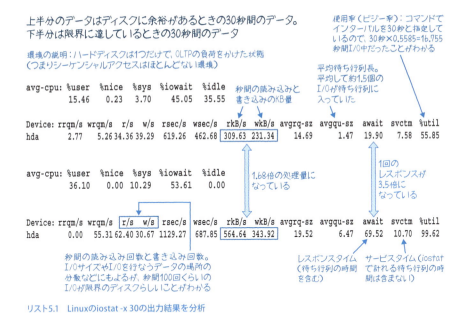

リスト5.1 Linuxのiostat -x 30の出力結果を分析

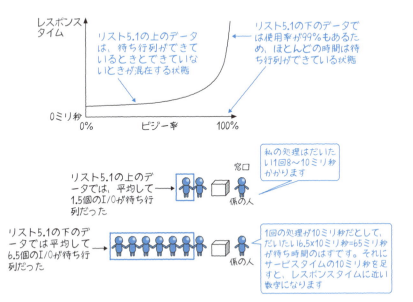

図5.7 リスト5.1の状態

5.7.2 ストレージの仮想化とサービスタイムや使用率の考え方

　仮想化によってわかりにくくなっているのが、サービスタイムと使用率です。sarやiostatといったOSのコマンドでは、せいぜいOSから見たディスク（仮想のディスク）の様子しかわかりません。たとえば、ストレージの内部では仮想化が行なわれていて、OSからは1本に見えていても、実際のディスクは5本存在するかもしれません。その場合、OSからは使用率が100％に見えても、実際には各々が20％ずつかもしれないのです（図5.8）。

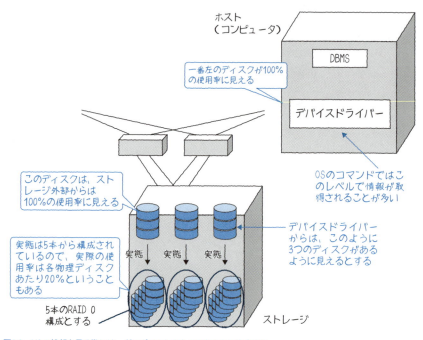

図5.8　I/Oの情報を見る際には、どのポイントのものであるかに注意する

　また、「どこのレベルで見たサービスタイムなのか」ということも重要です。OS（ドライバー）レベルではサービス中（サービスタイム）に見えるが、ストレージレベルでは待ち行列中（サービスタイムではない）ということもあるからです（図5.9）。これも、OSから見ると仮想のディスクの様子がわかるにすぎないという例です。

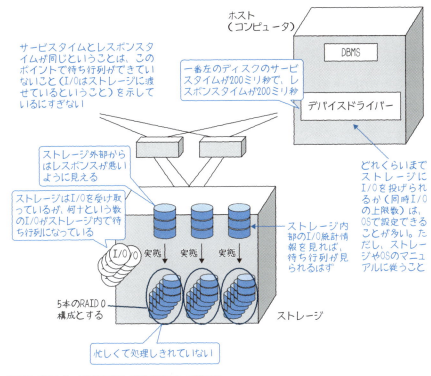

図5.9 ボトルネックの見え方は、見る場所によって異なる

　では、仮想化が進んでいる構成の場合、どうやってボトルネックを見つければよいのでしょうか？

　それは、できるだけ多くのポイントでiostatのような情報をとることです。DBMS、ボリュームマネージャー、OS（デバイスドライバー）、ストレージ用のスイッチ、ストレージといったポイントでI/Oの性能情報を得られるはずです。そして、上のレイヤーと下のレイヤーで比較して、ここで詰まっているという箇所を見つけます（図5.10）。

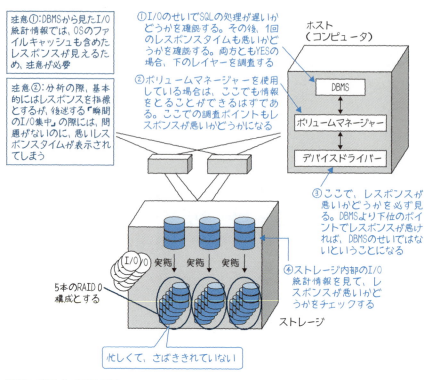

図5.10 ボトルネックの見つけ方

なお、アプリケーションやDBMSとその下の情報を比較する際には、ファイルキャッシュの存在を忘れないでください。アプリケーションやDBMSのファイル統計情報にはファイルキャッシュとのI/Oも含まれますが、DBMS以下の情報では含まれていないことが多いためです。

5.7.3　ページングによるI/O待ち

業務用アプリケーションやDBMSのみがI/Oを行なうとは限りません。特に、筆者が気にしているのはページングです。vmstatのb列は、基本的にI/O待ちのプロセス数（またはスレッド数）です。これが増えている場合は、アプリケーションやDBMSがI/Oをしているケースが多いのですが、ページングによるI/Oが原因であることもあります。

ページング（スワップ）のディスクには、大規模キャッシュなどなら特に持たない

シンプルな構成が多く見られます。秒間数百のブロックをページングするような事態が起きれば、ストレージにいかに余裕があっても、アプリケーションやDBMSは待たされます。また、ページングのディスクがアプリケーションやデータベースのディスクと同じ場合は、アプリケーションやDBMSのI/Oも遅くなってしまいます。ページングが起きているときのサンプルデータと解説をリスト5.2に示したので、見方を理解しておいてください。

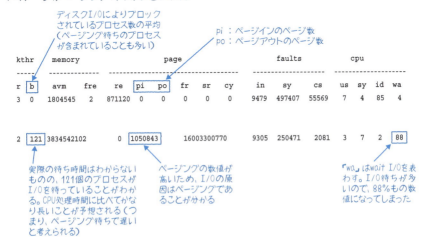

リスト5.2　ページングの際のvmstatの情報

最後に、少し難しいI/O性能の見方を2つ説明します。ここまでで十分だという方は読み飛ばしてください。

5.7.4　1つのI/Oだけが遅い場合は？

ネットワークに比べると少ないものの、ごくまれにI/Oのコマンドもロストすることがあります。その場合、ネットワークと同様にOSかどこかが再送することになります。このようなロストも、アプリケーションやDBMSから見ると「I/Oの性能が悪い」と判断されることがあります。そのため、普段と違うような遅延が起きた場合には、このような可能性も考慮に入れたほうがよいと言えます。普段と比べてI/O量が少ないのに、使用率が高いというのが特徴です。リスト5.3に示したサンプルデータと分

析方法を見てください。

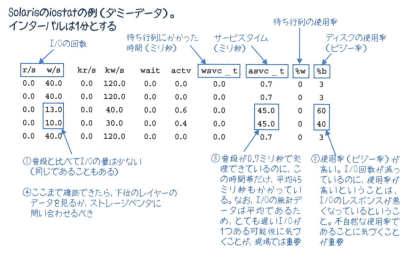

リスト5.3 1つのI/Oだけが遅いとどう見えるか？

5.7.5 同時I/O数が多いときの見た目の挙動には要注意

　もう1つ、瞬間的な待ち行列の「いたずら」を説明します。非同期I/Oができるからといって、DBMSが好きなときに好きなだけI/Oを発行するとどうなるでしょうか？

　この事象の概要を簡単に説明すると、「ディスクの負荷は低いはずだ。でも、100ミリ秒を超えるようなレスポンスタイムが記録されている。確かにI/Oの量は少ない。負荷が高いときにはこの現象が現われず、負荷が低いときに現われる。なぜ？」という事象です。

　この事象の原因を見破る方法として筆者が使っているのは、ビジー率が低い、待ち行列長はビジー率のわりに長い、記録されているI/Oが短時間に集中しているとするとつじつまが合う、といったデータを多面的に突き合わせることです。これについてリスト5.4で説明しているので、参考にしてください。

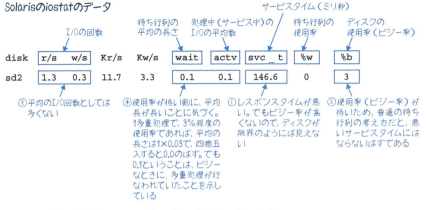

リスト5.4　ビジー率が高くないのにレスポンスタイムが悪いというミステリー

5.8 ストレージを利用する側でしか実施できない性能分析の方法

　DBMS側でしか実施できない性能分析もあります。それは、1回のI/Oとしては正常の範囲だが、ある処理において繰り返しI/Oが実行されていて、トータルで見るとI/Oの時間がかかっているというものです。この場合、「I/Oによって時間がかかっている」という見解は正しいものの、ストレージ側で何かをするべきとは言えません。ストレージ側でデータを分析しても、問題がないように見えるはずです。この場合は、多重処理を実施するようにDBMSやアプリケーションで対処するか、事前にキャッシュにデータを読み込ませておくなどの手を打つべきでしょう。

　結局、I/Oの障害（性能不足など）が発生すると、アプリケーションやDBMSに問題が起きます。「ログの書き出し待ち」「空いているバッファがなくなる」「ディスクからの読み込みが遅い」といった状態になります。まずは、利用する側から切り分けを始めて、利用する側がどのようにI/Oを発行しているのかを可能な限り確認したうえで、ストレージ側の挙動がおかしいなと思ったらストレージベンダに問い合わせるようにしましょう。

5.9 まとめ

I/Oに関する話をまとめてみると、意外と多くの内容があることがわかります。I/Oの世界は奥が深いですが、現場のシステムエンジニア向けの一般論としては、この章で紹介した内容を知っていれば大丈夫なのではないでしょうか。

第6章

第3部　ネットワーク──利用する側が知っておくべき
　　　　通信の知識

ネットワーク基礎の基礎
──通信の仕組みと待ち行列

ネットワーク絡みのトラブルは、多くのエンジニアにとって解決が難しく、その理由の見当すらつかないことも多いでしょう。しかしながら、性能や、耐障害性、接続といった部分に関しては、利用する側のDBエンジニアであってもTCP/IPの知識が必要となります。また、近年は仮想化やクラウドによってネットワークの設定が容易になり、多くのエンジニアにとってネットワークはより身近な存在になりつつあると言えるでしょう。

第3部（第6章〜第8章）では、ネットワークの基礎知識から、利用する側にとって重要なネットワークの特徴、性能の考え方やトラブルシューティングまで、エンジニアが理解しておくべきネットワークの仕組みについて解説します。

6.1 ネットワークの理解に必要な基礎知識

アプリケーション（DBMSを含む）とネットワークの高度な関係を理解するには、ネットワークそのものの基礎知識が欠かせません。ITの管理者やエンジニアがトラブルシューティングや性能向上に取り組むためには、その土台としてこうした舞台裏の知識が必須となります。

この章では、アプリケーションやデータベースとの関係で見たネットワークについて取り上げますが、特にDBMSと関係の深いTCPとIPを中心に解説します。IPよりも下位については、話をわかりやすくするためにイーサネットを前提として説明します。初心者は、ネットワークの基礎を解説するこの第6章を読んでから、実践的な内容について解説している第8章を読むことをお勧めします。その後で、第7章にチャレンジしてください。ネットワークの基本を理解している人は、この第6章は読み飛ばし、第7章と第8章を読んでもかまいません。この章で説明する事項は次の通りです。さっそく、それぞれについて見ていきましょう。

- パケット（ボール）の受け渡し
- 階層構造によるネットワークの処理
- アドレスと通信の仕方
- コネクション
- タイムアウト
- 待ち行列

6.2 ∥ パケットの受け渡し

ネットワークを理解するための基本中の基本となるのが、「通信相手が離れているために発生するパケットの受け渡し」です。必要な処理が単一の機器で完結する場合、機器同士でデータのやりとりは不要ですが、現在は多くの機器がお互いに接続して、データのやりとりを行なうことが一般的となっています。データのやりとりを行なう際に、特定の通信がネットワークを専有してしまわないよう、データは一定の単位に分割されるようになっています。これをパケット[※1]と言います。ネットワークの特徴や制約はこのパケットの受け渡し、という点に由来すると筆者は考えます。

よく解説されている例として、パケットを「（郵便物の）小包」（Packetの直訳）に例えたものを見かけます。必要な事項を象徴しているため、確かによい例えだと思います。しかし、本書ではパケットを（小包ではなく）「ボール」と考える方法で解説します。

6.2.1 ボールという考え方

ビジネスの現場では、「ボールは誰々のところに行った」とか「ボールは俺のところにはない」「ボールは誰々が持っている」という言い方をします。これは、コミュニケーションと責任の所在をボールのやりとりに例えた言い方ですが、筆者はビジネスの「ボールのやりとり」はネットワークを理解するためにも有効だと考えます。特に、責任の所在を意識することはトラブルシューティングにおいて重要です（図6.1）。

※1　通信する際に分割されたひとかたまりのデータの単位。イーサネットでは「フレーム」と呼びます。

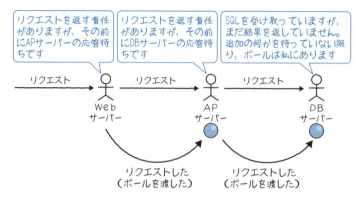

図6.1 責任の所在を意識するのは重要

　物理的に通信相手が離れているわけですから、パケットを送っても受け取ってくれないことや、パケットが迷子になること、途中で消えてしまうことなどがあります。きちんとパケットが届いたこと（ボールが届いたこと）を確認するためには、「受け取ったよ」というパケットを送信元に送り返してあげる必要があります。

6.2.2 受け取ったことを通知する

　世の中で最も利用されているTCP/IP[※2]では、「受け取ったよ」ということを示す「ACK（ACKnowledgement：受信応答）」が入ったパケットを返します。図6.2を見てください。送った内容に対して、「受け取ったよ」とACKを返しています。

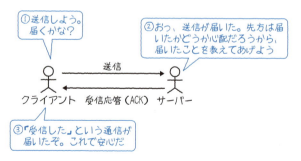

図6.2 受け取ったことを確認する

※2　TCP/IPとは、LANやインターネットで標準的に使用されている、通信のためのプロトコルです。インターネットのような広大な世界でも、この標準的なプロトコルを介して、目的地にたどり着くことができるようになっています。

では、送信者がパケット（ボール）を送ったのに受信者がACKを返さなかったら、ボールはどちらにありますか？

受信者側ですね。このように、どちらかが責任を持ちながらデータのやりとりをすると考えてください。なお、このようなボールがネットワークに見つからないときもあります。Webシステムやインターネット向けのシステムでよくありますが、人やプログラムがボールを握っているケースです。SQL文の入力待ちになっている場合、通信の必要性自体がありません。このようなときには、通信がないことのほうが当たり前となります。

6.2.3　ハブでケーブルをつなぐ

通信をするためには機器同士をケーブルでつなぐ必要がありますが、すべての相手と一対一で直接つなぐのは、ケーブルの数が膨大となりますし、機器を追加するたびに通信する機器同士をすべてつなぐ作業を行なわなければならず、現実的ではありません。そのため、通信相手との接続では、間にハブ（HUB）やスイッチと呼ばれる中継機器が入るのが普通です。これらは、複数の線をつないでパケットを中継してくれる存在です。

実世界でもいろいろな航空路線が乗り入れている「ハブ空港」と呼ばれる大きな空港がありますが、ネットワークのハブもそれと似ています。何かを通して中継してもらうことによって、ケーブルの数を減らしています。図6.3のように、ハブによってコンピュータ同士がつながります。

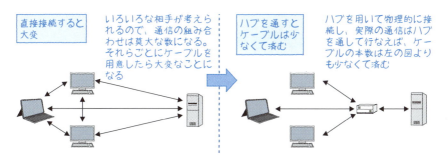

図6.3　ハブで接続すると経路が減る

6.3 ネットワークの処理は階層構造

　ネットワークの世界では、メーカーの異なる機器を相互に接続し、通信できるようにするためにさまざまな約束事が決められています。この約束事のことをプロトコルと呼びますが、これらのプロトコルは階層構造になっているのが特徴です。本書ではインターネットをはじめ、企業内ネットワークなどさまざまな場所で使われているプロトコルのセットであるTCP/IPを題材に話を進めていきます。

6.3.1 階層構造のメリット

　階層構造とは、処理する役割が上から下へ層（レイヤー）を重ねるように決まっていて、各層は自分の役割に応じた内容しか処理しないという構造です。会社でいうと、経営陣、管理職、平社員が役割に応じた仕事をするようなことをイメージしてください。こうした構造にするメリットは何でしょうか？

　それは、各自が担当部分の階層だけしか考えなくてよいことです。アプリケーションであれば、アプリケーション同士の通信だけを意識すればよく、DBMSを作る人は、どのような機器やケーブルで通信するかなどイーサネットの中身を理解していなくてもかまわないのです。逆に、イーサネットを作る人はDBMSのプロトコルを知らなくてもかまいません。また、いずれかの階層を差し替えることも容易です。どこかの階層を別のプロトコルに入れ替えても、ほかの階層への影響を最小限で済ませることができます。

6.3.2 TCP/IPの階層構造

　TCP/IPも階層構造を持っています。TCPの層ではTCPとしての処理をし、IPの層ではIPとしての処理しかしません。それでも、全体ではきちんと通信をしてくれます。たとえば、Webの場合はHTTPのプロトコルがTCP/IPの上にいると考えればよいでしょう。HTTPは「Hyper Text Transfer Protocol」（ハイパーテキストトランスファープロトコル）の略で、HTML等を転送するための手順が定義されています。DBサーバーの場合は、通常はTCP/IPの上位層としてDBMSのプロトコルをイメージするとよいでしょう。DBMSが一番上で、その下にTCP、その下にIP、そして（LANの場合はたいてい）イーサネットという階層になります（図6.4）。DBMSのプロトコルに役割なんてあるの？と思うかもしれませんが、DBMSとしての接続／切断／受信確認

210

や、文字コードの変換などを行ないます。

図6.4　階層構造になっている

パケットの作られ方

　階層同士の独立性を確保するため、パケットは、上位層が作ったデータの前（後）にその階層の情報が付いていく形で作られていきます。たとえば、DBMSのデータの場合、DBMSのデータの先頭にTCPのヘッダーが付くことによりTCPセグメント（パケットとほぼ同じ意味）が作られます。そして、そのTCPセグメントの前にIPヘッダーが付くことによりIPパケットが作られます。

　IPパケットの前後にデータが付いてイーサネットのフレーム（パケットとほぼ同じ意味）になります。その後、最終的には電気信号として外に出ていきます。逆に、電気信号として入ってきたパケット（フレーム）は、この逆の手続きで徐々に上位層（たとえばDBMS）向けのデータになっていきます（図6.5）。

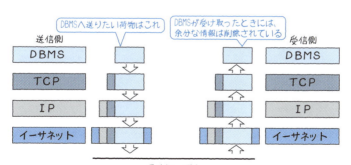

図6.5　各層が通信に必要な情報を追加／削除していく

階層構造の実装

階層構造は、実際にはどのように実装されているのでしょうか？

DBMSは、OS上のアプリケーションとして存在します。その下のTCP/IPはOSのドライバーとして、またイーサネットはNIC[※3]やNICのドライバー、通信ケーブルとして構成されます（図6.6）。なお、WebサーバーやWebクライアントもDBMSと同じ位置になります。

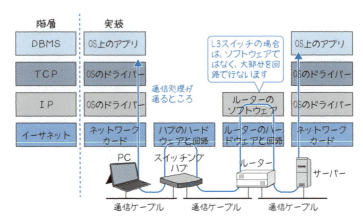

図6.6　階層構造はどのように実装されている？

以上のように、ネットワーク上の通信は階層構造で実現されているため、ネットワークの性能や障害について考える際は、どのような処理がどの層で行なわれているかを意識することが大事です。

※3　NICとは、Network Interface Cardの略で、コンピュータをネットワークに接続するためのハードウェアのこと。ケーブルをつなぐコネクタや、通信のためのチップが含まれています。

6.4 通信相手にパケットを届けるには？

離れている者同士がパケットをやりとりするには、住所（アドレス）が必要です。代表的なアドレスにどのようなものがあるのか見ていきましょう。

6.4.1 IPアドレス

代表的なアドレスの1つがIPアドレスです[4]。図6.4のIPレイヤーは、目的の機器までパケットを届けること（ルーティング）を主な役割としています。目的の機器を識別するために使われるのがIPアドレスです。TCP/IPで通信する機器1つ1つはネットワークという単位に集約されており、これを表わすためIPアドレスもネットワーク部分とホスト部分から構成されています。このような構成となっていることで、たとえばネットワークAのホスト1へ通信する場合、すべてのホストの中からホスト1を探す必要はなく、まずはネットワークAがどこにあるか探し、たどり着いたらホスト1を探すというように効率的に対象機器を探し出すことができます。

IPアドレスは32bitの情報ですが、一般的に「192.168.0.2」のように8bit区切りの10進数で表現されます。インターネットの世界で使われるIPアドレス（グローバルIPアドレスと呼ばれます）は、全世界で一意である必要があるため、IANA（Internet Assigned Numbers Authority）をはじめとした国際的な団体が管理をしています。他方、企業の中だけで使うIPアドレス（プライベートIPアドレスと呼ばれます）は、その企業が利用する機器の中で一意であればよく、ネットワークもある程度自由に分割することができます。そのため、プライベートIPアドレスの「192.168.0.2」を見ただけでは、ネットワークの情報とホストの情報を見分けることができません。そこで、ネットワークの情報を明示する場合は、「192.168.0.2/24」のように、末尾にネットワーク部に当たるbit数を記します（CIDR表記）。この例の場合、2進数では「11000000.10101000.00000000.00000010」と表されるIPアドレスのうち先頭24bit、つまり「11000000.10101000.00000000」（10進数だと「192.168.0」の部分）がネットワーク部を表わし、「00000010」（10進数だと「.2」の部分）がホスト部を表わしています[5]。

6.4.2 ホスト名と名前解決

数字の羅列であるIPアドレスは人にとって覚えにくく不便であるため、人間が理解

---

[4] 本書では、最も利用されているIPv4というプロトコルのバージョンを前提に記載しています。IPv4の課題を解決するために作られたIPv6もありますが、まだ浸透しきっていないため本書では説明を割愛します。
[5] ネットワーク部分とホスト部分を表わす方法として「ネットマスク」を利用する場合もあります。この場合、ネットワーク部分は「1」、ホスト部分は「0」として表現されます。本文の例では「255.255.255.0」（2進数だと「11111111.11111111.11111111.00000000」）となります。

しやすい名前が作られました。ネットワーク部分をドメイン名、ホスト部分をホスト名と言います[6]。このホスト名（ドメイン名）とIPアドレスの対応関係を管理しているのがDNSサーバーで、ホスト名（ドメイン名）からIPアドレスを求めるために使用されます（これを「名前解決」と言います）。

たとえば、www.shoeisha.co.jpというホスト名からIPアドレスを調べた後で、IPアドレスをもとにした通信を開始します。このようにホスト名を利用することで、IPアドレスを変更する場合でもDNSの登録さえ変更すればよく、影響を少なくできます。名前解決をするために各コンピュータは、このDNSがどこにあるかという設定を持っています。当然、DNSサーバーのアドレスはホスト名ではなくIPアドレスで設定されています。多くのPCでは、DHCPがIPアドレスの配布時にDNSサーバーのIPアドレスも設定してくれています。UNIX系OSの場合resolv.confファイルで設定されています。

6.4.3 hostsファイル

hostsファイルという仕組みも悪さをすることがあるので、ここで紹介しておきます。これは、ホスト名とIPアドレスの対応を記述した、ローカルに持つファイルです。ローカルとは、個々のコンピュータに存在していて自分専用で使用するものを指しています。

厄介なのは、DNSサーバーとhostsファイルのどちらを優先するかがOSの設定に依存することです。どちらを優先するかは、UNIX系OSの場合はnsswitch.confに書かれています。Windows系の場合は、基本的にhostsファイルが優先されます。DNSサーバーとhostsファイルで書かれている内容が矛盾している場合、この解決の順番によってもトラブルが起きたり起きなかったりします。サーバーのIPアドレス（特に外部からアクセスされるサーバー）は、多くの場合、このようにDNSサーバーに載せておきます。それに対して、各自のPCのIPアドレスはホスト名でアクセスされることはないため、DNSサーバーに載せることはほとんどありません。

6.4.4 MACアドレス

実はIPアドレスだけでは、目的の機器にパケットを届けることはできません。図6.4のイーサネットのレイヤーでは、MAC（Media AccessControl）アドレスと呼ばれる物理アドレスを使用します。MACアドレスは、NICに付いているアドレスで、アドレスが重ならないようにNICの製造元が付与します。これは皆さんのPCにも付いていて、たとえば1台の機器に複数NICがある場合は、MACアドレスも複数あることにな

※6　ホスト名とドメイン名をつなげた省略なしの文字列のことをFQDN（Fully Qualified Domain Name：完全修飾ドメイン名）と言います。なお、"ホスト名"という言葉で、FQDNを指すこともあるので注意してください。

ります。

通信するIPアドレスと対応するMACアドレスを調べるのは、1つ上のレイヤーであるIPレイヤーです。MACアドレスには、DNSのような専用サーバー（IPアドレスを投げると、対応するMACアドレスを返してくれるような専用サーバー）はないため、IPアドレスとMACアドレスの対応は、ブロードキャストの形（手近の全員に聞く方式）で調べます（リスト6.1）。

まず、「arp（address resolution protocol）」と呼ばれるプロトコル[※7]で、「このIPアドレスのMACアドレスを教えてください」と聞き、該当するIPアドレスを持つ機器が、対応するMACアドレスを応答します。一度覚えたIPアドレスとMACアドレスの組み合わせは記憶されます。ただし、PCが移動したりして対応関係が変わる可能性があるので、一定の時間で忘れるようにしています。MACアドレスがわかれば、後はイーサネットレベルで通信をして完了です。イーサネットでは物理レベル（ケーブルといった内容）まで規定されているので、これより下位のレイヤーはありません。

Windows（出力は抜粋）

```
C:¥Windows¥System32¥ipconfig /all

Windows IP 構成

Wireless LAN adapter Wi-Fi:
接続固有の DNS サフィックス：
  物理アドレス ‥‥‥‥‥：  10-66-82-18-87-83
  IPv6アドレス‥‥‥‥‥：  2001:268:c04f:1174:ec89:14c7:6c78:2 （優先）
  IPv4アドレス‥‥‥‥‥：  192.168.100.101 （優先）
  サブネットマスク‥‥‥：  255.255.255.0
  DNS サーバー‥‥‥‥‥：  fe80::ee89:14ff:fec7:6c78%10
                         192.168.100.1
```

「物理アドレス」がMACアドレス。IPアドレスやサブネットマスク、DNSサーバーのIPアドレスも確認できる。

Linux（出力は抜粋）

「link/ether」がMACアドレス。
「inet」がIPアドレス（CIDR表記）。

```
# /sbin/ip addr show
2: ens3: <BROADCAST,MULTICAST,UP,LOWER_UP> mtu 9000 qdisc mq state UP group default qlen 1000
    link/ether 00:00:17:02:xx:xx brd ff:ff:ff:ff:ff:ff
    inet 192.168.0.3/24 brd 192.168.0.255 scope global dynamic ens3
       valid_lft 77738sec preferred_lft 77738sec
```

リスト6.1　各種アドレスの表示の仕方

6.4.5　遠くのコンピュータとの通信

ここまでで、IPアドレスとMACアドレスを使用して、離れた機器と通信するイメージを持つことができたでしょう。では、ネットワークをまたぐような遠くのコンピュータ（たとえば海外のサーバー）とは、どのように通信するのでしょうか？

※7　IPv6では、NDP（Neighbor Discovery Protocol）というプロトコルを使用します。

そのような場合、ネットワークとネットワークの境界に存在するルーター（Router）が中継を行ないます[8]。ルーターは全世界のネットワークを（直接的または間接的に）知っているため、受け取ったパケットの宛先IPアドレスを見て、次の行き先を決定します（図6.6で、ルーターにIPレイヤーが存在していたことに注目してください）。このように、ルーター間でバケツリレーを繰り返していくことで、遠くのコンピュータであっても正確にパケットを運んでいくことが可能となります。

　ルーターがどのようなものか考えるときには、郵便局をイメージすればよいでしょう。郵便物を送るときには、それに住所を書いてポストに入れさえすればよく、その郵便物がどのような経路を通って宛先まで届くのかを知っている必要はありません。どの住所がどこに存在し、そこへはどういう経路（郵便局のリレー）で届ければよいのかを知っているのは郵便局です。インターネットにおけるルーターは、そういう意味で郵便局のような存在なのです。

　経路情報は、ルーターのみが持っているわけではなく、ローカルのコンピュータですら持っています。ローカルコンピュータの経路情報の主な役割は、宛先のIPアドレスが自分の所属するネットワークか、それ以外かを区別して、自分の属しているネットワーク以外が宛先だった場合に行くべき経路（これをデフォルトゲートウェイと言います）を示すことです。近所であれば自分で配るけど、場所がわからない場合は郵便局に任せる、というイメージです。Windowsでは「ipconfig」や「netstat-r」、UNIX系OSでは「ip route show」のようにコマンドを実行すると、デフォルトゲートウェイの情報を確認することができます（リスト6.2）。

Windows（出力は抜粋）

```
C:\Windows\System32\ipconfig /all

Windows IP 構成

Wireless LAN adapter Wi-Fi:
接続固有の DNS サフィックス :
   IPv6 アドレス ···········: 2001:268:c04f:1174:ec89:14c7:6c78:2（優先）
   IPv4 アドレス ···········: 192.168.100.101（優先）
   サブネットマスク ········: 255.255.255.0
   デフォルト ゲートウェイ ···: fe80::ee89:14ff:fec7:6c78%10
                            192.168.100.1
```
デフォルトゲートウェイの設定を
表示している（下がIPv4のアドレス）

Linux（出力は抜粋）

デフォルト（下記以外）なら、すべて10.0.0.1のアドレスを
持つゲートウェイ（ルーター）に任せるという経路情報

```
# ip route show
default via 10.0.0.1 dev ens3
10.0.0.0/24 dev ens3 proto kernel scope link src 10.0.0.2
```

「10.0.0で始まるIPアドレスであれば、
ルーターを継由せず、自分が直接通信する」という経路情報

リスト6.2　クライアントPCも経路情報を持っている

---

[8] HTTPなどの場合、ルーターだけでなくプロキシ（Proxy）が中継することもあります。

6.5 | TCPレイヤーの役割

ここまでで、目的のコンピュータへパケットを届ける仕組みを説明しました。これに加えて、届けられたパケットがどのコンピュータ上のどのアプリケーション宛てのものなのかを判別したり、パケットがきちんと届いているかを確認したりする必要があります。次は、そのような役割を持つTCP/IPのTCPレイヤーについて説明します。

6.5.1 | コネクション

「コネクション」という概念を知っている人も多いでしょう。「確立された通信路」というイメージで、コネクションが確立できれば相手と通信できるということになります。その通信路に「あ」と伝えれば、相手に「あ」と伝わり、逆に相手が「い」と伝えれば、自分に「い」と伝わるということです。ちょうど糸電話のようなイメージです。

コネクションといっても、実際のデータは、先ほどまで説明したようにパケットという形でIPレイヤーやイーサネットレイヤーなどが運んでくれます。DBMSからはコネクションとして見えているため、そのようなやりとりが隠されているだけです。

TCPコネクションとしては、コネクション型ソケットがあります。筆者の知る限り、多くのアプリケーションと各DBMSは主にコネクション型ソケットを使用しています。ソケットは、IPアドレスとポート番号の組み合わせから構成されます。通信元と通信先の、双方のIPアドレスとポート番号です。ポート番号とは、適切なサービスに情報を配信するための識別番号です。これは、1つのコンピュータに複数のサービス（アプリケーション）が存在するので、どのサービスに通信を届ければよいのか判別するために使います。たとえば、HTTP（http）であれば、デフォルトは80番です。Webブラウザは、特に指定がなければWebサーバーの80番ポートに対して通信を試みます。WebサーバーのOSは、80番ポートで待っているWebサーバープログラムに通信を渡してくれます。

DBMSも同じです。ポート番号は違っても、最初にDBサーバー上で起動して何番ポートで待つのかをOSに伝えます。以後、OSはそのポート番号に来る通信をDBMSに渡してくれます。このコネクションを見るためには、Windowsではnetstat、UNIX系OSではssなどのコマンドを用います（リスト6.3）。

```
# /sbin/ss -nat
State    Recv-Q Send-Q Local Address:Port        Peer Address:Port
LISTEN   0      50     0.0.0.0:3306              0.0.0.0:*
LISTEN   0      128    0.0.0.0:22               0.0.0.0:*
ESTAB    0      0      10.0.0.6:22              10.0.0.2:28229
ESTAB    0      0      10.0.0.6:3306            10.0.0.2:47179
```

DBMSのプログラムは3306番ポートで待っている（LISTEN）

確立された（ESTAB）コネクション。通信相手のIPアドレスとポート番号もわかる

リスト6.3　コネクションやポート番号を見る

6.5.2 ハンドシェーク

コネクションを確立するためには、ハンドシェーク（握手）と呼ばれる作業を行ないます。これも通信相手が遠くに存在し、パケットを投げて反応を待つことしかできないことが理由です。

ハンドシェークでは、まず受信側が用意をします。OSに対して「このポート番号で僕は待つよ」とサーバープログラム（例：DBMS）が宣言するのです[9]（この状態が先ほどのリスト6.3の「LISTEN」の状態です）。すると以後、そのポート番号宛ての正常な通信はそのサーバープログラムに渡されます。

次に送信側です。TCPレイヤーは、SYNというフラグが立ったパケットを送ります。IP以下のレイヤーがパケットを相手に届けてくれます。このSYNというフラグは、接続を確立したい（synchronize）という意味です。それに対して、受け取った側は「SYN」と「ACK」のフラグが立ったパケットを送信元に送ります。それを受け取った送信元は、了解の意味の「ACK」を送り返します。これが確立のためのスリーウェイハンドシェークです（図6.7）。このスリーウェイハンドシェークがどのように見えるのかをリスト6.4に示したので、併せて確認してください。

---

[9] OSのデーモン（inetdなど）が、パケット受信時に対応するサービスを起動することもあるので、いつも受信側のサーバープログラムの用意ができているとは限りませんが、この時点でTCPとしての受信の準備はできています。

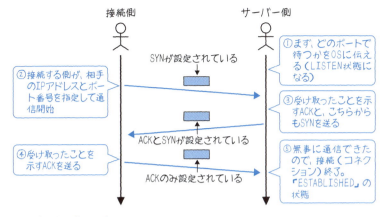

図6.7 スリーウェイハンドシェーク

```
ssの出力（抜粋）

$ ss -nat
State      Recv-Q Send-Q    Local Address:Port      Peer Address:Port
LISTEN     0      128       0.0.0.0:111             0.0.0.0:*
LISTEN     0      128       0.0.0.0:22              0.0.0.0:*
ESTAB      0      320       10.0.0.6:22             10.0.0.2:28229

State      Recv-Q Send-Q    Local Address:Port      Peer Address:Port
LISTEN     0      50        0.0.0.0:3306            0.0.0.0:*
LISTEN     0      128       0.0.0.0:111             0.0.0.0:*
LISTEN     0      128       0.0.0.0:22              0.0.0.0:*
ESTAB      0      320       10.0.0.6:22             10.0.0.2:28229

State      Recv-Q Send-Q    Local Address:Port      Peer Address:Port
LISTEN     0      50        0.0.0.0:3306            0.0.0.0:*
LISTEN     0      128       0.0.0.0:111             0.0.0.0:*
LISTEN     0      128       0.0.0.0:22              0.0.0.0:*
ESTAB      0      320       10.0.0.6:22             10.0.0.2:28229
ESTAB      0      0         10.0.0.6:3306           10.0.0.2:47179
```

※実際には途中にほかの状態も存在するが、瞬時のため省略。

リスト6.4 スリーウェイハンドシェークはどのように見えるか

終了のときは「FIN」を送って終了しますが、DBエンジニアは正常終了については理解していなくても問題ないでしょう。そのため、ここでは説明を割愛します。

6.5.3 TCPのコネクションとDBMSの通信路の関係

このソケット（TCPレベル）を確立しただけでは、DBMSとそのクライアントとの通信路は確立されません。というのも、DBMSは独自のプロトコルをTCP/IPの上位層として持つからです。DBMSのクライアントは、OSに対してIPアドレスとポート番号を渡してソケットを確立するように頼みます。すると、前述のスリーウェイハンドシェークでソケットを確立してくれます。その後、DBMSは確立したソケットを使って、必要なやりとり（DBMSのクライアント情報の送信や、DBユーザー名／パスワードの認証など）をしてDBMSとのコネクションを確立します。一部のアプリケーションも同様で、TCPとしてのコネクションを確立した後、ログインや設定確認をして実際の通信を開始します。

以降は、この確立したコネクションを使ってSQLやデータをやりとりしていきます。実際は、DBMSはソケットに対して「書いて（送って）」とか、「読んで（受け取った情報をください）」などのやりとりをしているだけです。その先は、TCP/IPおよびその下位層が責任を持ってやりとりしてくれます。「コンピュータとコンピュータが離れているために、普段は意識していないところで通信にこんな苦労があるのか」ということを理解してください。

6.5.4 タイムアウトと再送（リトライ）

遠くの相手と通信をするわけですから、知らないうちに相手がいなくなっていたり、送ったはずのパケットが届かないということもあるでしょう。相手が離れた場所にいるため、これは仕方がないことです。では、こうした状況にはどのように対処するのでしょうか？

実生活では、「ある程度待って、応答がなければあきらめる」でしょう。また、「何度か呼びかけてみる」という行動をとることもあるでしょう。前者がタイムアウトであり、後者が再送（リトライ）です。両者を組み合わせることもします。リトライを繰り返して、タイムアウトであきらめるというパターンです。

世間一般のネットワークトラブルで多いのは、このようなTCP/IPのタイムアウトや再送以外のもの（スイッチやイーサネット、DBMSが意識しない下位レイヤーなど）ですが、アプリケーションやDBMSはTCPレイヤーに近いため、TCPのタイムアウトの影響を受けます。この話題は少々難易度が高いため、詳細については次の第7章で解説します。ここでは、再送とタイムアウトという概念だけを覚えておいてください。

6.6 通信の開始からソケットを作るまで

簡単にこれまでの復習をしてみましょう。Webブラウザ上でURLを指定して、あるページを表示させることを考えます。手元のブラウザで「http://www.shoeisha.co.jp」と入力したとします。ネットワークではどのようなことが行なわれるのでしょうか？

なお、ファイアウォールやプロキシについてはまだ説明していないので意識しなくてかまいません。存在しないものとして考えてください。また、物理層の話は省略します。物理層ではMACアドレスなどを頻繁に使って通信します。これは、回数が多く冗長なためです。また、構成によっては説明と違う動作をすることもあります。

では、ネットワークでどのようなことが行なわれるか見ていきましょう（図6.8）。以降の説明も併せて確認してください。

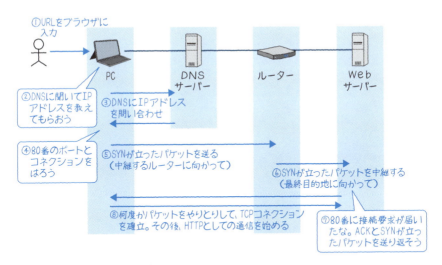

図6.8　ソケットを作るまでの全体の流れ

まずブラウザがURLを分析して、ホスト名（www.shoeisha.co.jp）を認識します。次にDNSと通信して、そのホスト名の名前解決をしてもらいます。そのために、DNSとして登録されているIPアドレスに向かって通信を行ないます（ここでは説明を簡単にするため、ルーターは超えないものとします）。そして、DNSからIPアドレスを教

えてもらいます。

　次は、そのIPアドレスめがけてHTTPの通信を行ないます。HTTPといっても、TCP/IPの通信です。Webブラウザは自分のOSに対して、www.shoeisha.co.jpのIPアドレスの80番ポートに対してソケットを確立するように要求します。それを受けて、OS（TCPレイヤー）は接続要求の通信（スリーウェイハンドシェーク）をしようとします。このとき、IPレイヤーが経路を決めます。

　www.shoeisha.co.jpのマシンはほかのネットワーク上にあるでしょうから、デフォルトルーターに対してパケットが飛びます（実際の通信はイーサネットなどが行ないます）。パケットを受け取ったルーターは、正しいネットワークへパケットを向かわせます。バケツリレーの結果、パケットが目的のネットワークに着いたら、ルーターがそのネットワーク内のwww.shoeisha.co.jpへパケットを届けます。

　www.shoeisha.co.jpでは、80番ポートで要求を待っています。接続要求が届いたので、www.shoeisha.co.jpは「SYN」と「ACK」のパケットを送り返します。Webブラウザはそのパケットを受け取ると、先ほどと同じようにしてACKを送ります。これでTCPとしての接続が確立されます※10。

　あとはHTTPで通信して、HTMLを受信することになります。普段はなにげなく使用しているWebブラウザですら、このように膨大な量の通信をしていることに驚いた方もいるでしょう。DBMSの場合には、URLではないものの、ホスト名などを使用して同じように通信をしているわけです。

※10　実際には翔泳社のホームページでは、www.shoeisha.co.jpへ80番ポートで接続要求をした場合、よりセキュアなHTTPS通信へリダイレクトされるような設定が行なわれていますが、ここでは複雑になるため省略しています。

6.7 | 待ち行列

テレビ番組などでWebサイトが紹介された直後、そのWebサイトにアクセスしようとしたら、エラーにもならずにずっと待たされたことがありませんか？

このような場合、たいていは待ち行列ができています。筆者は、待ち行列はエンジニアにとって（ネットワークに限らず）性能を理解するための重要な概念だと考えます。そのため、少し誌面を多めにとって説明していきます。

6.7.1 事務窓口に例えて考える待ち行列

1回の処理に1分かかる事務窓口が1つあるとします。その窓口に対して1分おきに10人が来たとします。どのような状況になるでしょうか？

処理が終わるのとほぼ同時に次の人が来るわけですから、事務窓口が暇になることはないですし、窓口で順番待ちすることもありません。理想的な状況と言えます（使用率100%）。しかし、実際には処理のピークや波があります。学校の事務窓口であれば、授業が終わった後に生徒や学生がどっと来るでしょうし、Webサイトであれば、テレビなどで紹介されればアクセスがどっと増えるでしょう。つまり、一時的に処理しきれなくなるわけです。そうすると待ち行列ができます。銀行などで見かける「現在○○人待ち」という表示の状況です。ここで大事なのが、処理している時間（サービス時間と呼びます）と待ち時間を分けて考えることです。

6.7.2 なぜ待ち時間は右肩上がりのグラフになるのか？

第2部の内容とほぼ同じで繰り返しになりますが、ここでは右肩上がりのグラフを解説します。よく見かける「忙しくなると、レスポンスタイムが悪くなる」という状況を図6.9に示しました。このグラフでは、サービス時間が一定でも、使用率が高くなると、待ち行列の時間が長くなり、レスポンスタイムが右肩上がりになっていくことを示しています。

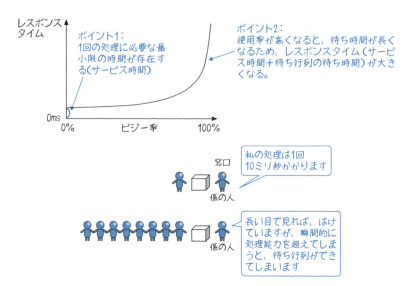

図6.9 待ち行列の特性——忙しくなるとレスポンスが悪くなる

　待ち行列が長くなる理由は、使用率が高ければ高いほど「瞬間的に処理能力の限界を超えて一時的な待ち行列ができる」確率が高いためです。通常、リクエストの到着はばらばらで、まとまって来ることもあれば、暇な時間帯もあります。常に忙しい（常に使用中になる）状況だと、並んでいる（待っている）確率も高くなりますし、並んでいる時間も長くなります。使用率が99％の場合、リクエストの波があることを考えれば、常時長い待ち行列があって、ごくたまにその待ち行列がはけているような危機的状況です。そういう場面がイメージできれば、使用中（使用率が高い）の状況になればなるほど、待ち時間（レスポンスタイム）が長いことがイメージできるでしょう。なお、人間のように「長い行列だからあきらめよう」という判断が存在しないのも右肩上がりになる一因です。

6.7.3 WebシステムでDBMSのボトルネックが起きたらどうなるか？

　WebシステムにおけるDBMSで考えると、次のような状況になります。負荷が低いときはブラウザからのリクエストも少なく、APサーバー経由のSQL文の数も少ない状況です。DBMSには、処理している時間帯もあれば、何もしていない時間帯もあります。何もしていない時間帯があるくらいですから、待ち行列はありません。もう少

し負荷が増えてきたとします。CPU（もしくはCPUのコア）が複数存在する場合、すべてのCPUが使用中にならなければCPUの待ち行列はできません。

さて、すべてのCPUが使用中になった場合、もしくはロック待ちになった場合は、どうなるのでしょうか？

当然、待ち行列が発生します。SQLがDBMSまで来ていれば、DBMS上で待ち行列ができるでしょう。APサーバーからDBMSへリクエストを渡せなくなれば、APサーバー上に待ち行列ができます。待ち行列は、APサーバー上のリクエストを受けた大量のスレッドとして存在することもあれば、OS上での何らかの処理待ちのときもあるでしょう。

6.7.4 エンジニアはどうすべきか？

ポイントは、DBMS上の待ち時間とシステムの待ち時間が同じでないことです。DBMSが見えている範囲での待ち時間以外にも、DBMSが詰まっているために発生するAPサーバーやWebサーバーでの待ち時間もあります。エンジニアとしては、「このDBのビジー状態は、DB上で見ると、この程度だが、もしかするとAPサーバーやWebサーバーで大渋滞を引き起こしているかもしれない」と考えられるようにしたいものです（図6.10）。

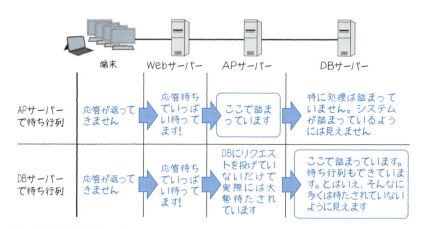

図6.10　DBと待ち行列のポイント

6.8 ネットワークの仮想化

　第1部、第2部でコンピューティングリソースやストレージの仮想化について触れましたが、ネットワークのレイヤーでも仮想化の技術が利用されています。これまでも説明してきた通り、仮想化のメリットの1つは、物理的な構成に依存しない柔軟な構成をとることができる点にあります。

　たとえば、物理的に1つのネットワーク機器を仮想的に複数に分割して、物理リソースを効率的に利用したり、反対に、複数の機器を仮想的に1つの機器に見せることで、アプリケーションなどネットワークを利用する側の使い勝手を変えずに可用性を高めたりすることができます。

6.8.1 ネットワークを分割するVLAN

　VLAN（Virtual LAN）はその名の通り、仮想的なLANを構成するための技術のことで、これを利用すると物理的なスイッチの構成に依存せずにネットワークの区切りを作ることができます。仮想化技術を使わない場合、スイッチを介してLANケーブルでつながっている機器のまとまりが1つのLAN（＝ネットワーク）を構成します。VLAN技術を使うと、このネットワークをさらに論理的に分割することができるのです（図6.11）。当然ですが、VLANによって分割されたネットワーク間の機器は、ルーターやL3スイッチなどによってルーティングされなければお互いに通信することはできません。ルーターはネットワーク同士をつなげる役割をするのでしたね。

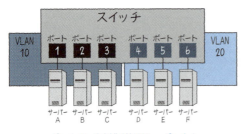

ポート1～3をVLAN10に、ポート4～6をVLAN20にすることで、仮想的に異なる2つのネットワークに分割することができる

物理構成

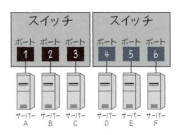

サーバーからは、A、B、CとD、E、Fはそれぞれ別のスイッチに接続しているように見え、ルーティングを介さないとお互いに接続できない

論理構成

図6.11　VLANでネットワークを分割

一度設計し、構築したネットワークの構成が、さまざまな理由から変更になることはよくあります。このような場合にも、VLANなら物理的に配線を変えることなく、柔軟にネットワーク構成を変更できます。「スイッチの物理構成を気にせずネットワークを分割できる」「変更も柔軟にできる」というVLANの便利さをイメージできたでしょうか。

　VLANが複数のスイッチをまたぐ場合や、1つのサーバーで複数のVLANを扱うような場合、VLANごとに専用のポートやNICを用意すると非効率です。そこで、どのVLANなのかを識別できるようにタグを付与しつつ、共通のポート／NICを利用して通信をする技術が生まれました（図6.12）。こちらも物理的な制約を超えるための技術と言えます。

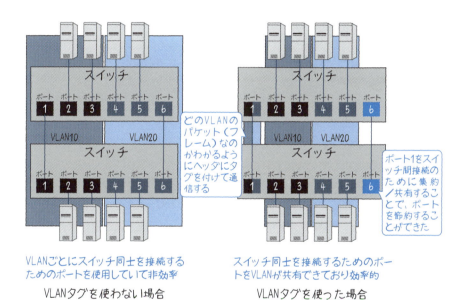

図6.12　VLANタグで効率的にポートを利用

　第1部で説明した仮想マシン同士の接続も、こうした技術が使われています。物理マシン上で稼働する複数の仮想マシン同士が接続するネットワークを分割したい場合も、VLANを利用します。また、複数のVLANが物理マシンの物理NICを共有する場合は、タグ付けを行ないます。このとき仮想マシン同士をつないだり、仮想マシンと物理マシンのNICをつなぐのはハイパーバイザーが用意する仮想スイッチになります。

6.8.2 NICを束ねるチーミング

チーミング（Linuxではボンディングと呼ばれる）は、複数のNICを仮想的に1つのNICにする技術です。一方のNICに障害が生じても、もう一方のNICで通信を継続することが可能になります。リンクアグリゲーションと合わせて利用することで帯域を増やし、スループットを向上させることもできます。リンクアグリゲーションは、複数のLANケーブルを仮想的に束ねて1本のケーブルのように見せる技術で、束ねたLANケーブルの合計帯域が使えるようになります（図6.13）。

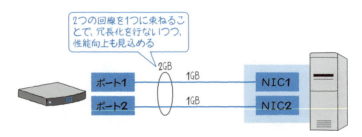

図6.13　チーミングで回線を束ねて冗長性と帯域を向上

チーミングしたNICで1つのIPアドレスを持つので、ネットワークを利用するアプリケーションに複数のNICであると意識させることなく、可用性の向上や性能の向上を図ることができます。ネットワーク機器同士をつなぐ際によく利用されますが、サーバーとネットワーク機器をつなぐ際にも利用されるので、設定を行なったことがある方もいるかもしれません。

6.8.3 物理構成からネットワークを解放するSDN

こうした技術を基礎にしつつ、近年、SDN（Software-Difined Networking）と呼ばれる考え方が注目されています。SDNでは、これまで1つの機器の中に統合されていた、パケットを転送する機能（データプレーン）と転送先や経路を決定する機能（コントロールプレーン）を分離します（図6.14）。

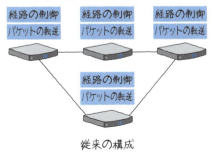
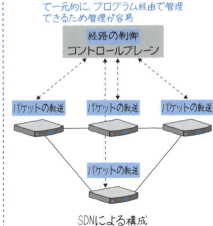

図6.14 パケットの転送機能と経路の制御機能を分離

　こうすることで、物理的な構成は変えずに、経路など論理的なネットワークの構成を変更することができます。この考え方は、個々のネットワーク機器だけでなく、ネットワーク構成全体を物理的な構成から解放するものと言えそうです。ネットワーク機器1つ1つに設定をする必要がなく、一元的に管理されるコントロールプレーンに対して、プログラミングを通してネットワークアーキテクチャの定義を行なうことができるので、クラウド基盤のように膨大な量の仮想マシンやストレージを扱いつつ、頻繁にネットワーク構成に追加／変更があるような場合には必須の考え方と言えます。より詳しく知りたい方は「SDN」や、その考え方をWANへ応用した「SD-WAN」などのキーワードで調べてみてください。

6.8.4　仮想化技術との付き合い方

　ここまで、近年広く使われているネットワークの仮想化技術について、その一部を紹介しました。仮想化によって、これまで説明してきた通信の流れはどのように変わるのか、と気になった方もいるかもしれません。安心してください。名前やアドレスをもとに、複数の機器を経由しながら通信相手へパケットを送る仕組みや、ハンドシェークを通してコネクションを確立する仕組みなどは仮想化環境でも一切変わりありません。これも階層構造のおかげです。

　一方、さまざまなレイヤーでの仮想化が進むことで、これまでネットワークエンジニアに任せていればよかった部分も、そのほかのエンジニアが行なわなければならな

い機会が多くなっているように感じます。とはいえ、必ずしもネットワーク仮想化技術のすべてに精通する必要はなく、ネットワークを利用する側のエンジニアとしては、**離れた相手とデータのやりとりをする**という基本の観点から、それぞれの技術を理解していくことで、迷子にならずに済むと筆者は考えています。

6.9 ‖ まとめ

　この章ではネットワークの基礎の基礎について説明しました。通信の流れを抑えたうえで、「ボール」がどこにあるのかという視点をぜひ持てるようにしてください。また、ネットワークエンジニアやシステム全体を見る立場のエンジニアであれば、「待ち行列の先頭はどこだ？」と追っかけていく癖をつけましょう。そのような「追っかけ」ができるように、ログ出力に工夫をすることも大事です。

　なお、APサーバーやDBMS上で待ち行列があっても、それがAPサーバーやDBMSのせいとは限らないことに注意してください。APサーバーやDBMSも何らかの待ち行列の結果、待たされているのかもしれません。

第 7 章

第3部　ネットワーク──利用する側が知っておくべき
　　　　通信の知識

システムの性能にも影響する
ネットワーク通信の仕組みと理論

第6章では、アプリケーション（DBMS含む）とネットワークの関係を理解するための基礎知識として、ネットワークの基本的な仕組みを紹介しました。本章では、システムから見たアプリケーションとDBMSとネットワークの位置づけについて最初に説明します。その後、アプリケーションとDBMSから見たやりとり、再送、タイムアウトの仕組み、ウィンドウサイズやファイアウォールといったネットワーク特有の理論と、それらが原因で起きるトラブルについて解説します。なお、第7章で扱う内容は理論中心で少し難しいため、初心者もしくは現場ですぐに役立つ実践的な内容を求めている方は、本章を飛ばして第8章を読んでいただいてもかまいません。

7.1 WebシステムにおけるアプリケーションとDBMSとネットワーク

　まずは、Webシステムについて、アプリケーションとDBMSがどのように通信しているのか、どのようなときにネットワークを意識する必要があるのか、確認していきましょう。

7.1.1 アプリケーションとDBMSの通信

　図7.1に、Webシステムの3種類の構成とネットワークの位置づけをまとめました。1つ目の構成は、現在主流のWebサーバー／APサーバー／DBサーバーというWeb3階層システムです[※1]。2つ目は、少し前まで主流であったWeb＋APサーバーとDBサーバーというWeb2階層システムです。3つ目は最もお手軽な構成として、1台のサーバーにすべてのソフトウェアを入れているもので、小規模なシステムでは現在でも見かけます。

　これらのシステムにおけるアプリケーションとDBMSとネットワークの位置づけ（ネットワーク通信など）は、どうなっているのでしょうか？

　3階層と2階層システムのように、DBMSと通信するAPサーバー（IISサーバーやCGIのような処理をするサーバーも含む）が別サーバーになっていれば、SQLやデータなどをネットワークを経由してやりとりしているでしょう。その通信はDBMSのプロトコルなので、DBMSのクライアントとDBMSのサーバー間で行なわれます。つまり、APサーバー側にもDBMSのプロトコルをやりとりできるDBMSのクライアントが必要になるわけです。1階層システムのように同一サーバー上の場合はTCP/IPを使わず、

※1　このように機能ごとに階層化するのは、第6章で見たネットワーク階層化と同様に、ほかの層へ影響を与えることなく、特定の層の改修を可能にするためです。また、層ごとにサーバーを分けて、機能ごとに専用のリソースを割り当てることができます。

ほかのOSの機能（パイプなど）を使う場合が多いでしょう[※2]。このようにシステムの機能をどう分割するかによって、ネットワークの利用場所は変わります。

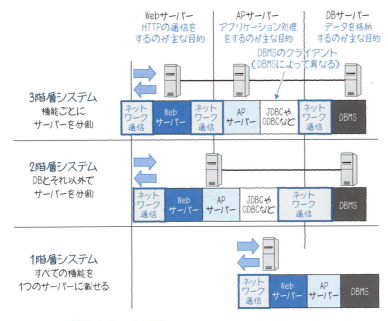

図7.1　Webシステムの種類とネットワークの利用

7.1.2 アプリケーションからネットワークはどう見えるのか？

　DBMSを含む多くのアプリケーションはOSを通じてソケット通信をしているため、ネットワークそのものを意識することはほとんどありません。第6章で説明したように、アプリケーションはポートを開いてリッスン状態で待機します。そのポートに対してアプリケーションのクライアントが接続に行きます。これもTCP/IPであれば、相手のIPアドレスとポート番号さえわかればよいのです。

　アプリケーションからすれば、TCP/IPとして確立済みのソケットがもらえるわけですから、すぐにアプリケーションとアプリケーションのクライアントとの通信ができます。ソケットは手元で書いたデータが相手にも反映される特殊なファイルのセットのようなイメージです。図7.2は、DBMSを例に、ソケットに対して読み書きを行なうことで、パケットなどを意識せずに通信ができている様子を表わしています。

※2　TCP/IP通信を使っている場合もあります。これは、同一サーバー内へ通信を返す「ループバックアドレス」という特殊なIPアドレス（通常、127.0.0.1）を使用することで実現します。ただし、イーサネットのドライバーを通じた通信と比べて、性能が良くないことがあるので、注意が必要です。

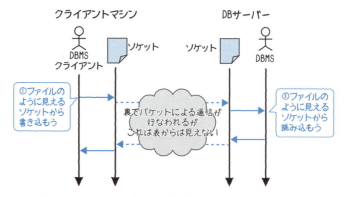

図7.2　DBMSではパケットは意識せずにソケットのみを意識する

　DBMSの場合、最初の通信では、たいていDBMSとしてのログインや設定確認が行なわれます。その後は、OSへread()やwrite()といった命令を依頼するだけでSQL文やデータをやりとりできます。

　たとえば、DBMSは「SQL文が来ないかな？」と思ってread()命令で待ちます。DBMSのクライアントからwrite()命令でSQLが送られてくると、受け取ったSQL文を処理し始めます。SQL文の処理結果はその逆で、DBMSのクライアントがread()で待っているのに対して、DBMSがwrite()で処理結果を送るわけです。このようにして、お互いにSQL文やデータをやりとりしています（図7.3）。

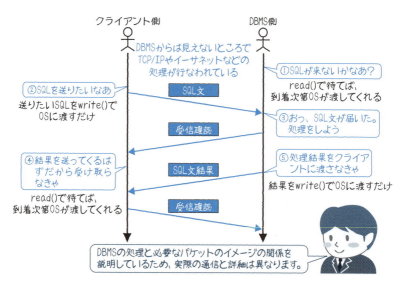

図7.3　どのような処理でどのようなパケットが飛ぶのか（イメージ）

ここで気づいていただきたいのは、アプリケーション（DBMSを含む）から考えると、再送の仕組みや通信の経路などを考えなくてもよい点です。これが、第6章で説明した「階層」のメリットなのです。

7.1.3 ネットワークを意識するとき

ここまで、ネットワークを意識しなくてよいと説明しましたが、トラブルが発生したときや、クライアントとのネットワークを介したやりとりに関する設計を行なう際には、現場のエンジニアもネットワークを意識しなくてはなりません。

たとえば、接続できないエラーが発生したときには、ネットワークの設定を疑いましょう。多くの場合、ネットワーク機器側ではなく、（アプリケーションやDBMSなどの）クライアントまたはアプリケーションやDBMS自体の設定が間違っています。これらの具体的な調査方法については、第8章で紹介します。

write()でクライアントから送ったはずのSQL文やデータがサーバーに届いていなかったり、届くのが遅くなっている場合、ネットワーク側を疑う必要があります。ネットワーク特有の「相手がいないのに、いると思ってしまう」というトラブルもあります。これは、相手が離れたところにいることが原因です。アプリケーション（DBMSなど）側がread()待ちしている場合に、通信相手が何も言わずに消えてしまったとします。後述するタイムアウト（7.2.2項）という仕組みがなければ、延々と待ち続けてしまいます。その理由は、相手（クライアント）がリクエストを送ってこないだけで正常なのか、それともいつの間にか相手がいなくなったのかの区別がつかないからです。距離が離れているというのは不便なものです。後ほど、このトラブルの原因を紹介します。

DBを透過的に使う場合

さらには、複数のDBを1つのDBとして透過的に使う、という設計を行なう場合もネットワークを意識することが重要です。大きな会社であれば、DBサーバーが会社の中に乱立しているのが現状でしょう。「この処理をするのに、このDBと、離れているあのDBのデータも合わせて検索できるといいのになあ」と思うこともよくあるはずです。そのようなときに便利なのが、DBを透過的に使う機能です。この機能を使うと、遠くのDBにある表も手元のDBにあるかのように見えます。Oracleであれば「DATABASE LINK」、DB2であれば「NICKNAME」、SQL Serverであれば「Linked Server」などが該当します。詳しくは各社の技術資料を見ていただくとして、ここではDBを

透過的に使う際に「ネットワークを軽視してはいけない」という点について解説します。

　ユーザーやアプリケーション開発者にとっては、DBを透過的に使うと1つのDB上にすべての表が存在するように見えるため、非常に便利に感じます。しかし、物理的には別々の場所に（もしくはネットワークの先に）DBがあるため、通信が頻発します。同一マシン上でメモリに読み書きするのと、ネットワークを介して読み書きするのとでは、速度性能に雲泥の差が出ます。また、ネットワークの宿命として、相手の状況がよくわからないという問題もあります。さらに、この機能は障害時にほかのDBへも影響を及ぼすおそれがあるため、安易に使用するのは考えものです。物理的には別の複数のDBを、1つのDBのように透過的に利用できるようにすると、1つのDBのダウンでほかのDBも利用できなくなることがあり、実質的にはDBが全滅することになります。

　DBエンジニアとしては、DBを透過的に使うことはできるだけ避けて設計するようにしましょう。どうしてもそうしなければならないときは、性能の確認や障害への備えを十分にするべきです。

上級者向け Tips　実際の接続の実装はどうなのか？

　アプリケーションやDBMSの構成によっては、SQL文を処理するプロセスとは別に、通信（特に最初の接続要求）のみを行なうプロセスやスレッドを持つものもあります。筆者の知る限り、そのようなアプリケーションやDBMSでは「ソケットを渡す」「ソケットを共有する」といったOSの機能を使うか、「リダイレクトする」といった方法で多数のソケットを活用しています。

　「ソケットを渡す」とは、確立したソケット[3]を文字通り別のプロセスに渡してしまうことです。これにより接続要求のみを受け付け、その後、SQL文を処理するプロセスにソケットを引き渡します。

　「ソケットの共有」とは、ソケットを引き渡すわけではなく、ほかのスレッドでもソケットを使えるようにする技術です。これもほぼ同じ用途で使えます。

　最後は「リダイレクト」です。Webのリダイレクトと同じように、あるサーバーにアクセスした結果、「あっちへ行って」と指示をもらって正しいサイトにたどり着くようなものです。DBMSの場合は、代表となるIPアドレスとポート番号を持つ最初の受付担当がいて、その受付担当が「あっち（IPアドレスとポート番号）へ行って」と指示します。言われた通りのIPアドレスとポート番号に接続を試みると、別のプロセス（スレッド）がポートを開けて待っているので

※3　第6章で説明したスリーウェイハンドシェーク（6.5.2項）を参照。

コネクションの確立ができ、そこで改めて通信が可能になるわけです。

　なお、リダイレクトについてはネットワーク機器との相性も重要です。というのも、リダイレクトの方法によっては、ネットワーク機器が理解できないようなものもあるからです。ネットワーク機器がIPアドレスやポート番号の付け替えをしているようなネットワークの場合、「あっちへ行って」という指示の中にあるIPアドレスやポート番号がDBMSベンダの独自プロトコルとして書かれていると、ネットワーク機器が対応できないことがよくあります（図7.A）。

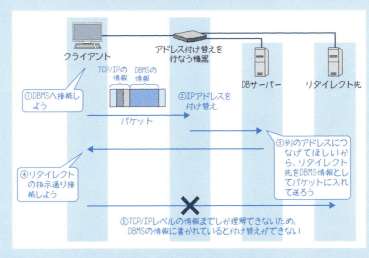

図7.A　アドレスの付け替えによってトラブルが発生することがある

　アドレスの付け替えを行なう機器は通常、TCP/IPレベルの情報までしか理解できないため、リダイレクト先がDBMSの情報に書かれていると付け替えができません。このような場合、リダイレクトしなくて済むようなDBMSとの接続形態を選ぶ、ネットワーク機器のIPアドレスなどの付け替えをやめる、またはDBMSとクライアントの距離を近づけて（付け替えの機器を通らなくても済むようにして）付け替えの発生が起こらないようにする、といった方法をとることになります。

7.2 || 問題が起きたときの対処の仕組み

先述したように、最近はアプリケーションとDBMSのサーバーは「離れて」おり、ネットワークを介して通信していることが多いです。ここからは、ネットワーク通信に備わる仕組みについて説明するとともに、それを踏まえたうえでアプリケーションとDBMS間を通信する際の注意点についても触れていきます。まずは、サーバーとサーバーの間で何か問題が起きたとき、ネットワークの仕組みでどのような対処が行なわれるのか、行なうことができるのかとその注意点について説明します。

7.2.1 リトライ

最近のネットワークは信頼性が上がってきているとはいえ、パケットが途中で消えることもまだあります。また、ネットワーク機器が故障することや、一時的な混雑でうまくパケットを中継できないこともあるでしょう。そのため、ネットワークの各層にはリトライの機能が備わっています。

よく知られているものとしては、イーサネットレベルのリトライの仕組みがあります。イーサネットレベルでのリトライはアプリケーション（DBMSを含む）に影響を与えることは少ないため、ここでは紹介しません（例外として、リトライが頻繁に起こって累積した結果、「なんだか遅い」ということはあります）。

アプリケーションにとって影響が大きいリトライはTCPレベルでのリトライです。これは比較的時間がかかるため、性能の悪化という形でアプリケーションに影響が出ることが多いのです。

TCPは、第6章で説明したACK（受信応答）という仕組みで、送信パケットが相手に届いたことを確認します。逆にACKが届かない場合は、相手にパケットが届かなかったかもしれないということですから、念のため再送（リトライ）をする必要があります。送信側のTCPレイヤー（実際にはネットワークのドライバー）によりACKが返ってきていないパケットを再度送信し、ACKが返ってくれば再送は終了です。

繰り返しになりますが、TCPの良いところは、このような配達の確認や再送まで自分でやってくれることです。つまり、アプリケーションは「送っておいて」とOSに頼む（前述のwrite()）だけでよいのです。これが、レイヤーアーキテクチャの良いところです。

この再送には間隔というものがあり、最初は小さい値から始まりますが、応答が返ってこないとその間隔は長くなっていきます。なお、再送の時間は、ネットワークの状態や環境、OSなどによって自動計算されるため、それほど意識する必要はありません。

7.2.2 再送タイムアウト

ネットワークの特性として、「離れている」という点をたびたび強調してきました。ここで説明する「タイムアウト」も、「離れている」ために必要となる機能です。パケットを送ってもACKが返ってこず、TCPレイヤーがリトライをしてもACKが返ってこないとします。近くなら待つべきか待たざるべきかすぐにわかるのに不便ですね。さて、わからない状況で送信者のTCPレイヤーはどれくらい待つべきでしょうか？

無限にリトライさせるとネットワークがパンクしてしまいますから、どこかであきらめるべきです。このあきらめる時間を「RTO（Retransmission Time Out：再送タイムアウト）」と呼びます。図7.4は、RTOをリトライも含めて示したものです。リトライを繰り返し、タイムアウトの時間が来たらギブアップするのがわかるでしょう。このようなときには、システムに大きな影響が出ているはずです。

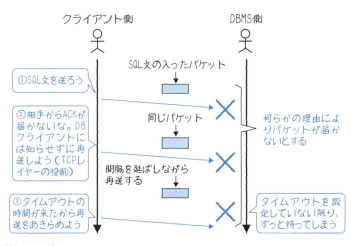

図7.4 再送とタイムアウト

7.2.3 受信待ちタイムアウト

ところで、受信待ち（前述のread()）にタイムアウトはあるのでしょうか？

これは微妙です。少し考えると、「相手が送ってきていないため、パケットが届かない」（正常な動作です）のか、それとも「相手がいない、もしくはパケットがこちらに届かなかった」（異常な動作です）のか、区別がつきません。しかし、DBMSに

とってこれは重要です。たとえば、通信相手がロックを保持するようなSQLを発行したままいなくなってしまったら、システムの処理が止まってしまうかもしれないからです。

　受信待ちのタイムアウトというのは、言い換えれば、相手が生きているかどうかの確認でもあります。相手が生きていれば、受信待ちが長くても正常だからです。実は、いくつかのDBMSには、通信相手が生きているかどうかを確認する機能があります[4]。あまりにも通信が来ない場合には、このような機能を使って相手が生きているかどうかを確認します。

　しかし、本来の役割分担を考えると、相手が生きているかどうかを確認するのはTCPレイヤーの仕事です。では、TCPとして相手がいないことに気づくにはどうすればよいのでしょうか？

　答えは、TCPのキープアライブ機能です。定められた時間、無通信状態が続いた場合に、相手が生きているかどうかを確認するパケットを送るという機能です。これに相手から応答があれば、問題がないことを確認できます。パラメータでいうと、_keepalive_interval（Solarisの場合）、tcp_keepalive_time（Linuxの場合）、KeepAlive_Time（Windowsの場合）です。HTTPにも同名の機能がありますが、まったくの別物です。ただし、このキープアライブ機能は、使うか使わないかをアプリケーション（DBMSなど）側が選べます（ソケットにキープアライブを使うかどうかを設定します）。そのため、アプリケーションによっては、利用にあたって設定が必要になります。多くのDBMSは、このキープアライブ機能により通信相手が生きているかどうかを確認できます。

　やっかいなのが、多くのOSではこのキープアライブのタイムアウトが通常2時間であることです。最大2時間ちょっと[5]、通信相手がいないことに気づかないかもしれません。この長い時間の間に何らかの処理待ちになっていたとしたらどうでしょう？

　たとえば、DBMSがロック待ちになっているような場合です。キープアライブ以外のタイムアウトがない場合、下手をすると2時間処理を止めてしまうかもしれません。当然、2時間はミッションクリティカルシステムでは長い時間なので、特に必要なシステムではキープアライブのチューニングをしましょう。なお、通信相手がいないロック待ちが発生してしまったら、暫定的な処置として該当するコネクションをDBMS上で強制終了させることもあります[6]。

---

[4] ソケットにタイムアウトを設定したり、OSの機能を使って、一定時間経ったら割り込みをしてパケットを送り、応答を確認したりすることもできます。
[5] 「2時間ぴったり」ではなく「2時間ちょっと」である理由は、「生きているか？」と確認するパケットの再送とタイムアウトが必要な場合もあるからです。このパケットのタイムアウトまでの時間を「ちょっと」と表現しています。
[6] 失敗してもかまわないが長時間待たされるのは困る、という場合には、ロックタイムアウトというDBMSの機能を使用することもできます。もしくは、ロック待ちのタイムアウトをSQLに設定するといった対策をとることも可能です。ただし、この対策はロックを待っている側が失敗するだけであり、ロックの解放までは行ないません。

7.2.4 リトライやタイムアウトのチューニング

このキープアライブの時間もそうですが、TCPパラメータとしてのリトライの時間なども、たいていはチューニングできます。ただしキープアライブはともかく、リトライやタイムアウトについては、設定変更がサポートされないこともあり、設定も難しくなります。そのため、多くの現場ではこれらの設定を「変更しないでくれ」と言われます。また、「自己責任で」と言われることもしばしばです。そう言われてしまうと、ほとんどのケースでは設定を変更せず、そのままにするしかなくなります。「設定の難しさ」というのは、ネットワークのパラメータのバランスのことを指します。これは、よく確認せずに設定すると、大変な問題を引き起こすこともあるのです。

たとえば、ネットワークでも機器を冗長化することがあります。そして、ネットワーク機器のベンダでは、「機器に障害が発生した場合でも、60秒以内に代わりの機器に切り替われば再送の時間内に収まるから、エラーにはならないだろう」という設定をしていることがあります。しかし、OSでギブアップまでの時間を切り替えにかかる時間より短く設定してしまうと、「送れないんだな」と誤検知してしまうのです。一時的に送信できないというネットワークの事象も、NIC（ネットワークのカード）の切り替えから、スイッチやルーターの切り替え、経路の再構成といったいろいろなものがあるため、送信のできない原因を簡単に確認することはできません。

では、どうすればよいかというと、長時間待機の対処方法としては、最悪の場合、OSやAPサーバー、DBMSを再起動することになります。APサーバーやDBMSを再起動すれば、そのソケットは廃棄されます。同様に、OSごと再起動してもそのソケットはなくなる、つまり待ちがなくなるわけです。実は、DBサーバーを再起動した場合にAPサーバーとDBサーバーの通信がうまくできず、「とりあえずAPサーバーも再起動しろ」でうまくいくケースの一部はこのパターンです。このような障害の仕組みと対処方法を覚えておくとよいでしょう。

7.2.5 RSTパケット

アプリケーションがTCPのソケットを使っている場合、TCPレイヤーはソケットが切れていること（相手が再起動しているなど）に気づかなければなりません。基本的に、アプリケーションはソケットを利用しているだけだからです。ここで紹介するRST（RESET：リセット）パケットは、そのようなソケットが切れている（もしくは異常）状態を検知してやり直し（強制切断）をするために、TCPレベルでやりとりさ

れるものです。

　たとえば、シーケンスが全然合わないパケットが送られてきたり、ソケットが開いていないポートにアプリケーションの通信が送られてきたりした場合などに、RSTパケットを送り返します。こういう仕組みがないと、間違った通信が延々と続いたり、簡単に通信をハイジャックされたりします[※7]。

　もう少し具体的に考えてみましょう。FIN（終了）パケットを送る暇もないような突然の再起動がDBサーバーでありました。その場合、通信相手はDBサーバーでソケットが失われていることを知らないので、パケットを送ってくることがあります。受け取ったDBサーバーのOSは再起動されているため、そのようなソケットはわかりません。そのため、「そんな接続ないよ。もう一度やり直して！（強制切断）」というRSTパケットを送ります（図7.5）。DBMSの接続が失われているというメッセージがクライアントに出る場合、裏ではこのようにRSTパケットが飛んでいることがあります。

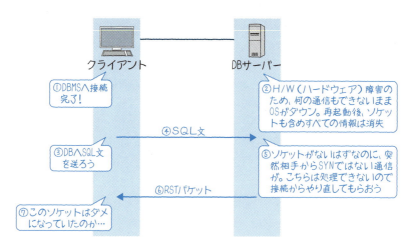

図7.5　RST（リセット）パケットとは何か

7.2.6　VIPアドレス

　少し高度ですが、このRSTパケットの仕組みをうまく利用して障害時のダウンタイムを短くする手法もあります。

　たとえば、ハードウェア障害などの場合、故障した機器のIPがネットワーク上からなくなってしまうことがあります。すると、接続元は前述のように「たまたま通信で

※7　こういう仕組みがあっても、シーケンスを合わせればハイジャックできてしまいます。

きないのかな？　もうちょっと待とうか」ということで、再送しながらタイムアウトまで待ちます。VIPを使うことで、タイムアウトまで待たずに故障を検知することができます。

　VIP[※8]とは仮想的なIPアドレスのことで、コンピュータ間をまたがって移動できます。このようなIPアドレスがあると、マシンが故障したときに予備機に同じIPアドレスを移すことができます（図7.6）。すると、引き継いだ機器（当然、ソケットは失われています）からRSTパケットを送ることができるので、送信元であるDBMSクライアントはすぐに障害に気づくことができます。あとは、設定で再接続させれば大丈夫です。VIPを使う方法は、クラスタ構成（複数のマシンを使って可用性を高める構成）でよく見られます。

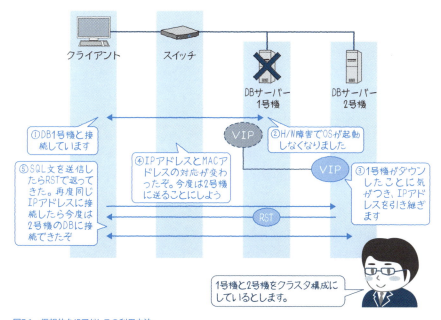

図7.6　仮想的なIPアドレスの利用方法

※8　VIPは、「Virtual IPアドレス」「サービスIPアドレス」「リロケータブルIPアドレス」「フローティングIPアドレス」などとも呼ばれます。一般的に、物理的なIPアドレスとは別に設けます。

7.3 ‖ 帯域の制御

　ネットワークのトラブルには、輻輳というものがあります。これは、通信が集中し、満足に通信できなくなる状態を指します。地震の被災地の電話などでよく見られる状況です（厳密には、輻輳にならないように通信業者が規制した結果、電話がつながらなくなっていることも少なくありません）。電話がつながらなかったら、つながるまで電話をかけ続けますね。このように、輻輳になると再送なども発生するため、さらに通信状態が悪化してしまいます。つまり、通信において混雑を制御することは大変重要な機能となります。

7.3.1 ‖ はじめチョロチョロ

　帯域をどのように制御するかというと、はじめにチョロチョロとデータを流してみて、まったく問題がないようであれば、徐々にデータ量を増やしていくというアプローチをとります。問題があるようなら、一度に流すデータ量を減らします。この一度に流せるデータ量を「ウィンドウサイズ」と呼びます[9]。

　初期値としてデフォルトのウィンドウサイズがあり、これを必要に応じて徐々に大きくしていくわけです。最初は値が小さいことから、「スロースタート」と呼びます。ADSLなどでは、このウィンドウサイズを大きくするとインターネット通信が速くなると言われており、ネットワークではよく知られたチューニング項目でした。さて、DBMSではどうでしょうか？

　実は筆者が見る限り、LANのDBMS（特にOLTP系[10]）では、この方法による効果はあまりありません。というのも、ネットワークから見ると、DBMSは一度に大量のデータをやりとりすることが少ないためです。ある一定時間のデータとしては大量であったとしても、SQLの制御での通信やいろいろなパケットなどが少しずつやりとりされるため、ネットワークのドライバーから見ると大量とは言えないことが多く、大きなウィンドウサイズが必ずしも通信の高速化をもたらすとは限りません。図7.7は、実際のDBMSとクライアントとの通信から、どのようなサイズのデータがやりとりされるかを示した一例です。図中のftpの例と比べると、サイズの違いは一目瞭然ですね。

※9　後で説明するように、より正確には、「ACKを待たずに一度に送信できるデータ量」のこと。
※10　OLTP（OnLine TransactionProcessing）とは、多くの端末から中央のサーバーに何度もアクセスするシステム形態のことを指します。少量のデータで高速なやりとりが多いことが特徴です。

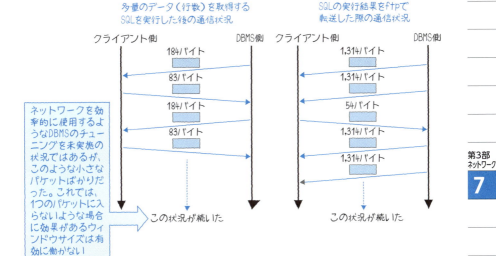

図7.7 DBMSの通信はサイズが大きくない

7.3.2 ウィンドウサイズの変更

　LANでは効果が少ないとしても、WAN[11]ではどうでしょうか？

　WANは、1回のやりとりの時間が長く、仮に100Mビット／秒の回線だとしても、DBMSから1秒に100Mビットのデータを送ることは困難です。なぜなら中継を繰り返し、到着にかかる時間が長いためです。「1つのパケットを送り、ACKが返ってきたら次のパケットを送る」を毎回行なっていては、パケット待ちの時間が積み重なってかえって時間がかかります。回線全体としては空きがあるものの、パケットを待っている時間が長いため送りたいデータがなかなか送れない、という状態となりうるのです。大量のデータをまとめて送るような場合は、1パケットごとにデータ送信とACK受け取りをするのではなく、複数のパケットをまとめて送って、それらが届いたということを確認するほうが回線を効率的に使えます（図7.8）。

---

[11] Wide Area Networkの略で、遠隔地のLANやホストとつながった広い範囲のネットワークのことです。

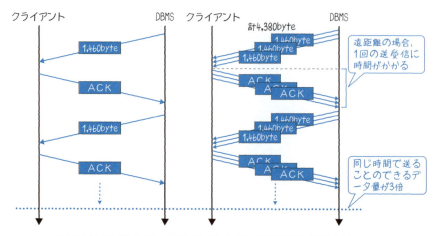

図7.8　複数パケットをまとめて送り、ACKを待ったほうが効率的

　ウィンドウサイズを大きくすることで、これが実現できます。たとえば、ウィンドウサイズが3パケット分の大きさであれば、送信側はACKを待たずに3パケット送ることができるのです。ウィンドウサイズは、初期値から開始して1パケット分ずつ大きくしていくというアプローチがとられるため、適切な値になるまでに時間がかかってしまうかもしれません。そのような場合、初期値を大きめに設定して、その環境にとって適切なサイズへ素早く到達するように調整します。

　ウィンドウサイズの決定には、データ受信側の状況にも依存します。データを受信する側は、送られてきたデータを一時的にためておくためのバッファを用意しています。このサイズを超えてしまった分のデータは受け取れないので、受信側はあとこのくらい受け取れるよ、ということを送信側に伝え、送信側はこれを意識して送信するデータの量を調整しているのです[12]。

　このように、ウィンドウサイズは、利用するネットワークでの輻輳を避けるために送信量を調整する側面と、受信側が受け入れ可能なサイズに合わせて送信量を調整する側面の両面があります（小さいほうが優先されます）。ネットワーク自体は余裕があるのに、受け入れ側の上限が小さすぎるために送信が滞っている場合は、受信側の受け入れ上限バッファサイズを調整します[13]。

　なお、DBMSとのデータのやりとりにおいて、ウィンドウサイズの調整で実際に効果が現れるのは、DBMSのパケットがまとめて送られるような場合に限ります。

---

[12]　一般的に「フロー制御」と呼ばれます。受け入れ可能サイズはACKだけでなく、ウィンドウプローブという形でも送信側に通知されます。
[13]　当然、送受信双方のホストでソケットバッファのためのメモリが確保できることが前提となります。送信側にも必要なのは、ACKが返ってくるまでは再送の可能性があるためです。

7.3.3 シーケンス番号

前述のように複数のパケットを送った場合、それらのパケットが相前後して相手に到着することもあります。そのようなときのために、シーケンス番号という仕組みを用います（このシーケンス番号はTCPレイヤーで、いろいろな役目を果たす便利な番号です）。受信側は、受信確認として受信したサイズ分だけ増やしたシーケンス番号を送り返し、番号は送ったデータ量に比例して上がっていきます（図7.9）。シーケンス番号を見れば、データを順番通りに並べ替えられるというわけです。

TCPには、複数送られたパケットのうち、一部のパケットだけが受信側に届かなかった場合に、届かなかったパケットのみ再送を要求し、届いている前後のパケットは再送させない仕組み（SACK）がありますが、これもシーケンス番号を利用しています。この仕組みを使わない場合は、届かなかったパケット以降のパケットがすべて再送となるので、大きな遅延が発生する可能性がある点に注意してください。

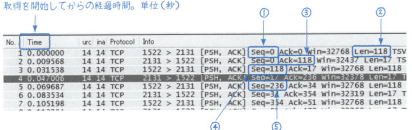

①「Seq」はシーケンス番号を表わす（解析ソフトが最初のパケットを0と表示してくれている）
②「Len」はデータのサイズを表わす。118バイト
③2行目のパケットは、クライアントから戻ってきたパケット。「ACK」が受信確認。シーケンス番号を使って、118バイトまで受け取ったことを示してくれている。これにより、1行目のパケットを受け取ったことがわかる
④2度目のサーバーからのパケットでは、先ほど118バイト送ったため、「Seq」が118になっている
⑤3度目のサーバーからのパケットでは、先ほど118バイト送ったため、「Seq」が236になっている

図7.9　シーケンス番号は送受信するたびにサイズ分だけ増えていく

7.4 負荷分散

　ネットワークの負荷分散装置が、複数のWebサーバーやAPサーバーに対して負荷分散しているサイトをよく見かけます。しかし、負荷分散装置が複数のDBサーバーに対して負荷分散を行なうという話はあまり聞きません。その理由は、「データは1箇所」の原則があるからです。

　WebサーバーやAPサーバーでは、データを除くとお互いの処理が独立しているため、同じプログラムや機器を多数並べることはそれほど難しくありません。しかし、DBサーバーをAPサーバーのように並べようとしても、データをどのように持たせるのかという問題が付いて回ります。複数のDBサーバー（＝複数のDB）にしてしまうと、片方のデータが更新されても、残りのデータが更新されなくなってしまいます。複数箇所を更新するのは非効率的ですから、原則として同じデータは1つのサーバーにしたいものです。これが、DBMSと負荷分散装置を組み合わせることが少ない理由です。

　ただし、負荷分散の方法がないわけではありません[14]。1つは、レプリケーション[15]などを用いた構成にして、データの同期をとる方法があります。（図7.10）。一般的なDBMSでは検索が多いことが知られています（約8〜9割などと言われます）。閲覧が多いことがわかっているシステムなら、レプリケーションを採用できることもあるはずです。ただし、アプリケーション側で処理内容に応じて接続先を切り替える必要がある点や、更新の多いシステムの場合、更新用DBサーバーへ処理が集中してしまい、うまく負荷分散はできない可能性がある点に注意してください。

---

[14]　そのようなソリューションを提供しているDBMSベンダ（OracleのRACなど）もあります。
[15]　レプリケーションとは、データの複製のことで、同じデータをほかのマシンにもコピーする、DBMSの機能です。

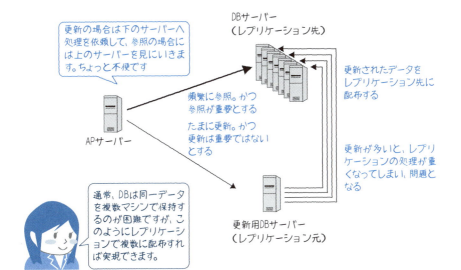

図7.10　レプリケーションによる可用性の向上

　なお、この負荷分散にはDNSラウンドロビン[※16]を用いる方法もあります。DNSラウンドロビンとは、DNSへの問い合わせの結果（IPアドレスの順番）をラウンドロビンで変える方法です。その時々で違うIPアドレスへアクセスするようDNSサーバーが指示するので、負荷分散が実現できます。

　また、DBMSの負荷分散を行なった場合、障害時などは接続が偏ってしまいます。通常運転のために、どのように均等に戻すのかは難しい問題です。多くの場合、DBMSへの接続はつながりっぱなしになるため、偏りを直すには一度は接続を切らなければなりません。そのため、つなぎ直しは夜間などに行なうこともあるようです。

※16　ラウンドロビンとは、複数用意して順番に割り振る方法のことです。1つ1つのリクエストが同じくらいの仕事量であれば、負荷が偏らずに平均化されることが期待できます。

7.5 DBMSで効果があるACKのチューニング

前述したように、DBMSなどのアプリケーションでは1つのソケットでやりとりを繰り返したい（ボールをお互いに素早く返したい）場合がありますから、遅い応答が少しでも積み重なると、それが大きな違いになってきます。TCPのデフォルトの動作には、そのような事象を起こすことのあるdelayed ACKがあります。delayed ACKとは、ACKをすぐに返さずに、ほかの通信に相乗りさせてパケットを減らせるかどうか少しの間だけ待つことです[※17]。しかし、思惑通りにならなかった場合は、その時間が無駄になります（図7.11）。

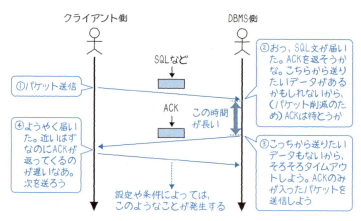

図7.11　delayed ACKにより性能が出ないことがある

さらに、TCPには送信側にも似たような仕組みがあります。それは、ACKが返ってくるか、最大サイズのパケットを送れる状態になるまで、送信をしばらく待つ動作で、Nagle（ネーグル）アルゴリズムと言います。小さなデータを細切れに送るより、まとめて送ることでパケットを減らすための仕組みですが、delayed ACKとの相性がとても悪く、お互いがお互いを待ってしまう状況が発生する可能性があります。筆者は、これにより数倍もの性能差（バッチ処理の時間差）になっているシステムを見たことがあります。そのため、DBMSを含むアプリケーションによっては、いずれか、あるいは両方を無効化にすることもあります[※18]。

※17　0.5秒経過（OSによって異なり、0.2秒のことが多い）もしくは、フルサイズのパケットが2つ分を受け取るまで待つ仕組みです。
※18　delayed ACKは「TCP_NODELAY」、Nagleアルゴリズムは「TCP_QUICKACK」というソケットオプションで制御されています。

7.6 接続処理とセキュリティ

離れた場所にあるDBMSに接続する場合は、当然ネットワークを使います。DBMS
とDBMSのクライアントはどのようにネットワークを使うのでしょうか？　また、ネ
ットワークを介した接続を行なう場合、どのようにセキュリティを考えたらよいでし
ょうか？

7.6.1 接続処理

ソケット通信の場合、原則的にはOSに「ソケットを作って」と依頼するだけで通
信が可能となります。ただし、ソケットを作るには、設定（IPアドレスとポート）が
必要です。DBMSにもよりますが、このような設定は接続時に直接指定するか、設定
ファイルから読み出します。

リスト7.1は、そのような設定ファイルの例です。ホスト名（IPアドレス）とポー
ト番号、それにDBMSが必要とする設定から構成されていることがわかります。接続
時にキーボードから入力したことがなければ、どこかに記述されているはずです。

Oracleの例。Oracleは多くの場合、tnsnames.oraに設定を記述する

接続の設定に付けられた名前。接続の際にはこの名前を指定する

```
ORCL =
    (DESCRIPTION =
        (ADDRESS = (PROTOCOL = TCP)(HOST = koda.localdomain) (PORT = 1521))
        (CONNECT_DATA =
            (SERVER = DEDICATED)
            (SERVICE_NAME = orcl)
        )
    )
```

Oracleが独自に使用する設定部分。ソケットを作った後に使用する

ホスト名。第6章で紹介したように、この名前からDNSやhostsファイルによってIPアドレスを求める

ポート番号。第6章で紹介したように、この番号とIPアドレスがあれば、ソケットを作れる

リスト7.1　接続のための設定ファイル

TCPのソケットが作成された後は、たいていのDBMSでは設定の通信が行なわれるか、ユーザー名とパスワードの確認を行なっているはずです。パケットをキャプチャしてみるとわかりますが、意外と多くの通信をしています（図7.12）。

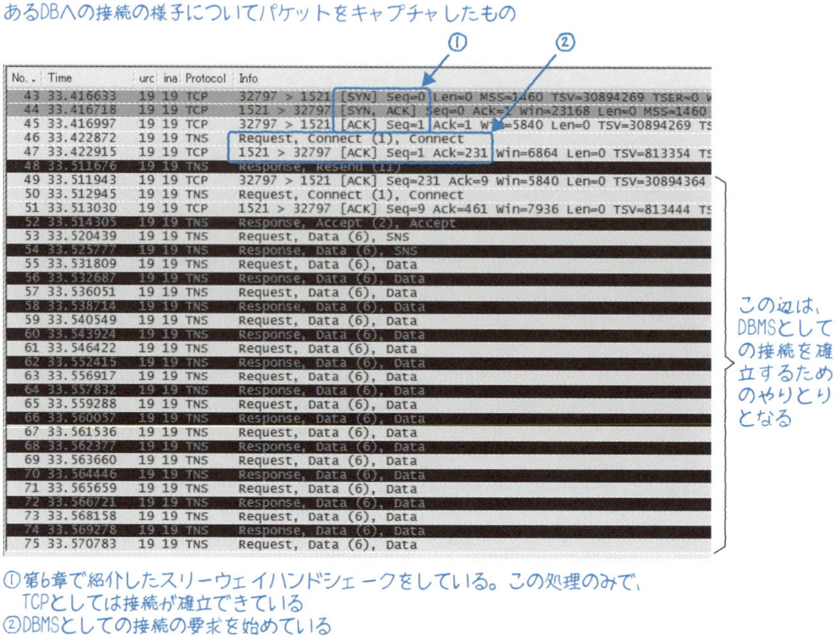

あるDBへの接続の様子についてパケットをキャプチャしたもの

①第6章で紹介したスリーウェイハンドシェークをしている。この処理のみで、TCPとしては接続が確立できている
②DBMSとしての接続の要求を始めている

図7.12　DBMSの接続における通信回数は意外と多い

　通信だけではなく、それ以降に発生する処理も、OSからすると重いものです。そのため、アプリケーションは安易に接続／切断を繰り返すべきではありません。ボトルネックとなることも多いので、DBMSを利用する側のアプリケーションエンジニアはよく覚えておいてください。

7.6.2　接続時のパスワード

　接続で使用されるDBMSのパスワードは、セキュリティの観点からよく問題になります。筆者は、APサーバーやパッケージソフトの設定ファイルにパスワードを直接書き込んでいるケースをよく見かけます。また、バッチ処理のシェルスクリプトに直接記述していることもあります。このため、パスワードを見ようとすれば見えてしま

うことが意外と多いのです。パスワードを見えないようにする対処は難しい場合が多いですが、最低限、次のような対処をとっておくようにしましょう。

- ほかの人からファイルの中が見えないようにOS上の権限を設定する
- デフォルトのユーザー名やパスワードは使用しない
- パスワードなどを記述したAPサーバーなどは、ネットワーク内の安全なセグメントに配置する（DBMSと同じセグメントに入れる）
- DBユーザーの権限を必要最小限にする
- 監査機能を有効にしておく

7.6.3 通信の暗号化

　ネットワークを介してデータをやりとりする場合、盗聴や改ざんのリスクが発生します。これは、DBクライアントとDBMSとの間でやりとりされるデータについても、当てはまります。まだそれほど一般的とはなっていませんが、社内のセキュリティリスクに備え、APサーバーとDBサーバーの間の通信暗号化も検討するとよいでしょう。

　通信の暗号化は、IPsecやSSL/TLSなどレイヤーに応じていくつかの方法で実現できますが、一部のDBMS製品ではクライアントとの通信をSSL/TLSで暗号化する機能を提供しています（Oracleでは、Oracle Netで暗号化やチェックサム機能が用意されています）。クライアントとDBMSの間のデータを暗号化する場合、暗号化／複合化の処理が必要になるので、性能影響が発生する可能性があります。通信データを保護する機能を利用する際は、性能が許容される範囲に収まるか必ず確認するようにしてください。

7.6.4 ファイアウォール

　ファイアウォールは、外部からの侵入を防ぐためのものです。外部ネットワークからの侵入を何層（1層のときもありますが）にも渡って防火壁のように遮断してくれます。ファイアウォールの基本的な考え方は、「内部から外部へのアクセスはOK。外部から内部へのアクセスは原則NG」です。この考え方は、DBMSを用いたシステムにどのような影響を与えるのでしょうか？

　WebサーバーやAPサーバー（特にWebサーバー）は、比較的、外部ネットワーク

寄り（外部セグメント）に配置します。それに対して、DBサーバーはもともと内部ネットワーク（内部セグメント）に置くこともあります。このような配置にすると、WebサーバーやAPサーバーからDBサーバーへ接続することになりますから、外部から内部に対しての通信（しかもログイン）が発生してしまいます。これは、基本的な考え方に沿えばNGです（図7.13）。

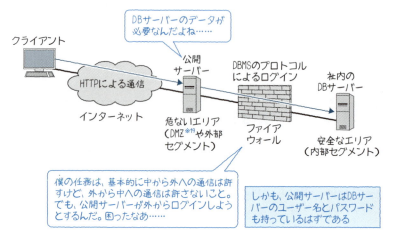

図7.13　外部から内部へのDBログインは危ない

この問題に対する対処法の1つは、APサーバーとDBサーバーを同一セグメントに配置し、ファイアウォールを越える通信はDBのログインではなく、単なるHTTPやリモートの呼び出し、そのほかの（ログインをしないような）プロトコルにする方法です。これにより、外部から内部へのログインは発生しなくなります。外部のマシンが乗っ取られても、内部への侵入は難しくなります（図7.14の上）。

※19　DeMilitarized Zone（非武装地帯）の略で、社内ネットワークと外部ネットワーク（インターネットなど）の中間に作られる、ネットワーク上のセグメント（区域）のことです。社内／外部ネットワークのいずれからも隔離されています。

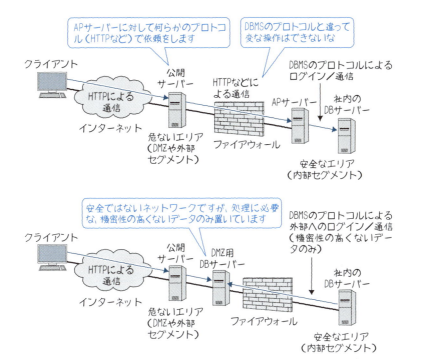

図7.14　より安全な2つの構成例

　もう1つの対処法は、内部から外部へデータをプッシュする方法です。WebサーバーやAPサーバーは、データがほしいからDBサーバーへアクセスします。そうなると、APサーバーのセグメントにもDBサーバーを立てて、内部ネットワークから定期的にデータをプッシュする方法はどうでしょう？

　それほど機密性の高いデータでなければ、このようなプッシュを採用する方法もありえるでしょう（図7.14の下）。もちろん、ファイアウォールにはDBMSのプロトコルに対応している（いろんなチェックができる）ものもあります。その場合は、比較的セキュリティを保ったままファイアウォールを越えて通信することができます。

　なお、安全ではないネットワークにあるAPサーバーやWebサーバーに、DBへのユーザー名／パスワードを暗号化せずに置いているケースがよく見られます。この場合は、APサーバーやWebサーバーを乗っ取られると、正規のアプリケーションを装ってDBサーバーへログインされてしまい、データを引き抜かれることもありますので、当然お勧めできません。

Column
拠点間を安全に通信するために

離れた拠点同士で通信する場合、何らかの方法でネットワークをつなぐ必要があります。最もシンプルな方法は、拠点間を専用線で結ぶ方法です。専用線であれば、第三者がその回線を利用することないので、通信は安全ですし[20]、帯域使用のコントロールも自由に行なうことができます。しかし、専用線は非常に高価なため、簡単に導入することはできません。

そこで、専用線のようなプライベート接続を仮想的に作るVPN（Virtual Private Network）という技術が登場しました。利用する回線によって、インターネット回線を使うインターネットVPNと、通信事業者の回線を使うIP-VPNの2つに区別されます。

前者は、誰もが利用可能なインターネットを使いつつも、IPsec（Security Architecture for Internet Protocol）と呼ばれるL3レベルのプロトコル群によって暗号化や認証、改ざんのチェックなどを行なうことで、通信の安全性を確保し、仮想的なプライベートネットワークを実現しています。

後者は、通信事業者の閉域網を使いつつ、MPLS（Multi-Protocol Label Switching）と呼ばれる技術によって顧客ごとに論理的に分離されたネットワークを提供することで、仮想的なプライベートネットワークを実現しています（図7.B）。同じ"VPN"という名前ですが、使われている回線も技術も異なる点は頭の隅に置いておいてください。

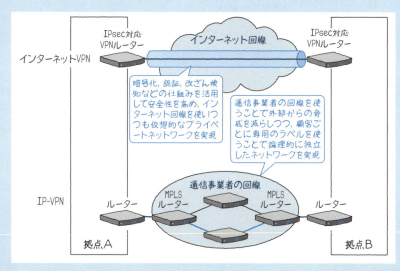

図7.B　インターネットVPNとIP-VPNの違い

※20　あくまで外部からの脅威がないという意味で、必ずしも通信の暗号化等の対策が不要とは限りません。

ただし、アプリケーションなどネットワークを利用する側は、この違いを意識することはありません。ルーティングの設定さえきちんと行なわれていれば、拠点内の出口（インターネットVPNの場合、IPsecを理解し暗号化／複合化などを行なうことのできるルーター、IP-VPNの場合通信事業者のルーター）から、それぞれの回線を通って、目的の通信相手へボールが届きます。このように、拠点間の通信であっても階層構造のおかげで、第6章で説明した通信の基本的な仕組みは変わらないのです。

近年は、クラウド上にシステムを構築して、1つの自社拠点のように利用するケースが増えています。この場合も、専用線や通信事業者の閉域網を利用して接続することを検討しますが、通常、クラウドサービスを提供しているデータセンターの場所は公開されていません。代わりにネットワークを接続するための拠点が公開されており、ここに接続することで、クラウド内のプライベートネットワークへ接続できる、という仕組みになっています。なお、インターネットVPNで接続する場合は、インターネット回線を利用するので、こうした拠点を経由する必要はなく、クラウドプロバイダーが提供しているVPN接続を受け付けるゲートウェイサービスを利用することが多いです。

7.7 まとめ

　この章では、ネットワークが「離れている」ために余計な処理が必要になったり、再送やタイムアウトなどの待ち時間が発生したり、セキュリティリスクが生じたりすることを見てきました。これらは、「なぜこんなトラブルが？」という疑問に答えるために必要な知識なので、この機会にネットワークに関する理解を深め、現場での仕事に生かしてください。

Column

RFCを読もう

　本書で紹介しているネットワークの仕組みなどについて調べると「RFC」という文書を見かけます。RFCとは、インターネットで利用される技術の標準化を推進するIETFという組織が整理し発表している文書のことで、TCP/IPで使用されているプロトコルの仕様などが含まれています。インターネットでも公開されているので、誰でも見ることができます。もともと意見を求めるための文書、という形で公開されていたため、"Request for Comments"という名前になっているようです。

　RFCには、仕様以外にもさまざまな文書が含まれていますが、標準となっているプロトコルについて仕様を確認したい場合は、標準化ステージの「Internet Standard（STD）」や「Proposed Standard（PS）」に属しているRFCを探してください。たとえば、TCPの標準について記載された文書群は、STD7としてまとめられており、RFC 761などの文書が含まれます。

　なお、RFCは編集が認められていないので、更新された場合は新しいRFC番号となって公開されます。ただし、更新された文書は文書のメタ情報に更新版のRFCの情報が記載されていますし、STDの番号は変わりません。

　RFCには仕様などが書かれているので、硬い文書で読みにくいのでは、と思う方もいるかもしれません。確かに硬い部分もありますが、筆者の感覚では、意外と読みやすく、わかりやすい文書となっています。気になるプロトコルや仕様について、ぜひ一度確認してみてください。

　IETFの出版部門であるRFC Editorのサイト（https://www.rfc-editor.org/）より自由に検索／閲覧できるほか、JPNICやIPAなどの団体が一部のRFCの日本語訳を公開しており、それぞれのWebサイトから読むことができます。

第 8 章

第3部　ネットワーク──利用する側が知っておくべき
　　　　通信の知識

現場で生かせる性能問題解決と
トラブルシューティングの王道

第7章までで、ネットワークに関する理論的な部分の解説はほぼ終わりました。この第8章では、より実践的な内容を扱います。よくありがちな「接続できない」というトラブルについて、DBMSを例に解説した後、システム管理者の永遠の課題とも言える性能関連のトラブルを見ていきます。後半では、パケットキャプチャの方法や、OSが持つネットワークの統計情報の見方などを紹介します。

8.1 「接続できない」というトラブル

ネットワークという観点でよく遭遇する問題は、「接続できない」というトラブルでしょう。このようなとき、ネットワークを利用する側のエンジニアの皆さんには、TCP/IPの階層を考えながら「どこに問題があるのだろう？」と探る方法をお勧めします。「これが成功すれば、この階層まではOKなはずだ」というように問題の原因を切り分けていくのです。

たとえば、自分の周辺のイーサネットレイヤーに問題がないかどうかの確認は、自分のマシンから任意のマシンまで何らかの通信ができるかどうかで判断します。何らかの通信ができていれば、少なくともイーサネットとしては機能しているはずだからです。

8.1.1 問題を切り分ける方法

代表的な切り分けの方法を図8.1に示しました。

図8.1-①「ping IPアドレス」コマンドが成功すれば、IPレイヤーとイーサネットレイヤー（物理レイヤー）まではOKと言えるでしょう。ただし、最近はpingを使えないようにしているネットワークもあるため、その場合はほかのコマンドで代用してください。また最初から、図8.1-②「ping ホスト名」コマンドを実行することも多いでしょう。これがうまくいけば、名前解決とIPレイヤーまでは問題ないはずです。

pingが成功しない場合は、目的のマシンと同一のネットワークに存在するほかのマシンに対してpingを実行してみましょう。もしくは、トレースルート（tracertやtraceroute）を実行してみましょう（図8.1-③）。これにより、ルーティングが正しいかどうかがわかるはずです。

IPレイヤーまでOKだった場合は、「netstat -a」や「ss -a」などで、サーバー側でポートが開いているかどうかを確認しましょう。また、クライアント側から「nc ホスト名 -z ポート番号」や「Test-NetConnection ホスト名 -Port ポート番号」（Windows

260

PowerShell）などのコマンド（リスト8.1）で確認できます（図8.1-④）。

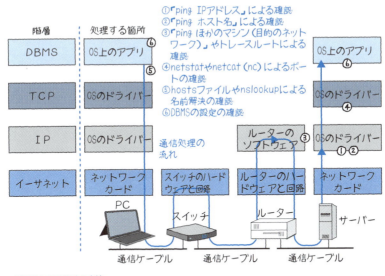

図8.1　代表的な切り分けの方法

リスト8.1　接続できないトラブルの切り分け時に利用するコマンドの使い方

目的のマシンまでの途中に、ファイアウォールや何らかのアドレスの変換装置（NAT）が存在しないことも確認しましょう[1]。これらは特定のポートを遮断したり、アドレスを書き換えたりしてしまうため、パケットが途中で思いもよらないものになっていることがあります。また、無通信のまま時間が経つと、これらは接続を切断することもあります。ファイアウォールの設定で、ネットワーク診断用のコマンド（たとえば、pingなどで用いられるICMPプロトコル）を許可していないと、上記の切り分けもできないので注意してください。

名前解決があやしい場合は、hostsファイル（UNIX系であれば/etc/hosts、Windows系であればC:¥Windows¥system32¥drivers¥etc¥hostsなど）の中も確認してみましょう。ここには、このマシン専用のホスト名とIPアドレスの対応表が載っています。これが悪さをしているかもしれません。また、nslookupや Resolve-DnsName（Windows PowerShell）などのコマンド（リスト8.1）を使って、DNSの情報が正しいかどうかも確認します（図8.1-⑤）。

TCPのポートまで正しくたどり着けている場合、TCP/IPやイーサネットなどのレイヤーではなく、DBMSなどのアプリケーションのレイヤーが原因と言えます。あとは、アプリケーション（DBMSなど）の設定や、アプリケーションに渡しているユーザー名やパスワード、設定情報を調べるようにします（図8.1-⑥）。

SDN[2]やクラウドの登場により、ネットワークセキュリティが柔軟かつ容易に設定できるようになった一方で、ルールが複雑化し「接続できない」トラブルの相談が増えています。ネットワークエンジニアでなくても、どのレイヤーまで通信できているのかを切り分け、疑わしい箇所をある程度絞り込むことがますます求められるようになっていると言えるでしょう。

※1　OSレベルでパケットフィルタが設定されていることもあります。
※2　Software-Defined Networkingの略で、ネットワーク機器を単一のソフトウェアで制御して、物理構成に依存しない柔軟な構成や設定を可能にする技術の総称。

8.2 性能問題の発生パターン

アプリケーション（DBMSを含む）が絡むネットワークの性能トラブルが起きた場合、どのような事態になっているのでしょうか？

たいていは次のうちのどれかです。

①どこかでボトルネックが発生してしまい、待ち行列ができている
②通信回数が多いため、仕方なく時間がかかっている
③通信回線は空いているが、アプリケーションとして次のパケットを送れないため、トータルで時間がかかってしまう（②に近いケース）
④ネットワークの障害もしくは設定ミスのために通信間隔が空いてしまい、アプリケーションやDBMSから見るとレスポンスが悪い

8.2.1 ボトルネックによる待ち行列

まず、①のパターン「どこかでボトルネックが発生してしまい、待ち行列ができている」は、どのような事象でしょうか？

たとえば、APサーバーとDBサーバーの間のネットワーク機器がボトルネックだとすると、たいていはネットワーク機器のキューにパケットがたまります。ACKが返らないので、APサーバー側の送信キューにもデータがたまります。APサーバー、ひいては利用者から見ると、「なんか遅いなあ」という感じを受けます。ボトルネックから先では正常に処理されるため、DBサーバーより手前にボトルネックがある場合、DBサーバーでは特別何かが起きているようには見えません（第6章の「待ち行列（6.7節）」）。このような事態になると、ユーザーは「遅いぞ」と言い、DB管理者は「遅くない」と言い返し、押し問答が繰り返されます。

ネットワークが関係するシステム（ほとんどのシステムだと思いますが）では、待ち行列の考え方はとても大事です。DBサーバー上で待ち行列ができているのか（そうであれば、それに引きずられてAPサーバー上でも待ちが発生しているはずです）、それともAPサーバー上では待ち行列ができているのに、DBサーバー上では待ち行列がないのかを調べましょう（この場合はAPサーバー自体か、APサーバーとDBサーバーの間があやしいです）。

どこでせき止められているかの違いだけであり、根本的には性能不足ということもよく見かけます。オンライン系の処理においては、並列処理の程度を決めるコネクシ

ョン数というものがありますが、「全然性能が出ないな」と思ってこのコネクション数を絞るとどうなるでしょうか？　確かに、DBMS上の待機は減るでしょう。これでめでたしめでたしですか？　そうではありませんね。

　せき止められているのがAPサーバーになっただけで、待ち行列全体の長さは変わりません（図8.2）。DBMSの性能はコネクション数を絞ったほうがよいことも多いので、すべてのケースで間違いとは言えませんが、どこが詰まっているのかを順に追いかけていって、原因の根本を調べて解決するようにしましょう。

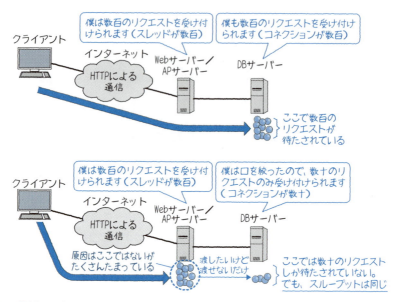

図8.2　待ち行列の先頭を対処しなければ途中を絞っても意味はない

8.2.2 通信回数が多いだけというトラブル

　②のパターン「通信回数が多いため、仕方なく時間がかかっている」は、現場でよく見られますが、なかなか納得してもらえないトラブルです。

　たとえば、数GBといったサイズの送受信、もしくは数千件のデータの送受信（または数千回の通信）などをする場合、1回当たりの時間が短くても、それらが積み上がれば時間がかかります。特にDBMSが詰まっているわけではなく、ネットワークで詰まっているわけでもなく、単純に時間がかかるのです。ネットワークエンジニアから見ると、「何で帯域を使い切っていないの？」と思うかもしれませんが、これはシ

ングル処理をしていることも一因となっています（Column「帯域幅とアプリケーションの通信性能はイコールではない？」「ショートパケットの考え方は重要」を参照）。

APサーバーとDBサーバーで簡単に並列処理を行なうことはできません。通常は1個のスレッド（もしくはプロセス）が処理する形になるため、通常ソケットも1つとなり、ネットワークにおいて簡単には並列処理にならないのです（図8.3の左）。なお、このような場合、DBMS側で処理するストアドプロシージャを使用すると通信量を減らせることがあります（図8.3の右）。

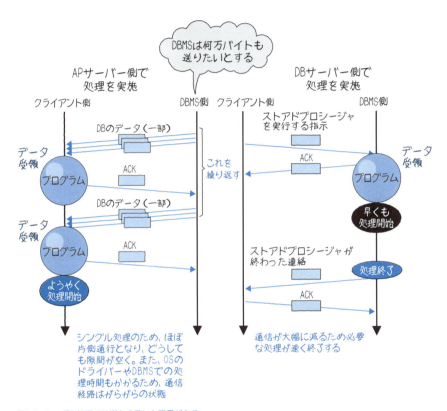

図8.3　シングル処理では送れる量にも限界がある

Column

帯域幅とアプリケーションの通信性能はイコールではない？

　帯域幅が1GB/s（秒）だとしましょう。この場合、DBMSなどのアプリケーションも1GB/sの速度でデータを送受信できると思っている人は多くいます。ネットワーク機器のベンダですら、「過去800MB/sの速度をこのネットワーク（機器）は達成している。しかし、DBMSの遅延が起きたと言われるこの時間帯は500MB/sしかパケットが流れていない。だから、これは遅延ではないはずだ」という言い方をします。グラフにすると、図8.Aのような感じです。

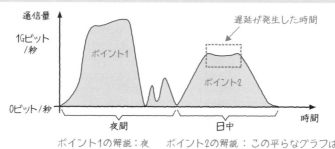

図8.A　ネットワークエンジニアが使う帯域の監視結果の図（イメージ）

　そもそも、ネットワークの規格でいう「速度」とは、電気的な信号を送信する速度のことです。パケットをどれだけ送れるかではありません。また、実は帯域を使い切りやすいアプリケーションと使い切りにくいアプリケーションがあるのです。そして、DBMSは使い切りにくいほうのアプリケーションだと筆者は思います。仮にFTPやscp[※3]などで1GB/sの性能が出たからといって、DBMSで1GB/sの性能が出るとは限らないのです。その最大の理由は、短いパケット（ショートパケット）が普通であるということです。ショートパケットでは、帯域を使い切る前に性能の上限に達してしまいます（図8.B）。全般的に、スイッチングハブよりもサーバーのネットワークカードのほうが先に限界になるので、大規模システムを担当する方は覚えておくとよいでしょう。

　こういった事情をネットワーク機器のベンダに伝えると、ネットワーク機器ベンダは「何とかなりませんか？」と聞いてきますが、たいていはどうしようもありません。後続のデータを送るには、相手のしかるべき応答がないと作業できないためです。これをイメージするには、sshを思い浮かべればよいでしょう。sshでは、キーをタッチ

▼

※3　scp（Secure Copy）は、sshの機能を使ってセキュアなファイル転送を行なうコマンド。SCP（Secure Copy Protocol）は、scpで使われるプロトコルのこと。

するとすぐに相手側のマシンにデータが送られます。少量のデータが頻繁に送られてくるわけです。相手マシン側からクイックレスポンスが欲しいsshに対して、まとめて送ることによって帯域を有効活用してくれ、というのは無理があります。DBMSも同様だと思ってください。

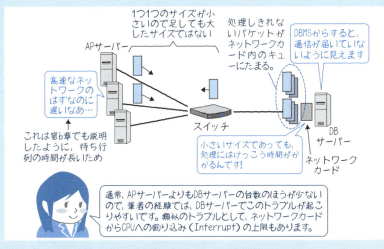

図8.B　ショートパケットでは帯域を使い切れずにネットワークボトルネックになる

Column

ショートパケットの考え方は重要

　サイズだけでなく回数も関係するという考え方は、ネットワークに限らず性能全般において重要です。たとえば、ストレージでも同じ事象が起きます。ストレージの場合には、I/Oのカードだけではなく、ハードディスクでも同様の事象が起きます。むしろ、ネットワークよりストレージのほうが、その現象は顕著です。

　ハードディスクの中では円盤が回っており、アームが動いてデータの読み書きをします。1回1回アームが動くことになるため、どんなに小さなサイズのI/Oであっても、それなりの時間がとられてしまいます。仮に2KBずつ書き込みをしたとすれば、1秒間に150回か200回（つまり300KBか400KB程度）しか書き込めません。しかし、1回のI/Oでまとめて書けるのであれば、1秒間にその数倍から十数倍の書き込みができます。詳細については、第4章の「ディスクのアーキテクチャ（4.1節）」を参照してください。

TCPの帯域制御についてはすでに説明しましたが、実は、Webシステムなどリクエストが多く発生する可能性があるシステムにも帯域制御の考えは適用できますし、適用すべきです。皆さんも経験があると思いますが、Webサイトを見るとき、遅いなと思うと、ユーザーはブラウザのリロードボタンを押してしまいます。また、ボタンを連打したこともあるのではないでしょうか？　つまり、限界を超えて混雑すると、さらに混雑が増えてしまうこともあるのです。

　この問題への対策としては、F5キーを無効化したり、ボタンの連打を検出した際にエラーページへ飛ばすなどの方法があります。原因は何であれ、限界を超えた場合には、エラーページをWebブラウザに表示させるようにするのです。この方法は、待たされているところがどこであっても、待ち行列ができてしまうという問題を解決してくれます。

　DBMSへのリクエストを絞っても、代わりにAPサーバーやWebサーバーで待ち行列が作られるだけです。そうではなく、限界を超えたらさっさとソーリーページを表示し、しばらくアクセスさせないようにすれば、少なくとも無意味な待ちは減るでしょう（図8.4）。このような仕組みを用意しておかないと、行列から抜け出してDBMSで処理をするころには時間が経ちすぎてしまい、意味がないSQLをDBMSが延々と処理しなければならないかもしれません。

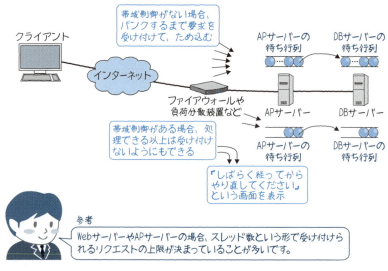

図8.4　DBMSを用いたシステムにも帯域制御は効果的

8.2.3 相手の応答を待たざるをえない処理

③のパターン「通信回線は空いているが、アプリケーションとして次のパケットを送れないため、トータルで時間がかかってしまう」は、②のパターン（通信回数が多いため、仕方なく時間がかかっている）の親戚です。ftp、scpのように次に送るデータが決まっており、どんどん送ればよいようなアプリケーションとは異なり、DBMSなどでは、データのやりとりといっても実際には制御の通信も多くなります。つまり、制御のためのパケットが届かないと次の処理に移れない、もしくは次のパケットを送れなくなってしまいます。要は、どうしても帯域が遊んでしまうのです。

特にWANの場合は通信のレスポンスが悪いため、思ったようには性能が出てくれません。WANでは帯域が広い（処理できるデータ量が多い）場合でも、それはレスポンスがよいためではなく、同時に複数のパケットが経路上に存在できるようにしているだけであることが多いのです。ただし、設定ミスなどにより性能が出ないことも多いので、おかしいなと思う場合は、念のためネットワークの専門家に見てもらうことをお勧めします。

どうしても大量のデータを高速に送りたい場合には、いったんデータをファイルに落としてからftp、SCPのような帯域使用効率のよいプロトコルを用いて遠方に渡すのも1つの手段です（Column「ftpとDBMSのプロトコルの転送効率」を参照）。また、DBMSによっては、できるだけ帯域使用効率が良くなるような通信やSQLの設定ができるものもあります（このような機能は「バルク」「プリフェッチ」などと呼ばれたりします）。

▐▐▐ Column

ftpとDBMSのプロトコルの転送効率

さて、あるDBから別のコンピュータへ大量のデータを送ることになったとします。そのようなとき、DBが存在するコンピュータ上のファイルに書き込んでからそのファイルをftpで目的のコンピュータに届けるのと、そのコンピュータからネットワークを介してDBMSに接続してselectをするのではどちらが速いと思いますか？

たいていの環境ではftpのほうが速いでしょう。理由は、ネットワークを有効に使えるからです。本文で触れたように、多くのDBMSのプロトコルでは、ftpほど効率良く大量のデータを送ることはできません（一部のDBMSでは、チューニングすればかなり速くなるものもあります）。バッチ処理などにおいて、直接DBMSから読み出すのが遅いという悩みを持っている方は、一度試してみてはいかがでしょう。筆者の手元の環

境では、相当の効果が出ました（図8.C、図8.D）。

　ただし、気をつけたいのは、DBMS内部の待ち時間が長い場合には効果がほとんどないことです。たとえば、ストレージからデータを読み込むのに時間がかかっている（つまりI/O待ち）のようなケースでは効果はありません。そのため、一度試してみてから採用してください。

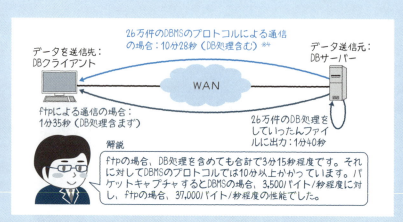

図8.C　ftpを活用すると速くなることがある

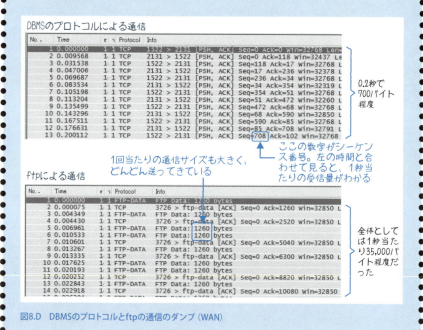

図8.D　DBMSのプロトコルとftpの通信のダンプ（WAN）

※4　デフォルトの設定。高速化のためのチューニングは特に実施していません。

8.2.4 純粋なネットワークのトラブル

④のパターン「ネットワークの障害もしくは設定ミスのために通信間隔が空いてしまい、アプリケーションやDBMSから見るとレスポンスが悪い」は、ネットワークを利用する側が被害を受けたというトラブルです。パケットが消えてしまったり、効率良くパケットが送られないといったときに発生します。

主な例としては、全二重とオートネゴシエーションの設定によるトラブルでしょう（Column「オートネゴシエーションのトラブル」を参照）。このトラブルでは、順調に処理できているときもあれば、数十ミリ秒や数百ミリ秒といった待ちが発生することもあります。当然その分、時間が遅くなります。ユーザー側では数十秒といった遅延になるので、DBMSやアプリケーションのパフォーマンスの問題と捉えられることもよくあります。

しかし、利用する側のエンジニアがこれをネットワークのトラブルだと切り分けるのは大変困難です。秒単位（もしくはそれ以下の単位）でDBMSやアプリケーションがネットワークを待っていることを証明し、かつシステムが暇（例：ユーザーの入力待ち）なわけではないことを証明しなければならないからです。

原因の切り分け方としては、ローカルで実行すると速いのに、ネットワーク越しだと遅いというのを見せるのが一般的です。とはいえ、その程度ではネットワークの問題だと断言できないので、原因の追究は難航するでしょう。後述するパケットキャプチャにより分析するのも1つの手です。

Column
オートネゴシエーションのトラブル

　筆者が実際にいくつか見聞きしたトラブルの中で比較的多いのが、オートネゴシエーション（自動選択）の問題です。ネットワークを利用する立場からは離れてしまいますが、この問題はネットワークを利用する側のエンジニアも巻き込まれることがあるため、解説しておきます。

　その昔、ネットワークは半二重という形式が普通でした。これはケーブル単位で見ると、送信中は受信できない、また受信中は送信できないという方式です。それに対して、送受信が同時にできる方式を全二重と言います。これは、送信と受信が完全に分かれているため、より効率良く通信ができます。また、ネットワークの設定として、固定とオートネゴシエーションの2つが選べます。

　さて、通信相手の片方のネットワーク設定が全二重かつ固定で、もう一方がオートネゴシエーションの場合はどうなるのでしょうか？

　オートネゴシエーションが全二重を自動で選んで問題なく動作すると想像したと思いますが、実際には違います。オートネゴシエーション同士の場合には全二重が選択されますが、片方のみオートネゴシエーションだと調整することができず、半二重になってしまうのです。そして、全二重同士や半二重同士ではありえないようなタイミングでデータの消失が起き、仕方なくTCPレベルで再送しなければならなくなります。

　筆者も実際にこの問題に巻き込まれたことがあります。パケットキャプチャをしてみたところ、送信に対してACKがなく、シーケンスが戻って再送している様子が見えました。

8.3 トラブルを分析するには？

8.3.1 パケットキャプチャ

　ネットワークのトラブルシューティングといえば、パケットキャプチャです。では、DBMSの場合はどうでしょうか？

　一言で言うと、「DBMSの通信の仕様が公開されていないため非常に困難」です。「このタイミングで、このパケットが飛ぶのはDBMSから見て正しいのだろうか？」と考えてみても、仕様が公開されていない以上、一般のエンジニアには調査できません。では、まったく方法がないのかというと、そうでもありません。日ごろ筆者がお勧めしているのは、「パケットとパケットの間が空いているところを見て、そのときに誰が何をしているのか」を調査する方法です。

　この方法は次の通りです。性能が悪い、もしくはトラブルが発生している通信をキャプチャします（Column「トラブル時にパケットキャプチャするときの注意点」も参照）。可能であれば、クライアント側とサーバー側の双方でとるようにします。パケットとパケットの間隔を「デルタ時間」と呼びますが、このデルタ時間の長いところがあやしい部分です（図8.5～8.7）。

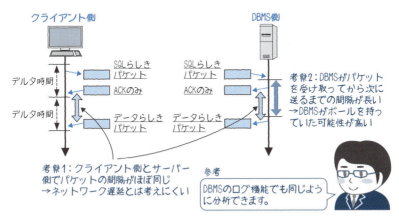

図8.5　筆者のDBMSのパケットダンプを見る方法①

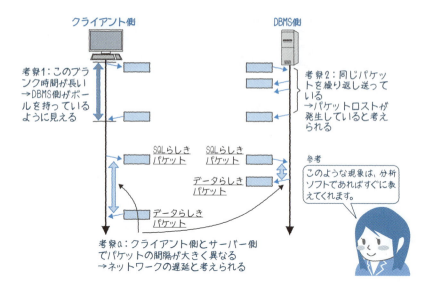

図8.6　筆者のDBMSのパケットダンプを見る方法②

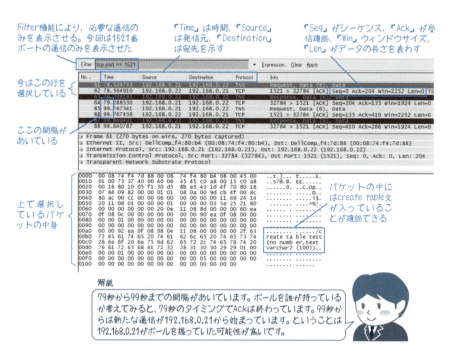

図8.7　パケットダンプの分析の仕方：Wireshark（旧ethereal）を使用

このデルタ時間において、クライアントとサーバーで「どっちがボールを持っているか」を考え、ボールを持っているほうの状況を調べます。たとえば図8.5では、考察1、考察2よりDBMSがボールを持っていた可能性が高いと考えられるので、DBMSでその瞬間どのような状況だったのかを調査し、なぜ時間がかかっていたのかを分析します（OracleであればV$sessionなどを利用）。

　ネットワーク的におかしい状況（たとえば、ACKが届かないため待っているなど）であれば、ネットワークを調べます。図8.6では、パケットロスト発生時とネットワーク遅延時に見られる特徴が表われているため、ネットワーク管理者に調査を依頼します。

　調査の結果、デルタ時間はどれも短く、回数が多いだけであることが判明したとします。その場合は、前述の②「通信回数が多いため、仕方なく時間がかかっている」で紹介した「仕方ないケース」になります（図8.8）。通信量を大幅に減らすようにして対処するしかないでしょう。

図8.8　通信回数が多く、時間がかかっている例

Column

トラブル時にパケットキャプチャをするときの注意点

現在はほとんどがスイッチング機器になっているので、昔のように、ハブにつなげればほかのコンピュータのパケットが読めるという時代ではなくなりました。そのため、パケットキャプチャソフトが入ったノートPCをただLANにつなげるだけでは情報を得られません。情報をキャプチャする方法としては、大きく次の4つがあります。

- スイッチングハブにミラーポートを設定し、同じパケットを別のポート（口）にも流すやり方。この方法なら、システムの性能劣化はほぼ0となる
- リピータハブ（スイッチではないハブ）を途中に入れて、ほかのポート（口）でもキャプチャできるようにするやり方。リピータハブは受け取ったパケットをほかのすべてのポート（口）に転送するので、前述の方法に比べると性能劣化が懸念される
- OSでパケットキャプチャソフト（tcpdumpやWiresharkなど）を動かすやり方。この方法はお手軽だが、高負荷なシステムでは性能への影響が大きくなるので、本番環境ではお勧めできない
- DBMS製品のログ記録機能を使うやり方。これも性能劣化が大きいので、本番環境ではお勧めできない

さらに、次のような注意点もあります。

- パケット情報のログ（パケットダンプ）は持ち出し禁止の会社が多く、サポートへ渡せないことがある。これは、社外秘情報が山のように入っているからである
- ギガビットイーサネットなどの場合、長時間のデータ取得は無理である。情報があまりにも膨大なため、ディスクに保存するのが追いつかない。トラブルが発生した際に、有益な情報となる範囲でフィルタリングをすることも検討する必要がある
- パケット情報を解析ソフトなしで、人の目で追いかけていくのは厳しい。snifferなどの商用解析ソフトは、サマリーを表示してくれたり、おかしなところを表示してくれたりして大変便利なので、何とか解析ソフトを使えるよう手配したい。OS上でキャプチャしたパケットを解析ソフトのある端末へ転送できない場合、パケットをそのまま分析することになるが、かなり困難な作業となる

8.3.2 OSの統計情報

パケットキャプチャは、前述したように準備も使いこなすのも大変です。では、ほかに良い手がないかといえば、そんなことはありません。OSコマンドで、OSの統計情報を取得することができます（リスト8.2）。

netstatは、通信量や再送量、エラーが発生したパケットや破棄されたパケットの数など、ネットワークに関するさまざまな統計情報を表示します。なお、OSが起動してからの累積値であるため、トラブル発生時に生じた事象かどうかを判断できるよう、普段から取得しておく必要があります（-cオプションを付けることで毎秒出力させることができます）。Linuxであれば、おおむね同等の出力がipコマンドでも取得可能です。

当然ですが、これらのコマンドで取得できる情報は、あくまでOSの把握できる情報（ドライバーまでの情報）です。netstatなどで問題が見られないからといって、ネットワークで問題が起きていないとは限らない点に注意してください。

```
# インターフェイスごとの統計
$ ip -s link
（中略）
2: ens3: <BROADCAST,MULTICAST,UP,LOWER_UP> mtu 9000 qdisc pfifo_fast state UP
    mode DEFAULT group default qlen 1000
    link/ether 00:00:17:00:e9:be brd ff:ff:ff:ff:ff:ff
    RX: bytes  packets  errors  dropped overrun mcast
    2325502    7255     0       0       0       0
    TX: bytes  packets  errors  dropped carrier collsns
    2120000    8373     0       0       0       0
```

受信（RX）、送信（TX）それぞれ、
エラー（ERR）、破棄（DRP）、
バッファあふれ（OVR）のパケット数
などが確認できる（netstat-iも同等の出力）

```
# ネットワーク全体のサマリ情報
$ netstat -s
（中略）
Tcp:
    333 active connections openings
    8 passive connection openings
    1 failed connection attempts
    2 connection resets received
    1 connections established
    5707 segments received
    6749 segments send out
    6 segments retransmited
    0 bad segments received.
    5 resets sent
```

クライアントからの要求で
オープンしたコネクション数

再送したセグメント数

リスト8.2　OS統計情報の取得例（Linuxの場合）

8.3.3 ネットワーク待ちはOSからどのように見えるか?

　ネットワーク待ちを、vmstatのI/O待ち（waitI/O）のようにOSから見てみたいという要望をよく耳にします。しかし、これには意味がありません。OSレベルでは、read待ちは何もないために、アイドルしているのか、それとも相手からの通信が遅いためなのか区別がつかないのです。

　ではどうするかというと、上位層（DBMS）などからのリクエスト（要求）を知る必要があります。DBMSが要求を出して相手からの応答を待っているのに、すぐに返ってくるべき返事が返ってきていないのであれば、それはネットワークか相手のどこかで遅くなっているのです。それとは異なり、いつ来るかわからない通信を待っているread待ちもあります。そのようなときは、相手が送信していないだけ（つまり正常な状態）である可能性が高いです。

　DBエンジニアでもネットワークのトラブルの解決に貢献できるのではないか、と筆者が思ういくつかのケースの1つは、このように**DBMSの要求について説明する**ということです（Column「ネットワークエンジニアに情報提供で協力する」も参照）。経験を積んで、DBMSの動作をリアルタイムに説明できるエンジニアになりましょう。なお、ネットワークを利用する製品ならどれでも同様のことが言えます。

　read待ちしているかどうかは、スタックトレースをとれるOSなら、pstackなどで現在の状況を見れば確認できます（リスト8.3）。

　別の方法としては、デバッガを使って同じ情報をとることもできます。しかし、デバッガは処理を止めてしまうため、問題を起こすことがあります。そのため、本番環境ではお勧めできません。

```
# pstack 4000
#0  0x002567a2 in _dl_sysinfo_int80 () from /lib/ld-linux.so.2
#1  0x004af3d3 in __read_nocancel () from /lib/tls/libpthread.so.0
#2  0x0b6ef2e5 in snttread ()
#3  0x0b6ec832 in __PGOSF11_nttrd ()
#4  0x0b664898 in nsprecv ()
#5  0x0b66888f in nsrdr ()
#6  0x0b6481ed in nsdo ()
#7  0x0b647bf7 in nsbrecv ()
#8  0x0b67c13f in nioqrc ()
#9  0x08c0684b in __PGOSF75_opikndf2 () #10 0x08c049c3 in opitsk ()
#11 0x08c076bd in opiino ()
#12 0x08c08a8b in opiodr ()
#13 0x08bfedde in opidrv ()
#14 0x094adb17 in sou2o () #15 0x08288137 in main ()

(gdb) bt
#0  0x002567a2 in _dl_sysinfo_int80 () from /lib/ld-linux.so.2
#1  0x004af3d3 in __read_nocancel () from /lib/tls/libpthread.so.0
#2  0x0b6ef2e5 in snttread ()
#3  0x0b6ec832 in __PGOSF11_nttrd ()
#4  0x0b664898 in nsprecv ()
#5  0x0b66888f in nsrdr ()
#6  0x0b6481ed in nsdo ()
#7  0x0b647bf7 in nsbrecv ()
#8  0x0b67c13f in nioqrc ()
#9  0x08c0684b in __PGOSF75_opikndf2 ()
#10 0x08c049c3 in opitsk ()
#11 0x08c076bd in opiino ()
#12 0x08c08a8b in opiodr ()
#13 0x08bfedde in opidrv ()
#14 0x094adb17 in sou2o ()
#15 0x08288137 in main ()
```

_dl_sysinfo …は表示されてしまうが無視してかまわない。その下を見る

read( )で待っている

読み方などの詳細については、デバッガの解説書などを参照のこと。

read( )で待っている

リスト8.3　pstackやgdbの例

Column

ネットワークエンジニアに情報提供で協力する

　ネットワークエンジニアは、DBMSのコネクションプーリングなど、DBMSのソケットの使い方を知らないことがあります。たいていのプロトコルは「接続して、処理して、切断する」を繰り返すのが当たり前なので無理もありません。

　DBMSにとって接続と切断は重い処理なので、コネクションプーリングはほぼ常識化していますが、このような事情を知らないネットワークエンジニアが担当になることもあります。そのようなときは、ネットワークエンジニアに説明してあげるようにしましょう。これも、上位層の動きがわからないと下位層の動きが説明できないという1つの例です。コネクションプーリング以外にも、どんなデータがどう流れているか、問題となったSQLがいつどこからどう流れたかなど、調査の手がかりはいろいろと提供できるはずです。

8.4 ║ WANの性能

　WANの性能トラブルで多いのが、前述の③のパターン「通信回線は空いているが、アプリケーションとして次のパケットが送れないため、トータルで時間がかかってしまう」です。LANのつもりでシステムの性能を考えていると痛い目にあいます。アクセラレータという、できる限り通信をまとめて送ることにより高速化を図るネットワーク製品もありますが、もともとのプロトコルの仕様のせいで効果がないケースも多くあります。WANの場合には、性能が出ない可能性を考えて、設計段階から配慮すること（事前に検証するなど）が重要です。

8.4.1 　ディザスタリカバリとDBMS

　WANの利用で多いパターンの1つは、ディザスタリカバリサイト（大規模災害発生時の代替拠点。以下、DRサイト）との通信です。DRサイトの環境構築やデータ同期にはいくつかの方法があり、DBMSの機能やストレージ側の機能などを利用することができます。いずれの方法にも、データの同期（通常運用のサイトとDRサイトの双方でデータを同一に保つ）モードとして完全同期と非同期（とその中間）があります。

　DBMSがストレージに書き込んだデータを、遠方にあるDRサイトに書き込むまで、I/Oが終わらないのが完全同期です。このモードでは、データがすべて保証されます。一方、I/Oはすぐ終わるものの、データの一部が失われる可能性があるのが非同期です（図8.9）。

280

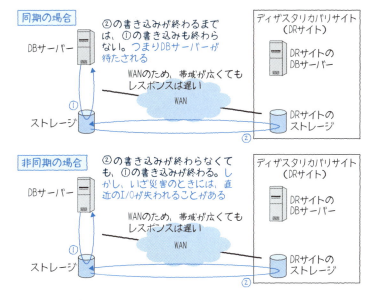

図8.9　DRサイトの場合、データは同期と非同期がある

　DBMSの特性としては完全同期モードを選びたいですが、ここで気をつけたいのは、遠距離の完全同期モードを採用するのはかなり困難だということです。その理由は、ネットワークの遅延です。どんなに帯域幅を広く確保しても、遠距離のネットワークを介しているため、レスポンスが悪くなります。すると、それに引きずられる形でDBMSのI/Oの遅延が大きくなり、システムの性能が悪化してしまうのです。

　光を使った通信なら速いはずだと思うかもしれませんが、光を使っていても増幅や中継をする機械が途中に入るため、どうしても数十km（100km以内）くらいというのが現実ではないでしょうか。100km以内では、地震のときにDRサイトも揺れてしまいますが、100km程度離れていれば「両方が全滅することはないはずだ」と判断しているユーザーもいます。もちろん、非同期（Column「DBMSで非同期って大丈夫？」を参照）にして遠距離にDRサイトを置いているユーザーも多くいるので、どちらがよいとは言いきれません。

　同様によく相談される（特に執行役員クラスの人からコストカットのため相談されることが多い）のが、DRサイトの有効活用です。「バックアップサイトも通常の業務で何か有効に使えないか？」という話です。BI（ビジネスインテリジェンス）やデータ集計、帳票出力などの用途で利用できるほか、テスト環境として使うことも可能です。ただし、ネットワークの帯域の細さと遅延があることから、LANのようにクイックレスポンスを求めたり、大量のデータのやりとりを期待するのは無理があります。

Column

DBMSで非同期って大丈夫?

　DBMSやストレージにもよりますが、実は非同期も可能です。DBMSでは、書き込みI/Oが保証されないとDBが破壊されることがあります。しかし、書き込みの順番を保証するという形でDBが壊れないようにするストレージもあります（いざ地震のときには、一部のデータは反映されないかもしれません）。またDBMSの場合には、DBMSの仕組みとして非同期にログを転送するなどのやり方で、DBが壊れないようにDRを実現する方法もあります。

Column

クラウドにおけるネットワーク

　近年、ますます多くの企業、多くのシステムでクラウド利用が進んでいます。そして、この流れはしばらく続くでしょう。まだクラウドに触れていない方でも、近い将来何らかの形でクラウドに触れることになると思います。

　クラウドにおけるネットワークトラブルの大半は、クラウドサービスの外（間）との接続部分で発生します。SaaSであろうとPaaSであろうとIaaSであろうと[5]、何らかの形で地理的に離れた場所にあるサーバーへネットワークを介してアクセスすることで利用するのですから、考えてみれば当然です。しかし、クラウドだからといってまったく新しいスキルが求められるわけではありません。「接続できない」トラブルの箇所で説明した階層ごとの切り分けや、WANでの性能の考え方などは、そのまま活用することができます。むしろ、物理的な構成について意識する必要がない／触れることができないクラウド環境では、これまで説明してきたネットワークを利用する側の知識やスキルが肝になってくるため、しっかりと理解しておくことをお勧めします。

　よく「クラウドではネットワークが重要」と言われますが、これも何か新しい技術について指しているのではなく、これまでネットワーク管理者が行なっていたことを、それ以外の技術者が行なうようになったために出てきた言説のように思います。クラウドでは、ネットワークに関する深い知識やスキルがなくてもさまざまな設定ができてしまうがゆえに、ネットワーク管理者の手からその一部が離れ、あらゆる技術者に最低限の知識が求められるようになってきています。

※5　クラウドサービスは、主にアプリケーション／ソフトウェアの機能を提供するSoftware as a Service（SaaS）、プラットフォームを提供するPlatform as a Service（PaaS）、インフラを提供するInfrastructure as a Service（IaaS）の3つに分類されることが多いです。

8.5 ネットワーク障害のテストの仕方

　システムを稼働させる前に、障害テストを行なうことがあります。大きなシステムであれば、たいてい実施するはずです。これにはネットワークのテストも含まれますが、テスト方法としてOSをシャットダウンしているエンジニアをたまに見かけます。「DBMSを停止させずにkillしたり、OSをいきなり止めたりすれば大丈夫でしょ？」と思うかもしれませんが、TCPの終了処理（FINパケット送信）がOSにより実行されたりするため、障害のテストにならないケースもあります。これはインターフェイスの無効化コマンドでも同様です。

　より確実な方法は、ケーブルを抜くことです。これなら、終了のパケットが飛ぶこともなく、ネットワーク障害をシミュレートできます。ただし、OSを停止させずにすぐにケーブルを挿し直した場合、前述の再送時間の範囲内だと、再送により通信が成功してしまうので気をつけましょう。

　クラウド環境など、そうしたテストが難しい場合は、障害をシミュレートする必要があります。最近は、そういったシミュレートツールが充実してきているため、活用してみてください。

　なお、できれば業務処理を流しながらテストを行ないましょう。無通信状態でテストを行なったときはエラーが出ず、通信状態のときのみに発生するトラブルが多いからです。

Column

集中か分散か

　システムの設計技術にも流行り廃りがあります。「分散配置（多くのサーバーに分散）すべきだ」と「集中すべき（1つのサーバーにまとめるべき）だ」という2つの説は、ファッションのように流行が繰り返されています。しかし、本質は変わりません。分散すれば、分散したシステム同士の通信が大変になる半面、必要な箇所に必要なデータを配置できたり、サーバー間で連携ができたりします。集中すれば、1台で処理するため通信のオーバーヘッドが不要になりますが、サーバーが大型／高価になったり、必要な場所の近くにデータを配置できなくなったりするかもしれません。

　「時代は集中だ！」や「分散だ！」と言われても、すべてをうのみにせず、メリットとデメリットを見極めることが大事です。

　また、最近はシステム間で（つまり、ネットワークを通して）処理がスパゲッティ状態になっているのもよく見かけます。これでは、バッチ連携やDBの透過技術を使っ

ていても、運用（特に障害時）が大変になってしまいます（図8.E）。

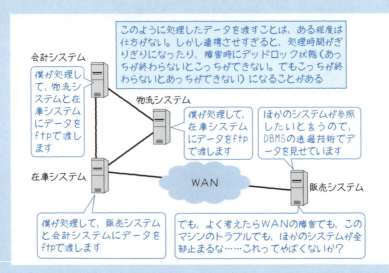

図8.E　システムを連携させすぎると大変なことになる

　このような混迷した状況から抜け出すには、「そもそもこのシステムはこのデータを持つべきで、システム間はこのようなデータ連携をするのが正しい」というように、システム全体のアーキテクチャをしっかりとさせるしかないように思います。そういう意味では、会社レベル（コーポレートレベル）の概念ER図やEA（エンタープライズアーキテクチャ）が重要です。

8.6 まとめ

　この章では、ネットワークのトラブルについて、その原因や分析方法、対策について説明してきました。ネットワークは、コンピュータ同士をつなぐ役割を担っているため、トラブルが発生した場合の影響が大きく、また被疑箇所が多岐にわたります。ネットワークを専門としていない人にとって、ネットワークのトラブルは不可解で、扱いにくいというのも理解できます。しかし、ネットワークの基本的な仕組みを理解したうえで、本章で紹介したような手順を踏めば、被疑箇所は絞り込んでいけるはずです。ぜひネットワークに強いエンジニアを目指してください。

　第3部（第6章〜第8章）では、ネットワークを利用する側の多くのDBエンジニアが苦手とする（と思われる）ネットワークについて解説してきましたが、いかがでしたでしょうか？　ネットワークの一般的な解説とは異なり、TCP層に関する説明が多いのが特徴でした。これは、多くのアプリケーション（DBMSを含む）が直接やりとりするのがTCP層であり、そこがDBエンジニアにとって重要な箇所であるためです。DBも奥が深い世界ですが、ネットワークも奥が深い世界なのです。

　ここまで読み終えて、さらにネットワーク（特にTCP）の勉強をしたいと思ったエンジニアの皆さんには、次に示す書籍をお勧めします。これらの多くは、筆者が昔お世話になったものです。

ネットワークを勉強するのにお勧めの参考資料

『コンピュータネットワーク 第5版』
アンドリュー・S・タネンバウム、デイビッド・J・ウエザロール　著／水野忠則、相田仁、
東野輝夫、太田賢、西垣正勝、渡辺尚　訳（日経BP社）

『マスタリング TCP/IP 入門編 第5版』
竹下隆史、村山公保、荒井透、苅田幸雄　著（オーム社）

『マスタリング TCP/IP 応用編』
Philip Miller　著／苅田幸雄　監訳（オーム社）

『ネットワークはなぜつながるのか 第2版　知っておきたいTCP/IP、LAN、
　光ファイバの基礎知識』
戸根勤　著／日経NETWORK　監修（日経BP社）

『インフラ／ネットワークエンジニアのためのネットワーク技術&設計入門 第2版』
みやたひろし　著（SBクリエイティブ）

APPENDIX

Oracleデータベースは
OS／ストレージ／ネットワークを
こう使っている

本編（第1部〜第3部）では、できる限り個々のDBMS製品に依存しない内容を取り上げて解説しました。

第1部　OS——プロセス／メモリの制御からパフォーマンス情報の見方まで
　　　　第1章　DBサーバーにおけるOSの役割
　　　　第2章　システムの動きがよくわかる超メモリ入門
　　　　第3章　より深く理解するための上級者向けOS内部講座
第2部　ストレージ——DBMSから見たストレージ技術の基礎と活用
　　　　第4章　アーキテクチャから学ぶストレージの基本と使い方
　　　　第5章　ディスクを考慮した設計とパフォーマンス分析
第3部　ネットワーク——利用する側が知っておくべき通信の知識
　　　　第6章　ネットワーク基礎の基礎——通信の仕組みと待ち行列
　　　　第7章　システムの性能にも影響するネットワーク通信の仕組みと理論
　　　　第8章　現場で生かせる性能問題解決とトラブルシューティングの王道

そのため、かえって消化不良だった方もいるかもしれません。そこでこのAPPENDIXでは、本編で説明した内容がOracleデータベースの場合はどのようになるのか、ポイントになる部分をかいつまんで解説していきます。

A.1 ║ OS関連のポイント

A.1.1　プロセスかスレッドか

第1章の「1.3.1　プロセスとスレッドは実行の単位」（p.17）では、DBMSはプロセスまたはスレッドで構成されていると説明しました。Oracleの場合は、スレッドで構成され、UNIXではプロセスで構成されています。なお、スレッドとプロセスという違いはあっても、LGWR（ログライター）やDBW（データベースライター）、SMONやPMONといった登場人物に違いはありません。

A.1.2　優先度の調整

第1章の「1.4.3　優先度はコントロールすべき？」（p.38）では、優先度の調整は原則としてするべきではないと説明しましたが、この原則はOracleにも当てはまります。マニュアルに記載されている優先度の調整（HPUX_SCHED_NOAGEなど）を除

いて設定すべきではありません。

A.1.3　カーソルの注意点

第1章のTips「意外な方法によるバッチ処理のチューニング」（p.43）では、大量の
データを取得し、それを配列に入れて処理する方法を紹介しましたが、Oracleでは通
常、これはカーソルで簡単に実現できます。

カーソルの注意点は、ORA-1555です。Oracleは読み取り一貫性のため、SELECT
を実行した時間帯のデータを検索結果として返そうとします。しかし、カーソルを長
時間開いていると、過去のデータ（UNDO）が失われてしまい、「そのデータは古す
ぎてもうないよ」という意味のORA-1555が発生してしまうことがあります。基本的
な対策としては、長時間カーソルを開きすぎないことと、長時間開くのであれば、そ
の間はデータの変更をしないことです。

A.1.4　リソースの使用制限

第1章のTips「リソースの調整には注意」（p.39）では、リソースマネージャーにつ
いて説明しました。Oracleもリソースマネージャーを持っていて、リソースの使用制
限をかけることができます。詳細については該当のマニュアルを参照してください。

A.1.5　プロセスのメモリサイズと共有メモリ

第2章の「2.1.2　プロセス間でデータを共有するための共有メモリ」（p.56）では、
一部のDBMSでは共有メモリを使用すると説明しました。Oracleは、Windows版を除
き、共有メモリを使うタイプのDBMSです。このため、psで各プロセスのメモリサイ
ズを見ると、OSによっては各プロセスのサイズが大きく見えてしまうことがあります。

A.1.6　Oracleのキャッシュ

第2章の「2.2　DBMSのメモリの構造（一般論）」（p.59）では、DBMSが大きなキ
ャッシュを持つことについて解説しました。Oracleも、数百GBといった大きなキャ
ッシュを持つことができます。Oracleのキャッシュは、主にデータのキャッシュとし
てのバッファキャッシュと、SQLなどのキャッシュであるシェアードプール（共有プ
ール）から成ります（図A.1）。

APPENDIX

OracleデータベースはOS／ストレージ／ネットワークをこう使っている

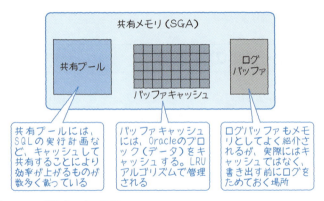

図A.1 主なキャッシュの構造（Oracleの場合）

A.1.7 キャッシュサイズのチューニング

第2章の「2.8.3 DBサーバーのメモリの設定はどうするか？」（p.85）で、キャッシュサイズと性能の関係を図示しましたが、Oracleではバッファキャッシュアドバイザという機能を使うことにより、キャッシュをどれくらい増やすとどのような性能になるのかをアドバイスしてくれます（詳細についてはマニュアルを参照してください）。

また、最近のOracleでは、自動チューニングによるキャッシュサイズの自動調整も可能です。

A.1.8 ラージページの使用

第2章の「2.7 ページの割り当ての仕組みとラージページ」（p.79）で、ラージページを使うことによる利点について説明しましたが、Oracleでラージページを利用するときの考慮点について紹介します。

自動メモリ管理機能との併用不可

自動メモリ管理機能（MEMORY_TARGETというパラメータで制御）とは併用できません。ラージページを利用する場合は自動メモリ管理機能を無効化し、自動共有メモリ管理を有効化する必要があります。具体的には、共有領域（SGA）とインスタンスのプログラムグローバル領域（PGA）のサイズを直接的に制御する必要があります（SGA_TARGETとPGA_AGGREGATE_TARGETというパラメータで制御します）。

ラージページが獲得するOracleのメモリ領域

ラージページを使えるのは、Oracleの共有領域（SGA）のみです。

Linux HugePages使用時の考慮点

LinuxのHugePagesを利用する際は、USE_LARGE_PAGESというパラメータで制御し、Oracleの共有領域（SGA）の設定値と併せて設計する必要があります。USE_LARGE_PAGESパラメータやHugePagesの設定に関する詳細については、OracleのHugePages関連のマニュアルやサポートの公開情報が充実しているので参照してください。

なお、Linuxでは透過的HugePagesという機能が導入され、デフォルトで有効になっていますが、Oracleではパフォーマンスやインスタンスの動作に問題を起こす可能性があるため、無効化が推奨されているので注意してください。

A.1.9 同期I/Oと非同期I/Oに関するデフォルト設定

第3章の「3.2.1　同期I/Oと非同期I/O」（p.95）では、DBMSによっては非同期I/Oを使うことを説明しましたが、デフォルト設定のOracleでは次のように動作します。

- Windows　　非同期I/O
- Solaris　　　非同期I/O
- HP-UX　　　同期I/O
- Linux　　　　同期I/O

HP-UXやLinuxで非同期I/Oを使う方法については、マニュアルなどを参照してください（DISK_ASYNCH_IOとFILESYSTEMIO_OPTIONSというパラメータで制御します）。

A.1.10 セマフォ

第3章の「3.4　「セマフォ」とは？」（p.99）では、DBMSによってはセマフォが使用されることを説明しましたが、Oracleも多くのOSにおいてセマフォを使用します。セマフォの設定が必要なOSの場合は、マニュアルに記載があるので、その通りに設定してください。

APPENDIX

OracleデータベースはOS／ストレージ／ネットワークをこう使っている

291

A.2 ストレージ関連のポイント

A.2.1 ダイレクトI/O

第4章の「4.11　アプリケーションやRDBMSから見たファイルキャッシュ」(p.164)では、DBMSによってはダイレクトI/Oが使用できると説明しました。それほど変更するケースはないと思いますが、OracleではFILESYSTEMIO_OPTIONSというパラメータなどでダイレクトI/Oを制御します。

A.2.2 I/Oによって遅れているSQLの調査

第5章の「5.7.2　ストレージの仮想化とサービスタイムや使用率の考え方」(p.198)で示した図5.10（ボトルネックの見つけ方）では、I/OのせいでSQLが遅くなっていないかどうかを調査することについて言及しました。Oracleの場合は、StatspackやAWR、SQLトレースによって確認できます。レスポンスタイムも、1回の読み込みI/Oにかかった時間として表示されます。

A.2.3 I/Oトラブルの分析

第5章の最後に、I/Oトラブルの分析方法について取り上げました。Oracleの場合は、次のような方法で見ることができます。

Oracleでは、I/O関連の待機イベントという形で待ちを見ることができます。サーバープロセスのデータ読み込みである**db file sequential read**（ファイルからのランダム読み込み待ち）[1]や**db file scattered read**（ファイルからのシーケンシャル読み込み待ち）で1回当たりの時間が長い場合、たいていはI/Oが遅くなっています（図A.2-①）。

free buffer wait（空きバッファが足りない）が発生した場合には、データベースライターによるバッファからの書き込みが間に合っていないのかもしれません（図A.2-②）。なお、Oracleのバージョンによっては、データベースライターが書き込みの待機イベント**db file parallel write**を表示しないものもあるため、分析には注意が必要です。書き込んでいないと思っても、実際には書き込み待ちのことがあります。

buffer busy wait（ほかのセッションがブロックを使用中）、**other session read**（ほ

※1　**db file sequential read**はランダム読み込みで、**db file scattered read**がシーケンシャル読み込みです。間違えやすいので気をつけてください。

かのセッションが読み込み中)、**write complete waits**(書き込みが終わるのを待機中)といった待機イベントもあります。**other session read**は、文字通りほかのセッションが読み終わるのを待っているだけであるため、通常は気にする必要はありません。**write complete waits**の1回当たりの待ち時間が長いようであれば、データベースライター関連で時間がかかっている可能性が大です(図A.2-③)。**buffer busy wait**が長い場合も、データベースライターかサーバープロセスが長い間I/O中でデータを握っている可能性があります(図A.2-④)。

REDOログのI/Oが遅延すると、**log file sync**(ただし、LGWRがlog fileparallel writeになっている場合)の1回当たりの待ち時間が延びるという形で影響が現われます(図A.2-⑤)。**log file parallel write**の性能が以前と比べて遅くなっていないかどうかを確認しましょう。

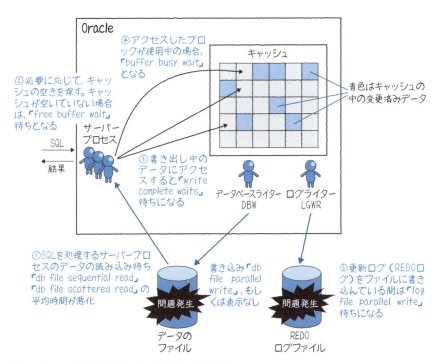

図A.2　I/Oトラブルが発生すると、Oracleからはこう見える

A.2.4　SSDを利用したI/Oネックの回避

第5章の「5.3　ディスクのI/Oネックを避ける設計」（p.186）の中で、どのような場合にI/Oネックによる性能問題が発生するかを紹介しました。Oracleの場合、I/Oネックを避ける手法の1つとして、SSDをフラッシュキャッシュとして利用する構成も可能なので、ここで紹介します。

Oracle Database 11g R2から「Database Smart Flash Cache」という機能が実装されました。Database Smart Flash Cacheは、SSDをデータベースのフラッシュキャッシュ[※2]として構成することで、バッファキャッシュ[※3]の2次キャッシュとして利用するものです（図A.3）。

バッファキャッシュから落ちたデータであってもフラッシュキャッシュに残っている限り物理ディスクまで読み込みに行く必要がないため、物理読み込みによるI/O性能劣化を防ぐ効果が期待できます。

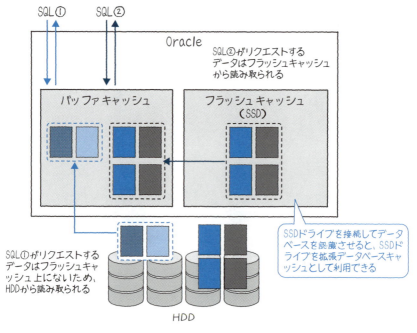

図A.3　Database Smart Flash Cache利用時のイメージ

※2　SSDを使用してバッファキャッシュの拡張領域として構成する領域。バッファキャッシュとともに利用します。
※3　データベースから読み取られたデータブロックのコピーを格納するメモリ領域。

このDatabase Smart Flash Cacheは、SSDの物理パスとフラッシュキャッシュとして利用するサイズを初期化パラメータに指定することで利用可能になります。具体的なパラメータと設定例を以下に記載します。

- db_flash_cache_file：フラッシュメモリのファイル名を指定。
- db_flash_cache_size：フラッシュメモリに割り当てるキャッシュサイズを指定。db_flash_cache_fileと合わせて利用。

設定例

- db_flash_cache_file = /dev/raw/sda, /dev/raw/sdb, /dev/raw/sdc
- db_flash_cache_size = 10G, 10G, 10G [4]

　頻繁にI/O問題を引き起こしているものの、バッファキャッシュに丸ごと載せられないような大規模なテーブルやインデックスについては、フラッシュキャッシュにKEEPすることを検討してみるのもよいでしょう。SSD搭載量にもよりますが、フラッシュキャッシュとして利用できるサイズが数百GB程度確保できるようであれば、大規模なオブジェクトのKEEPにも耐えられるケースが多いと考えられます。

　CREATE TABLE(INDEX)文、ALTER TABLE(INDEX)文のSTORAGE句で「FLASH_CACHE KEEP」を指定することで、対象オブジェクトをフラッシュキャッシュにKEEPすることが可能です。

　フラッシュキャッシュを構成したデータベースでフラッシュキャッシュが有効に働いているかどうかは、「physical reads cache」「physical read flash cache hits」といった待機イベントの発生状況から確認しましょう。

※4　複数のデバイスを利用する場合は、各デバイスに割り当てるサイズをそれぞれ記載します。

A.3 ネットワーク関連のポイント

A.3.1 クライアントからのメッセージ待ち

第6章の「6.2.2　受け取ったことを通知する」（p.208）では、人やプログラムが
ボールを握っているケースについて説明しました。Oracleの場合は、クライアントか
らメッセージ（SQL文など）が来るのをOracleが待っている際には「SQL*Net
message from client」という待機イベントになります。言い換えると、処理するもの
（SQLなど）がない状態です。これが、性能分析において「SQL*Net message from
client」を無視する理由です。

A.3.2 DBMSのプロトコル階層

第6章の「6.3.2　TCP/IPの階層構造」（p.210）では、DBMSのプロトコルについて
説明しました。Oracleの場合、「Net Services管理者ガイド」などのマニュアルを参照
すると、次のような構造になっていることがわかります（図A.4）[5]。

※5　マニュアルの記述を要約した図です。

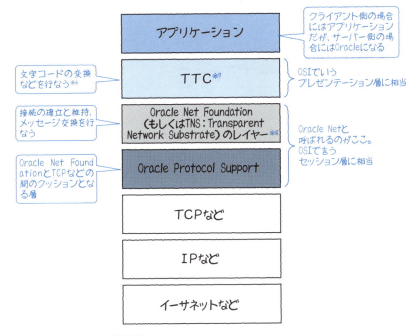

図A.4　Oracleのプロトコルの階層構造

A.3.3　コネクションの待機ポート

第6章の「6.5.1　コネクション」(p.217) ではポート番号について話しましたが、Oracleの場合、デフォルトでは1521番でリスナープロセスが「listen」で待機します。

A.3.4　接続のためだけのプロセスやスレッド

第7章のTips「実際の接続の実装はどうなのか？」(p.236) では、「SQL文を処理するプロセスとは別に、通信（特に最初の接続要求）のみを行なうプロセスやスレッドを持つものもある」という説明をしました。Oracleの場合、これに該当するのはリスナーというプロセスです。リスナーは接続を行なうと、ソケットをサーバープロセスに渡したり共有したりします。

なお、Oracleのクラスタ機能（Real Applicatoin Cluster）を利用して、複数のDBインスタンスを立てている場合、サーバーサイドの負荷分散として、SCANプロセス（使用しない場合はリスナープロセス）が、負荷状況等に応じて接続先をリダイレクトさ

※6　DBサーバーと異なる文字コードでも扱えるのは、ここで変換を行なっているからです。
※7　データベースサーバーへのアクセス用にオラクル社が開発したプロトコル。
※8　tnsnames.oraの「tns」は、ここに由来しています。

せる仕組みがあります。このとき、本文で紹介したリダイレクトの注意点が該当するため注意してください。

A.3.5 TCPのキープアライブ

第7章の「7.2.3 受信待ちタイムアウト」（p.239）では、TCPのキープアライブについて解説しました。Oracleの場合、サーバー側はデフォルトでキープアライブがONになります（例外として、expire_timeが設定されている場合はOFFになります）。クライアント側でキープアライブをONにするには、tnsnames.oraファイルに「（ENABLE＝BROKEN）」という記述を追加します。詳細については、Oracleのネットワーク関連のマニュアルやサポートの公開情報を参照してください。

「通信相手がいないロック待ちが発生してしまったら、暫定的な処置として該当するコネクションをDBMS上で強制終了させることもある」という説明もしましたが、Oracleの場合、alter system kill sessionコマンドで行ないます。これは、Oracleにおいて遭遇する頻度が高いトラブルです。

A.3.6 Nagleアルゴリズム

第7章の「7.5 DBMSで効果があるACKのチューニング」（p.250）では、delayed ACKとNagleアルゴリズムについて説明しましたが、最近のOracleはデフォルトでNagleアルゴリズムが無効化されています（sqlnet.oraのTCP.NODELAYというパラメータで設定されています）。

A.3.7 接続のトラブルシューティング

第8章の「8.1 「接続できない」というトラブル」（p.260）では、接続のトラブルシューティングについて解説しました。Oracleにおける具体的なトラブルシューティングの方法については、次のColumn「Oracleではどんなエラーが出るか、どこを調べる？」を参照してください。

Column

Oracleではどんなエラーが出るか、どこを調べる？

ここでは、Oracleの接続に関する代表的なエラーと、その原因の調査方法を紹介します。図Aでそれらの位置付けを示すので、併せて確認してください。

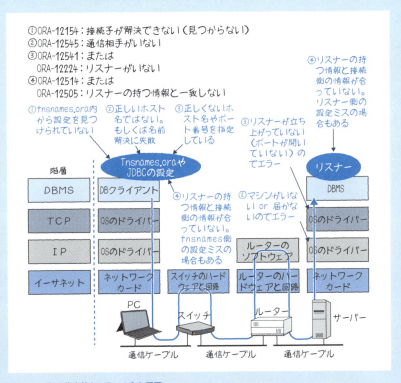

図A　Oracleの代表的なエラーの主な原因

①ORA-12154: TNS:could not resolve the connect identifier specified もしくは ORA-12154: TNS:could not resolve service nameの場合

「接続識別子が解決できない」と言っています。平たく言うと、指定された設定がtnsnames.oraファイルに見つからないということです。このエラーの原因としてよく

あるのは、

- 違うtnsnames.oraファイルを見ている
- tnsnames.oraファイルの書式が誤っている
- 文字列に「.world」を付けている（または付けていない）

などです。うまくいかない場合には、サンプルをコピーして必要な箇所のみ書き換え
たり、接続文字列に「.world」を追加してみたりします。

②ORA-12545: Connect failed because target host or object does not exist

名前解決で失敗しています。もしくは、Oracleが相手先にない可能性があります。
多くは名前解決で失敗しているので、tnsnames.oraに書かれているホスト名でpingす
るなりして、名前解決ができるかどうかを確認します。

③ORA-12541: TNS:no listener もしくは ORA-12224: TNS:no listenerの場合

リスナーが存在しないと言っているので、リスナーが起動されているかどうかを調
べます。起動されている場合、tnsnames.ora（やJDBC Thinドライバーの設定）が別の
ホストやポートを指している可能性があるため、tnsnames.oraの情報とリスナーの情
報を突き合わせます。tnsnames.oraに複数の記述があると、それが問題を起こすこと
もあります。そのため、マシン上のtnsnames.oraファイルを全部調べてください。

④ORA-12514: TNS:listener does not currently know of service requested in connect descriptor もしくは ORA-12505: TNS:listener could not resolve SID given in connect descriptor の場合

リスナーは存在しているものの、リスナーが持っているデータベースの情報（サー
ビスやSID）が合わないと言っています。この場合は、リスナーが持つデータベースの
情報とtnsnames.ora（やJDBC ThinドライバーのOS設定）を比べてみます。

Oracleの場合、listener.logとsqlnet.logが有用な情報を記録してくれます（リストA）。
listener.logはサーバー側のログなので、これを見ればサーバー側がエラーをどのよう
に受け取ったのかがわかります。また、sqlnet.logはクライアント側のエラーログなの
で、これを見ればクライアント側がエラーをどのように受け取ったのかがわかります。
「接続できない」トラブルの切り分けに活用してみてください。

なお、Oracleにはtnspingというツールがあり、ネットワークの確認のために 使われ
ます。しかし、このツールはリスナーまでたどり着くと「成功」という扱いになって
しまう（実際に接続する処理までは実施しない）ので、ログインできるかどうかを確

300

認するのには不向きです。SQL*Plusなどのツールで実際にログインして確認しましょう。

```
Sqlnet.logの例：
**************************************************************************

Fatal NI connect error 12514, connecting to:
 (DESCRIPTION=(CONNECT_DATA=(SERVICE_NAME=orcl_pdb1)
 (CID=(PROGRAM=sqlplus)(HOST=testinstance) …省略… ))

  VERSION INFORMATION:
        TNS for Linux: Version 18.0.0.0.0 - Production
        TCP/IP NT Protocol Adapter for Linux: Version 18.0.0.0.0
        - Production
  Version 18.3.0.0.0
  Time: 27-FEB-2019 17:16:50
  Tracing not turned on.
  Tns error struct:
    ns main err code: 12564

TNS-12564: Message 12564 not found; No message file for
    product=network, facility=TNS
    ns secondary err code: 0
    nt main err code: 0
    nt secondary err code: 0
    nt OS err code: 0

Listener.logの例：

2019-02-27T17:16:46.869991+00:00
27-FEB-2019 17:16:46 * (CONNECT_DATA=(SERVICE_NAME=orcl_pdb1) …省略…
* establish * orcl_pdb1 * 0

2019-02-27T17:16:50.460941+00:00
27-FEB-2019 17:16:50 * (CONNECT_DATA=(SERVICE_NAME=orcl_pdb01) …省略…
* establish * orcl_pdb01 * 12514
TNS-12514: TNS:listener does not currently know of service requested in
connect descriptor
```

どういう接続情報に対して、どういうエラーだったかが記録される

参考：このログに出力されたということはリスナーまでリクエストが届いたということ。

無事にログインできたらここが0と表示される

エラーの場合は0以外の番号が記録される

リストA　sqlnet.logやlistener.logの例

A.3.8　大量の行の処理

第8章の「8.2.3　相手の応答を待たざるをえない処理」（p.269）では、「バルク」と「プリフェッチ」について触れましたが、Oracleでは大量の行を処理する場合、フェッチサイズの変更や配列フェッチという機能でまとめて送受信できます。

A.3.9　Oracleのパケット分析機能

第8章の「8.3.1　パケットキャプチャ」（p.273）では、図8.5「筆者のDBMSのパケットダンプを見る方法①」の中で、「DBMSのログ機能でも同じように分析できる」と説明しました。Oracleの場合、ネットトレースと呼ばれる機能でこの分析ができます。ネットトレースは、多くの場合クライアント側でもサーバー側でも取得できるため、両方で情報を取得することによって詳しい分析ができます。なお、ネットトレースは負荷が高いため、開発環境で取得するか、遅くなってもかまわない場合に取得するべきです。

INDEX

◉ 記号・数字

/lost+found	158
/proc	109, 110, 112, 119
_commit	152
_keepalive_interval	240
32ビットOS	61
64ビットOS	61

◉ A

ACK	208, 218, 222
ACKのチューニング	250
ALARMシグナル	113
alter system kill session	298
AMD-V	36
APサーバー	15
arp	215
ASM	191
ATA	130, 178
Avg.Disk Queue Length	11, 69, 118
AWR	292

◉ B

b	11, 24, 69, 96, 118, 200
BSS	55, 56
bt	98
buff	72
buffer busy wait	292, 293

◉ C

cache	72
cat	157
cat /proc/meminfo	112
cat /proc/stat	112
cat cmdline	111
cat environ	111
cat maps	111
cat statm	111
cat status	111
cd	157
CDMI	173
CIDR表記	213
CIFS	139
CONTシグナル	114
CPU使用率	5, 7, 25, 41
CPU速度	25
CPUの省電力	48
CPUの横取り	37, 38
CPU待ち	6, 7, 8, 14, 25, 33
crash	111

◉ D

D2D2T	195
DAS	138
DAT	127
DATABASE LINK	235
db2loggr	169

db2loggw	169
db2pclnr	168
db file parallel write	292
db file scattered read	292
db file sequential read	292
DBMS	2, 17
DBW	168
DBサーバーの定常監視で取得すべきOS情報	118
DBサーバーのメモリ設定	
共有メモリ	85
スワップ領域のサイズ	86
プロセス単位（シェル制限）	87
DBシステムの耐障害性	192
delayed ACK	250
Oracle	298
disconnect	132, 133
DISK_ASYNCH_IO	291
DMA	136
DMZ	254
DNS	215
〜サーバー	214
〜ラウンドロビン	249
DRP	277
DRサイト	280
DSS	60

◉ E

EA	284
ERR	277
ESTAB	218
ESTABLISHED	219
expire_time	298

◉ F

FC	134, 135, 178
FCoE	135
FDD	124
FILE_FLAG_NO_BUFFERING	74
FILE_FLAG_WRITE_THROUGH	152
FILESYSTEMIO_OPTIONS	291, 292
FIN	219
FlushFileBuffers	152
FQDN	214
free	69, 72
free()	55, 77
free buffer wait	292
free -m	84
fsck	158
fsflush	73
fsync	152
ftpの転送効率	269

◉ G

gdb -p	98

303

H

HA構成	163
HBA	136, 137, 178
HCI	175
HDD	124, 130
hostsファイル	214
〜の場所	262
HPUX_SCHED_NOAGE	288
HTTP	210
HTTPS通信	222
HugePages	82, 112, 291
DBサーバーの設定	86
透過的〜	291

I

I/O	95, 178
〜の性能劣化	196
I/O性能	190
I/Oトラブルの分析	
Oracle	292
I/Oネック	186
Oracle	294
I/O待ち	200
IaaS	282
id	26
IDE	130
idle	24
IDLE	25, 26
inet	215
inetd	218
inode	155, 156
inode番号	156, 157
Intel-VT	36
Interrupts/sec	116
iostat	120, 196, 199, 202, 203
iostat -x	197
ip	277
ip addr show	215
ipconfig /all	215, 216
ipcs -m	58
ipcs -s	100
ip route show	216
IPsec	256
ip -s link	277
IPv4	213
IPv6	213, 215
IP-VPN	256
IPアドレス	213
iSCSI	131

K

KeepAlive_Time	240
kill	113
kill -9	113
kill -HUP	113
kill -s CONT	114
kill -s STOP	114
KILLシグナル	113

L

L3スイッチ	226
LGWR	114, 169
limit	86, 87

link/ether	215
Linked Server	235
Linux	
CPUの省電力機能	48
〜におけるメモリ不足	63
メモリ割り当てフロー	64
LISTEN	218, 219
listener.log	300
lockstat	104
log file parallel write	293
log file sync	293
LRUアルゴリズム	174
ls	109, 110, 111, 112
LTO	127
LU	147, 148
LUN	147
LV	162
LVM	162

M

MACアドレス	214
malloc()	55, 77
man	103, 121
meminfo	112
MEMORY_TARGET	290
MLC	129
mmap()	54, 55, 59, 77
MMU	79, 81, 82
mount	159
MPLS	256
munmap()	77
mutex	101

N

Nagleアルゴリズム	250
Oracle	298
NAND	127
〜型フラッシュメモリ	128
NAS	138, 139, 178
nc	260
NDP	215
netstat	120, 217, 277
-cオプション	277
netstat -a	260
netstat -r	216
netstat -s	277
NFS	139
〜サーバー	138
NIC	212
チーミング	228
nice	39
NICKNAME	235
nr_hugepages	86
nsems	100
nslookup	262
nsswitch.conf	214
NTP	107

O

O_DSYNC	152, 153, 158
O_SYNC	152, 153, 158
OLTP	8, 244
OOM Killer	63, 64

ORA-12154	299
ORA-12224	299, 300
ORA-12505	299, 300
ORA-12514	299, 300
ORA-12541	299, 300
ORA-12545	299, 300
ORA-1555	289
Oracle	288
接続のトラブルシューティング	298
代表的なエラーと原因の調査方法	299
パケット分析機能	302
Oracle Net Foundation	297
Oracle Protocol Support	297
OS	2
DBMSとの関係	2
扱えるデータのサイズ	61
～が原因のトラブル例	117
時刻の調整で起こること	107
処理が実行される仕組みと制御方法	17
処理の実行	5
性能トラブルや性能限界	117
～の性能情報を確認するコマンド	120
ファイルキャッシュ	71, 75
ロック	101, 104
OSスケジューリング	36
OSの統計情報	108, 277
OSレベルのメモリ情報の見方	84
OSレベルのメモリ設定	89
other session read	292, 293
OVR	277

● P

PaaS	282
Pages/sec	118
pdflush	73
PGA	290
PGA_AGGREGATE_TARGET	290
PhysicalDisk	69
pi	201
PID	94
ping	260
pmap	57, 83
po	201
pread()	95
pri	38
Privileged Time	14, 25, 118
Processor Queue Length	7, 14, 24, 118
prstat	119
ps	18, 58, 109, 121
ps -elf	18, 38
ps -elf | grep lgwr	114
ps -elfm	18, 38
ps -m	18
PSS	83
pstack	97, 98, 102, 278, 279
PTE	79
PV	162
pwrite()	95

● R

r	24, 118
R/Wロック	104
RAID	141
各RAIDレベルの性能	146
ソフトウェア～	162
～の冗長性	192
RAID 0	141
RAID 1	143
RAID 10	145
RAID 1＋0	145
RAID 5	144
RAID 6	145
rawデバイス	163, 178
rawボリューム	162, 163, 178
RDBMS	
I/O関連のアーキテクチャ	167
～におけるI/Oの実装	168
RDM	170
read()	97, 234, 279
reconnect	132, 133
REDOログ	167, 168
renice	39
resolv.conf	214
Resolve-DnsName	261, 262
RFC	258
RSS	83
RSTパケット	241, 242
RTO	239
run queue	7, 15, 23, 24, 33
RX	277

● S

SaaS	282
SACK	247
SAN	138, 139, 178
sar	118, 120
SAS	131, 135
SATA	130, 135
SATA2	130, 177
scp	266
SCP	266
SCSI	130, 178
SDN	228, 262
SDS	172, 175
semid	100
semtimedop	98
SGA	290, 291
SGA_TARGET	290
shmall	86
shmmax	86
shmmni	86
si	69
SIGKILLシグナル	113
SLC	129
slew	107
SMB	139
SMT	105
SNIA	173
sniffer	276
so	69
SQL*Net message from client	296
SQL*Plus	301

305

sqlnet.log	300
sqlnet.ora	298
SQLトレース	292
ss	217
ss -a	260
SSD	127
〜コントローラ	128
〜の種類	129
ssh	266
ss -nat	218
stat	112
Statspack	292
STOPシグナル	114
strace	93
strace dd	97
strace echo	94
strace -p	94
sy	24, 25
SYN	218, 222
syncd	73
syncer	73
SYS	25, 25, 43, 80, 104
sysctl.conf	86, 100
System Cache Resident Bytes	84
SZ	52

T

taggedコマンドキューイング	176
TCPのキープアライブ	240
Oracle	298
TCP.NODELAY	298
TCP/IP	208
TCPレイヤーの役割	217
〜の階層構造	210, 212
パケットの作られ方	211
tcp_keepalive_time	240
TCP_NODELAY	250
TCP_QUICKACK	250
tcpdump	276
TCPコネクション	217
TCPレイヤー	218
TCPのコネクションとDBMSの 通信路の関係	220
コネクション	217
タイムアウトと再送（リトライ）	220
ハンドシェーク	218
test-and-set	101
Test-NetConnection	260, 261
tick	108
TLC	129
TNS	297
tnsnames.ora	251
top	119, 120
traceroute	260
tracert	260
truss	93
TTC	297
tusc	93

U

UNIXのディレクトリ	159
us	24, 26
USE_LARGE_PAGES	291

USER	25, 26, 41
User Time	14, 118

V

V$session	275
VFS	160, 178
VG	162
VHD	160
VIP	243
Virtual IPアドレス	243
VLAN	226
〜タグ	227
VMDK	170
vmstat	6, 24, 72, 116, 118, 120
b	24, 69, 200
buff	72
cache	72
free	69, 72
sy	24
us	24
wa	24
ページング	201
VPN	256

W

wa	24, 201
wait I/O	11, 24
WAN	245, 269
〜の性能トラブル	280
Web1階層システム	232, 233
Web2階層システム	232, 233
Web3階層システム	232, 233
Webシステム	
構成とネットワーク通信	232, 233
ネットワークを意識するとき	235
待ち行列	224
Wireshark	274, 276
write()	97, 234
write complete waits	293, 293
WWN	147

あ

アイドル	24
アクティブスタンバイ構成	163
アダプタ	136
頭出し	125
アトミック	102
アドレス	53
アプリケーション	17

い

一次間接ブロック	156
インターネットVPN	256
インデックス	42
効果がある場合	43
インメモリデータベース	175

う

ウィンドウサイズ	244
〜の変更	245
ウェアレベリング	129

え

エレベーターシーク	177

お

オートネゴシエーション	271, 272
オーバーコミット	49
オーバープロビジョニング	148
オーバーヘッド	35
オブジェクトストレージアクセス	172
オペレーティングシステム	2
オンプレミス	171
オンラインバックアップ	194

か

カーソル	289
カーネル	43, 80, 104
回転待ち時間	125
外部セグメント	254
書き込みI/O	72
書き込みの保証	152
仮想CPU	49
オーバーコミット	49
仮想HDD	161
仮想化されたストレージ	147
仮想化技術	34
採用や選定の検討事項と注意点	36
～との付き合い方	229
仮想化基盤のストレージ	170
ボリュームの利用形態	171
仮想マシン	34
仮想メモリ	62
仮想メモリアドレス	79
間接ブロック	156
完全修飾ドメイン名	214

き

キープアライブ	240
Oracle	298
ギガビットイーサネット	276
キャッシュ	59, 75
I/Oの性能	184
Oracle	289, 290
各種キャッシュの動作および位置付け	75
～の管理	174
本来の目的	66
キャッシュサイズ	
設定のポイント	88
～と性能の関係	87
～のチューニング（Oracle）	290
共有プール	289
共有メモリ	56, 57
Oracle	289
～の領域	57
共有ライブラリ	58
共有領域	290, 291

く

クラウド	34
～におけるネットワーク	282
クラウドストレージ	171
～アクセス	172
利用イメージ	173
クラスタソフト	115

クラスタファイルシステム	115
グループコミット	168
グローバルIPアドレス	213

こ

コア	68
コアダンプ	68
光学ディスク	127
更新ログ	167
コールスタック	97
コネクション	70, 217
～の待機ポート（Oracle）	297
コネクション型ソケット	217
コネクションプーリング	27
コマンドキューイング	176
コミット	169
コンテキスト	26
コンテキストスイッチ	26
コンテナ	34
コンテナ型	35
メリットとデメリット	36
コントロールプレーン	228

さ

サーティファイ	140
サービスIPアドレス	243
サービス時間	223
サービスタイム	196, 197
再送	220
再送タイムアウト	239
索引	42

し

シーク	125
シーケンシャルI/O	126, 142
シーケンシャルアクセス	125
シーケンス番号	247
シェアードプール	289
磁気ディスク	127
シグナル	113
～のマスク	113
システムコール	92
確認する方法	93
システムモニター	6
システムワーカースレッド	73
実行（プロセス）	23, 31
実行可能（プロセス）	23, 31
実行順序の制御	37
実行バイナリ	18, 58, 83
ジャーナリングファイルシステム	158
受信応答	208
受信待ちタイムアウト	239
障害テスト	283
条件変数	102
冗長性	141
使用率	196, 197, 202, 203
ショートパケット	266, 267
シリアライズ	103
シリアル	130
シンプロビジョニング	148

307

◉ す

スイッチ	209
スイッチングハブ	276
スケーラブル	22
スケジューリング	36
スタック	54, 57, 97
〜でプロセスやスレッドの処理内容を推測	97
ストアドプロシージャ	265
ストライプ	142
ストライプ単位	143
ストレージ	124, 130
仮想化基盤の〜	170
〜仮想化とサービスタイムや使用率の考え方	198
クラウドでの〜	171
〜自体の仮想化／階層化	174
〜とOSの相関図	178
〜のインターフェイス	130
〜の仮想化	147
〜の障害	149, 150
ボトルネックの見つけ方	200
ストレージアクセス（従来型）	171
ストレージ構成	179, 180, 181, 182
スナップショット	193
スピンロック	47, 101
スプリットシーク	146
スラッシング	66
スリーウェイハンドシェーク	219
スリープ（プロセス）	23, 23, 26, 31
スループット	46, 184
スループット性能	48
スレッド	17, 19, 19
Oracle	288
スレッド数	17
〜の上限	21
スレッドセーフ	103
スレッドライブラリ	53
スロースタート	244
スワップ	65, 69, 76
スワップデバイス	62
スワップファイル	62
スワップ領域	62, 70
〜のページング	76
〜を予約する	63

◉ せ

生成（プロセス）	23
性能問題の発生パターン	263
相手の応答を待たざるをえない処理	269
純粋なネットワークのトラブル	271
通信回数が多いだけというトラブル	264
ボトルネックによる待ち行列	263
正ボリューム	193, 194
セクション先読み	176
セマフォ	99
Oracle	291
〜の動作	104
〜の表示と設定	100
セマフォID	100
全件検索	125
全二重	271, 272

◉ そ

ソケット	49, 217, 233
〜を作るまでの全体の流れ	221
ソケットの共有	236
ソケットを渡す	236
ソフトウェアRAID	162

◉ た

帯域制御	268
帯域の監視	266
待機イベント	292, 295
buffer busy wait	292, 293
db file parallel write	292
db file scattered read	292
db file sequential read	292
free buffer wait	292
log file parallel write	293
log file sync	293
other session read	292, 293
physical read flash cache hits	295
physical reads cache	295
SQL*Net message from client	296
write complete waits	293
タイムアウト	220
チューニング	241
ダイレクトI/O	74, 165, 178
Oracle	292
ダイレクトアクセス	74
ダイレクトメモリアクセス	136
多重処理	45
タスクマネージャー	6, 17
ダンプ	68

◉ ち

チーミング	228
チェックポイント	168
遅延書き込み	72, 152
チック	108
チャネル	134

◉ つ

通信の暗号化	253

◉ て

ディザスタリカバリサイト	280
デイジーチェーン	130, 131
ディスク	124
RAID	141
〜のアーキテクチャ	124
パフォーマンス	196
〜へのアクセス方法	125
ディスクのI/Oネックを避ける設計	186
キャッシュの効果がない場合	187
変更済みデータの書き込み	187
ディスクの設計方針	190
効率的なディスク利用イメージ	191
ティック	108
データの取り合い	56
データのロック待ち	9
データプレーン	228
データベース管理システム	2
データベースライター	168
テープドライブ	127

デーモン	72, 73
テキスト	53, 54
デフォルトゲートウェイ	216
デマンドページング	79
デュアルコア	12
デルタ時間	273
伝送路	134

● と

透過的HugePages	291
同期I/O	95, 151, 178
Oracle	291
同期書き込み	74, 152
同時処理	151
同時並行処理	152
ドメイン名	214
トレースルート	260

● な

内部セグメント	254
名前解決	214

● に

二次間接ブロック	156

● ね

ネイティブコマンドキューイング	176
ネットトレース	302
ネットマスク	213
ネットワーク	206
DBMSで効果があるACKのチューニング	250
階層構造	210
クラウドにおける〜	282
〜障害のテストの仕方	283
ソケットを作るまでの流れ	221
帯域の制御	244
トラブルの分析	273
負荷分散	248
問題が起きたときの対処の仕組み	238
理解に必要な知識	206
ネットワークの仮想化	226
ネットワークのトラブル	
性能問題の発生パターン	263
接続できない	260
パケットキャプチャをするときの注意点	276
ネットワークの分割	226
ネットワーク待ち	9, 278

● は

バーチャルファイルシステム	160
バーチャルメモリ	62
ハードウェア割り込み	116
ハードディスク	124
ハイパースレッド	6, 105
〜とCPU使用率の関係	105
ハイパーバイザー	35
ハイパーバイザー型	34
メリットとデメリット	35
パケット	207
パケットキャプチャ	273
注意点	276
パケットダンプ	247, 273, 274, 276
分析の仕方	274

パケットの受け渡し	207
パケットロスト	274, 275
バス	130
〜の性能指標	134
バックアップ	193
バッチ処理	7, 13, 30, 32, 46
CPUを占有しないケース	31
多重化せずに実行	31
チューニング	43
〜とOLTP系処理が混在	40
〜間の優先度	40
バッファキャッシュ	71, 164
Oracle	289
ハブ	209
パフォーマンスの見方	196
1つのI/Oだけが遅い場合	201
ストレージの仮想化とサービスタイムや	
使用率の考え方	198
同時I/O数が多いときの見た目の挙動	202
ページングによるI/O待ち	200
パフォーマンスモニター	6, 17
DBサーバーの定常監視で取得すべきOS情報	118
メモリ情報	84
割り込み	116
パラレル	130
パリティ	144
バルク	269
ハンドシェイク	218
半二重	272

● ひ

ヒープ	55
ビジー率	196, 197, 202, 203
非同期I/O	96, 151, 178
Oralce	291
非武装地帯	254

● ふ

ファイアウォール	253
ファイバーチャネル	134
ファイルキャッシュ	71, 72, 75, 76, 164, 178
〜に載せないI/O	74
〜の効果	164
ファイル共有	138
ファイルシステム	155, 157, 178
トラブル	165
ファイルストレージ	171
ファブリック	138
負荷分散	248
不揮発メモリ	153
輻輳	244
副ボリューム	193
物理CPU	49
物理ディスク	189
ログとデータの〜	189
物理メモリの状況を調べる方法	84
プライオリティ	38
プライベートIPアドレス	213
フラッシュメモリ	129
NAND型〜	128
プラッタ	127
プリエンプション	36, 38
プリフェッチ	269

索引

309

フルスキャン	43, 125
フレーム	207
フロー制御	246
フローティングIPアドレス	243
プロキシ	216
プログラムグローバル領域	290
プロセス	17, 18, 19
〜がページを要求した場合のメカニズム	79
〜がページを利用できるまでのメカニズム	79
〜の状態遷移	23
プロセス間通信（IPCS）	100
プロセス数の上限	21
プロセス中のメモリの中身	54, 56
プロセスの状態	23, 26
プロセスの待ち	11
プロセスのメモリ	53
プロセスファイルシステム	109
ブロック	155
ブロックストレージ	171
フロッピーディスク	124
プロトコル	210
プロビジョニング	148

● へ

並列処理	19
ページ	69, 79
ページキャッシュ	71, 164
ページクリーナー	168
ページテーブル	79
ページファイル	62
ページング	11, 65, 69
データの見方	69
〜によるI/O	11
〜によるI/O待ち	200

● ほ

ポート番号	217
ホスト	136
ホストバスアダプタ	136
ホスト名	214
ホットスペア	149
ボトルネック	47
〜による待ち行列	263
ボリューム	147, 161
ボリュームグループ	162
ボリュームマネージャー	161
ボンディング	228

● ま

待ち行列	184, 185, 196, 223
WebシステムにおけるDBMS	224, 225
マップ	57
マルチコア化	45, 46, 48
マルチスレッド	18, 20, 48
ロック	102
マルチパス	148

● み

ミューテックス	101
ミラーリング	143

● め

メモリ	52
メモリアドレス	57, 61
メモリ情報	83, 84
メモリ使用量	83
メモリ設定	84, 85, 89, 90
メモリ不足	63
メモリマップ	83
メモリリーク	78

● ゆ

ユーザープロセス	93
優先度	37, 38
優先度の調整	39
Oracle	288

● ら

ラージページ	80, 82, 86
Oracle	290, 291
ライトキャッシュ	153, 154
ライトバック	153
ライトペナルティ	144
ライブラリ	53, 57
ラウンドロビン	141, 249
ラッチ	102
ランダムアクセス	125

● り

リアルタイムクラス	41
リスナー	297
リソースの調整	39
リソースマネージャー	39
Oracle	289
リダイレクト	236, 237
リトライ	220, 238
チューニング	241
リピータハブ	276
リロケータブルIPアドレス	243
リンクアグリゲーション	228

● る

ルーター	216
ループバックアドレス	233

● れ

レイジーライター	168
レスポンスタイム	21, 45, 185, 196, 197, 224
レプリケーション	248, 249

● ろ

ログライター	169
ログライタープロセス	114
ロック	57, 104
論理CPU	49
論理ボリューム	148, 162
論理ボリュームマネージャー	162, 189
論理ユニット	147, 148
論理ユニット番号	148

● わ

割り込み	116

著者紹介

●**木村達也**（きむらたつや）：第1部の改訂を担当

　日本オラクル株式会社にてOracle Databaseのコンサルタントとして金融、通信、公共系の
ミッションクリティカルシステムのDB設計、DBA支援の業務に従事した後、現在はパフォー
マンスコンサルタントとしてハイパフォーマンスコンピューティングの実現に向けた設計や
トラブル解決の業務に従事している。

●**西田光志**（にしだみつゆき）：第2部の改訂を担当

　ITアーキテクト（インフラストラクチャーアーキテクチャを専門）として、官公庁、金融機
関などのミッションクリティカルシステムの要件定義からリリース後のトラブル対応まで携
わる。現在は日本オラクルのシニアコンサルタントとしてOracle Cloudを含めた環境でトラ
ブル対応、顧客折衝をメインとした業務に従事している。

●**鳥嶋一孝**（とりしまかずたか）：第2部の改訂を担当

　日本オラクル株式会社のコンサルタント。エンジニアドシステム導入支援、クラウド移行
支援、トラブル対応支援などに従事。前職ではSierにてサーバインフラ、Oracle Database周
りの設計、構築、運用に携わる。好きな自社製品は Exadata と Zero Data Loss Recovery
Appliance。最近はPrivate Cloud Applianceに興味を持っている。

●**田中彰人**（たなかあきひと）：第3部の改訂を担当

　日本オラクル株式会社のコンサルタント。Databaseコンサルタントとして、DBAチームの
設立支援やOracle Databaseの設計／構築／運用支援に従事。近年は、Oracle Cloud Infra
structureの社内リード役として活動しつつ、クラウド移行の全体計画を策定する支援や、
Lift & Shiftの支援を行なっている。

著者・監修者紹介

●**小田圭二**（おだけいじ）

　マネージャ業のかたわらで、ITのノウハウの共有、エンジニアの育成に力を入れている。
本書もその一環。主な著書／関係書籍『絵で見てわかるOracleの仕組み』『絵で見てわかるシ
ステムパフォーマンスの仕組み』『新・門外不出のOracle現場ワザ ～エキスパートが明かす
運用・管理の極意』『Oracleデータベースセキュリティ セキュアなデータベース構築・運用
の原則』『絵で見てわかるシステム構築のためのOracle設計』など。

装丁＆本文デザイン	NONdesign 小島トシノブ
装丁イラスト	山下以登
DTP	株式会社アズワン

絵で見てわかるOS（オーエス）／ストレージ／ネットワーク 新装版

2019年 9月13日 初版第1刷発行
2024年 7月20日 初版第3刷発行

著者	木村達也（きむらたつや）
	西田光志（にしだみつゆき）
	鳥嶋一孝（とりしまかずたか）
	田中彰人（たなかあきひと）
著者・監修	小田圭二（おだけいじ）
発行人	佐々木 幹夫
発行所	株式会社 翔泳社（https://www.shoeisha.co.jp）
印刷・製本	株式会社ワコー

ⓒ 2019 Tatsuya Kimura, Mitsuyuki Nishida, Kazutaka Torishima, Akihito Tanaka, Keiji Oda

※ 本書は著作権法上の保護を受けています。本書の一部または全部について（ソフトウェアおよびプログラムを含む）、株式会社翔泳社から文書による許諾を得ずに、いかなる方法においても無断で複写、複製することは禁じられています。
※ 本書のお問い合わせについては、下記の内容をお読みください。乱丁・落丁はお取り替えいたします。03-5362-3705までご連絡ください。

ISBN978-4-7981-5848-8　Printed in Japan

本書内容に関するお問い合わせについて

本書に関するご質問、正誤表については下記のWebサイトをご参照ください。
お電話によるお問い合わせについては、お受けしておりません。

正誤表　　　　　　　　　● https://www.shoeisha.co.jp/book/errata/
書籍に関するお問い合わせ ● https://www.shoeisha.co.jp/book/qa/

インターネットをご利用でない場合は、FAXまたは郵便にて、下記にお問い合わせください。

送付先住所 〒160-0006　東京都新宿区舟町5
　（株）翔泳社 愛読者サービスセンター　　FAX番号：03-5362-3818

ご質問に際してのご注意

本書の対象を超えるもの、記述個所を特定されないもの、また読者固有の環境に起因するご質問等にはお答えできませんので、あらかじめご了承ください。
※本書に記載されたURL等は予告なく変更される場合があります。
※本書の出版にあたっては正確な記述につとめましたが、著者や出版社などのいずれも、本書の内容に対してなんらかの保証をするものではなく、内容やサンプルに基づくいかなる運用結果に関してもいっさいの責任を負いません。
※本書に掲載されているサンプルプログラムやスクリプト、および実行結果を記した画面イメージなどは、特定の設定に基づいた環境にて再現される一例です。
※本書に記載されている会社名、製品名はそれぞれ各社の商標および登録商標です。